电力用油、气分析检验人员系列培训教材

变压器油中溶解气体色谱分析及故障诊断

主　编　王应高

副主编　李烨峰　孟玉婵　罗运柏

参　编　郑朝晖　郑东升　钱艺华

祁　炯　李师圆　李志成

王京翔　黄青沙　明菊兰

审　稿　姚　强　刘永洛　薛辰东

卢　勇　袁　平　张广文

曹杰玉　尹文波

中国电力出版社

CHINA ELECTRIC POWER PRESS

内 容 提 要

本书是根据电力行业电力用油、气分析检验人员考核委员会培训教材编写任务书的要求编写，是《电力用油、气分析检验人员系列培训教材》之一。

本书全面系统地介绍了气相色谱分析技术基础和油中溶解气体的脱出及检测方法，以及利用分析结果诊断设备潜伏性故障的方法，并对各种类型的设备故障典型案例进行了分析，另外还探讨了色谱法在电力行业用介质中应用的新技术。

本书可作为电力用油、气分析检验人员的专业岗位培训教材和自学参考书，也可作为大专院校电厂化学专业师生的教学参考书。

图书在版编目（CIP）数据

变压器油中溶解气体色谱分析及故障诊断/电力行业电力用油，气分析检验人员考核委员会，西安热工研究院有限公司编著．—北京：中国电力出版社，2018.12（2024.2重印）

电力用油、气分析检验人员系列培训教材

ISBN 978-7-5198-2722-9

Ⅰ.①变…　Ⅱ.①电…　②气…　③西…　Ⅲ.①变压器油—溶解气体—气相色谱—技术培训—教材　②变压器故障—故障诊断—技术培训—教材　Ⅳ.①TE626.3　②TM407

中国版本图书馆 CIP 数据核字（2018）第 284600 号

出版发行：中国电力出版社
地　　址：北京市东城区北京站西街 19 号（邮政编码 100005）
网　　址：http：//www.cepp.sgcc.com.cn
责任编辑：赵鸣志（010-63412385）
责任校对：朱丽芳
装帧设计：赵丽媛
责任印制：吴　迪

印　　刷：三河市百盛印装有限公司
版　　次：2018 年 12 月第一版
印　　次：2024 年 2 月北京第六次印刷
开　　本：787 毫米×1092 毫米　16 开本
印　　张：12.75
字　　数：309 千字
印　　数：9501—10500 册
定　　价：80.00 元

编 委 会

主　编　王应高

副主编　李烨峰　孟玉婵　罗运柏

参　编　郑朝晖　郑东升　钱艺华　祁　炯

李师圆　李志成　王京翔　黄青沙

明菊兰

审　稿　姚　强　刘永洛　薛辰东　卢　勇

袁　平　张广文　曹杰玉　尹文波

前言
Preface

气相色谱法因具有高效、灵敏、快速和易于自动化等优点，目前已成为各种分析检测中常用的分析方法和现代科学研究不可或缺的关键技术手段，在工农业、环境、生化等科学领域发挥着重要作用。同样，在电力设备故障诊断和保证电力设备安全经济运行中，气相色谱法也有着不可替代的重要作用。

应用气相色谱法检测电力设备用绝缘油中的溶解气体组分含量，进而预诊断电力设备的潜伏性故障，是国内外电力科技工作者多年研究的成功应用。在我国，对其的应用研究始于20世纪60年代，经过几代人的努力，在理论研究、分析实践、仪器研制等方面取得了显著成果。现在，遍布电力行业的各发供电单位和制造、使用充油电气设备的相关行业单位，均配有专用的气相色谱仪和专业分析人员，全国同行业均采用统一的分析方法和故障诊断导则，对电力设备中绝缘介质进行定期和不定期监测，甚至在线监测和故障诊断，最大限度地保障了发供电电力设备的安全经济运行。

本书作者长期从事电气设备用绝缘油中溶解气体组分含量的分析和故障诊断技术研究工作，负责起草了GB/T 17623—1998《绝缘油中溶解气体组分含量的气相色谱测定法》、DL/T 703—1999《绝缘油中含气量的气相色谱测定法》、DL/T 722—2000《变压器油中溶解气体分析和判断导则》和GB/T 7252—2001《变压器油中溶解气体分析和判断导则》等国家和电力行业标准。组织过电力行业的色谱分析技术培训，参与过脱气装置、专用气相色谱分析仪改进，冷冻富集解析装置的研制。为了使该项分析技术更好地应用到电力行业工作中，作者系统总结了绝缘油中溶解气体组分含量分析和故障诊断中的工作经验，结合标准要求编写了本书。在编写过程中，注重理论与实际相结合，深入浅出地介绍分析步骤和诊断技术。为了促进创新和再发展，还探讨了色谱法各种技术在电力行业用介质中应用的新技术，以供读者工作时借鉴。

本书第一章由孟玉婵、李烨峰编写，第二章由郑东升、黄青沙编写，第三章由郑朝晖、李师圆编写，第四章由王应高、钱艺华、李志成编写，第五章由祁炯、明菊兰编写，第六章由王应高、郑朝晖、王京翔编写。全书由王应高统稿。在本书编写过程中，曾得到很多同志的支持与帮助，在此一并表示感谢。

由于编者水平所限，书中难免存在疏漏与不足之处，恳请广大读者批评指正。

作　者

2018 年 10 月 28 日

目录

Contents

第一章　气相色谱分析技术基础

本章主要介绍气相色谱分析技术的基本知识，为气相色谱法在电气设备绝缘监督中的应用打下理论基础。首先简述色谱法的原理、特点、应用、分类和气相色谱法的基本理论、术语及气相色谱仪；然后讨论气相色谱仪的关键部分——检测器和色谱柱，以掌握常用检测器的使用和色谱柱选择原则；最后阐述定性、定量分析方法。

第一节　气相色谱基础

色谱法（chromatography）是一种高效的物理分离技术。将这种分离技术应用于分析化学领域中，就是色谱分析法。气相色谱法是色谱法的一种。它以气体作为流动相，所以气相色谱法（gas chromatography）又称为气体色谱法、气相层析法。

一、色谱法的产生

色谱现象早在1834年就被发现，至1903年，俄国植物学家茨威特（Tswett）用一根充填碳酸钙的玻璃管（柱），以石油醚为流动相，根据碳酸钙对叶绿素中不同色素吸附能力的差别，在玻璃管中的植物叶色素沿石油醚流动方向分离成具有不同颜色的谱带，再按不同颜色对混合物进行鉴定分析。茨威特把这个方法称为色谱法，此方法一直沿用至今。经典的色谱法装置如图1-1所示。

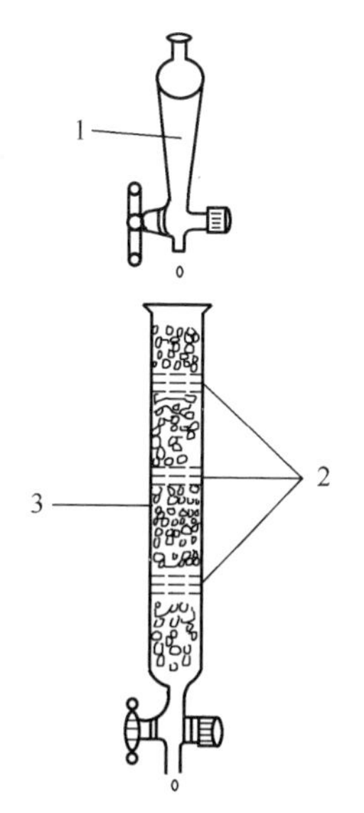

图1-1　经典色谱法装置示意图

1—石油醚；2—谱带；3—碳酸钙

二、色谱法的原理、特点及应用

1. 分离原理

色谱法是利用样品中各组分在流动相和固定相中被吸附和溶解度的不同，即分配系数不同进行分离的。当两相做相对运动时，样品各组分在两相间进行反复多次分配，不同分配系数的组分在色谱柱中运动速度不同，滞留时间也不相同。分配系数越小的组分会越快地流出色谱柱；分配系数越大的组分越易滞留在固定相内，流过色谱柱的速度越慢。这样，当流经一定柱长后，样品中各组分得到了分离。当分离后的各组分流出色谱柱进入检测器时，记录仪就记录出各组分的色谱峰。由于色谱柱中存在着分子扩散和传质阻力等原因，所记录的色谱峰并不以一条矩形的谱带出现，而是一条接近高斯分布的曲线。

为进一步阐明分离原理，以AB两组分混合物的分离过程为例，用图1-2将整个连续的分离过程解析为几个间歇的分离阶段来说明。

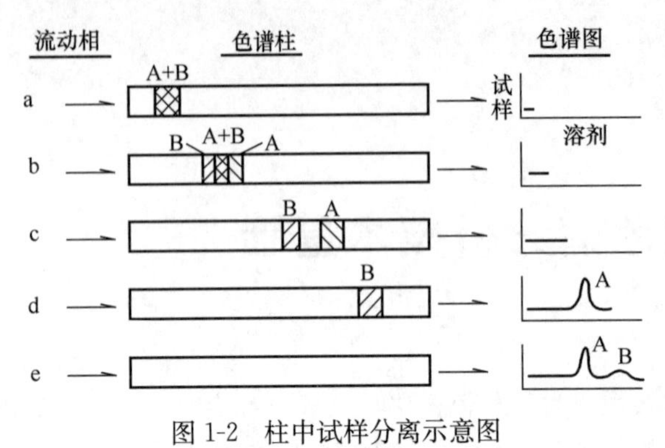

图 1-2　柱中试样分离示意图

图 1-2 中：箭头方向为流动相方向；柱中 A、B 代表混合试样中的两个不同组分；色谱图反映组分在柱后的流出量与溶剂消耗量之间的关系。a、b、c、d、e 为色谱分离的五个典型阶段：a 阶段为试样刚进入色谱柱，就立刻被柱填料所吸附，并与流动相形成吸附—解吸平衡，柱上呈现 A+B 混合带，在色谱图上呈现进样信号；b 阶段为流动相流过色谱柱，由于固定相对试样中 A、B 两组分的吸附强弱程度不同，A、B 两组分在柱内的移动速度也不同，吸附弱的组分（即分配系数小的）A 移动速度快，吸附强的组分（即分配系数大的）B 移动速度慢，使 A 在 B 前面，此阶段 A 和 B 开始分离，但还存在 A+B 未分离区域；c 阶段为流动相继续通过色谱柱，A、B 两组分在柱上已全部分离，呈现两个谱带，但还没有离开色谱柱，色谱图上依然为空白信号；d 阶段为流动相继续通过色谱柱，A 组分流出，在色谱图上出现 A 组分量变化信号；e 阶段 B 组分流出，色谱图上出现 B 组分量变化信号。

上例说明：固定相对试样中各组分吸附的强弱可用吸附分配系数 K 定量地表示为

$$K_a = \frac{c_s}{c_m} \tag{1-1}$$

式中　c_s——组分在固定相上的浓度；

c_m——组分在流动相上的浓度。

在一定温度下，组分的分配系数与吸附剂及流动相的性质有关。

图 1-1 和图 1-2 说明，不同组分性质上的微小差别是色谱分离的根本，即必要条件；而性质上有微小差别的组分能得到分离是因为它们在两相之间进行了上千次甚至上百万次的质量交换，这是色谱分离的充分条件。因此，色谱分离原理就是两相分配原理。

2. 色谱法的特点

色谱法的最大特点在于能将一个复杂的混合物分离为各个有关的组成，并逐个检测出来。它是成分分析和结构测定的重要手段。

根据上述色谱分离原理的剖析，可发现色谱法具有以下特点：

（1）分离效率高。这是因为它在工作过程中进行了成千上万次的质量交换，能使性质上仅有微小差别的组分得以分离。如在气相色谱法中，填充柱一般具有相当于数千块塔板的分馏塔（柱）的分离效率，而毛细管柱甚至有 10^6 块塔板的分离效率，因而可使沸点十分相近的组分和极为复杂的多组分混合物获得分离，亦可使性质十分相似的组分获得分离。

（2）分析速度快。因为组分在两相间的交换速度很快，通常仅千分之几秒，一个复杂的样品仅需几分钟到几十分钟，某些快速分析则只需花几秒钟即可完成分离，这是一般化学分析法所达不到的。

（3）检测灵敏度高，样品用量少。检测样品的质量一般以克（g）计，有时仅以微克（μg）计即可，因为采用近代光学或电子学的先进手段制作的高灵敏度检测器，可以检测出 10^{-11}～10^{-13}g 的物质。

（4）选择性好。可选择对样品组分有不同作用力的液体、固体作为固定相，在适当的操作温度下，使组分的分配系数有较大差异，从而将物理、化学性质相近的组分分离开，如将恒沸混合物、沸点相近物质、同位素等物质分离开。

（5）难以直接定性、定量。必须用已知物及将数据与相应的色谱峰进行对比，或借助于质谱、红外光谱的联用，才能获得可靠的定性结果。在定量时，常需要对检测器输出的信号进行校正。这是色谱法的缺点。

3. 色谱法的应用

色谱法的应用范围广，可以分析气体和易挥发或可转化为易挥发的液体和固体，目前广泛应用在石油、化工、环保、医药、轻工、农业、电力等行业。

在电力行业中，电气设备绝缘监督是保障电气设备安全经济运行的重要工作。色谱法则是电力系统电气设备绝缘监督的重要技术手段。

三、色谱法的分类

根据流动相的不同，色谱法大致分为气相色谱法、液相色谱法和超临界流体色谱法。

气相色谱法一般可分为气固色谱法和气液色谱法两类。其主要区别见表 1-1。

表 1-1　气相色谱法分类

名　　称	固定相的物态	分离机理	应用范围
气液色谱法（分配色谱）	液体，被涂渍在物体表面上使用	溶解作用	挥发性的液体、固体和部分气体
气固色谱法（吸附色谱）	固体，一般为吸附剂	吸附作用	一般适用于气体

色相色谱法的其他分类方法见表 1-2。

表 1-2　气相色谱法的其他分类方法

分类方法	名　　称
按固定相状态	气固色谱、气液色谱
按固定相性质和分布状态	填充柱色谱、毛细管柱色谱
按分离过程的物理化学原理	吸附色谱、分配色谱
按动力学	冲洗法、迎头法、顶替法
按柱温	高温色谱、低温色谱、程序升温色谱
按压力	高压色谱、低压色谱
按流速	程序流速色谱
按样品处理方法	顶空色谱、衍生色谱、裂解色谱

也有的将气液色谱和气固色谱的优点结合起来以改善固定相的分离能力，称为气液固色谱。当然随着气相色谱技术的发展，还会有许多新的分支和分类方法。

四、气相色谱法的基本理论

为研究复杂的色谱过程，解释色谱分离过程中的各种柱现象和描绘色谱流出曲线的形状，以及评价色谱柱的有关参数，色谱学上提出了几种基本理论。

气相色谱理论近年来有了很大发展，主要有塔板理论、速率理论、非平衡理论和质量平衡理论。其中塔板理论和速率理论具有实用价值。依据这些理论便能得出色谱流出曲线的数学表达式——高斯方程，选出适宜的气相色谱分离条件和计算出给定柱子的理论塔板数。

1. 塔板理论

塔板理论把色谱柱比作一个分馏塔，在每个塔板高度间隔内，样品混合物在气液两相达成分配平衡，挥发度大的最先由塔顶（即柱后）逸出，最后挥发度大的组分与挥发度小的组分彼此分离。尽管这个概念并不完全符合色谱柱内的分离过程，但是这个比喻形象、简明。一般可用这个理论来评价色谱柱的效率指标，即塔板数与塔板高度。

理论塔板数的计算式为

$$n=16\left(\frac{t_R}{Y_b}\right)^2=5.54\left(\frac{t_R}{Y_{1/2}}\right)^2 \tag{1-2}$$

有效塔板数的计算式为

$$n_{eff}=16\left(\frac{t'_R}{Y_b}\right)^2=5.54\left(\frac{t'_R}{Y_{1/2}}\right)^2 \tag{1-3}$$

n 与 n_{eff} 的关系为

$$n_{eff}=n\left(\frac{t'_R}{t_R}\right)^2 \tag{1-4}$$

理论塔板高度的计算式为

$$H=\frac{L}{n} \tag{1-5}$$

有效塔板高度的计算式为

$$H_{eff}=\frac{L}{n_{eff}} \tag{1-6}$$

式中 n——理论塔板数；

n_{eff}——有效塔板数；

t_R——保留时间；

t'_R——校正保留时间；

Y_b——峰底宽；

$Y_{1/2}$——半峰高处峰宽；

H——理论塔板高度；

H_{eff}——有效塔板高度；

L——柱长。

由于峰宽可采用不同的方式表示，因此理论塔板数的计算公式也有多种表示形式，见表1-3。

表1-3　　理论塔板数计算公式

公　式	提出者	备　注
$n=8\ln_2\left(\frac{t_R}{Y_{1/2}}\right)^2$ 或 $=8\ln_2\left(\frac{V_R}{Y_{1/2}}\right)^2$	立德华特（A. B. Little wood）1958年提出	$Y_{1/2}$为半峰宽符号表示，$Y_{1/2}=2.354\sigma$
$n=16\left(\frac{t_R}{Y_b}\right)^2$	戴丝特（D. H. Desty）1957年提出	Y_b 为峰基宽，$Y_b=4\sigma$
$n=\left(\frac{t_R}{\sigma}\right)^2$ 或 $=4\left(\frac{t_R}{2\sigma}\right)^2$	詹姆斯（A. T. James）和马丁（J. P. Martin）1952年提出	

2. 速率理论

在色谱分析的过程中，由于存在气体的流动、气体的扩散、样品分子在气液两相之间的分配平衡不是瞬间完成等非理想状态，塔板理论并不能完全解释色谱柱的柱现象与柱效率。如塔板理论无法说明影响塔板高度的物理因素是什么，也不能解释为什么在不同的流速下测得不同的理论塔板数这一试验事实。但塔板理论所提出的塔板概念是形象的，理论塔板高度的计算是简便的，所得到的色谱流出曲线方程式是符合试验事实的。根据色谱过程中的动力学与传质原理，在塔板理论的基础上提出了速率理论。

速率理论阐明了影响色谱峰宽度的物理、化学因素，并指明了提高与改进色谱柱柱效的方向。速率理论（即范底姆特方程，又称范氏方程）指出：影响柱效率的因素主要是样品组分分子在柱内运动过程中的涡流扩散与纵向扩散，以及组分分子在两相间的传质阻力。这一理论与塔板理论既有一定差别，又可互为补充，可运用这一理论来选择气相色谱条件。

在速率理论发展进程中，首先由格雷科夫（E. Glueckauf）提出了影响色谱动力学过程的四个因素，即在流动相内与流速方向一致的扩散、在流动相内的纵向扩散、在颗粒间的扩散和颗粒大小。由范底姆特（J. J. Van Deemter）在物料平衡理论模型的基础上提出了在色谱柱内溶质的分布用物料平衡偏微分方程式来表示，由琪丁（Giddings）提出了随机行走模型，由此建立了非平衡理论，它更加精确地描述了色谱的扩散过程。这些研究对气相色谱技术及近代色谱的发展都起到了巨大的推动作用。这里不详细介绍各模型的提出、理论的建立、方程的推导过程，只需要了解对气相色谱技术来说，扩散过程是重要的。描述扩散现象的是菲克（Fick）定律，可用式（1-7）表示，即

$$\frac{\mathrm{d}N}{\mathrm{d}t} = -DA \times \frac{\mathrm{d}c}{\mathrm{d}x} \tag{1-7}$$

式中　$\mathrm{d}N/\mathrm{d}t$——单位时间内通过截面积的溶质质量迁移数；

D——扩散系数，$\mathrm{cm^2/s}$；

A——单位截面积；

$\mathrm{d}c/\mathrm{d}x$——在 x 方向上溶质分子浓度的变化。

同时根据色谱过程的速率理论，导出经典范底姆特方程式为

$$\begin{aligned} H &= A + B/\overline{U} + C\overline{U} \\ &= A + B/\overline{U} + (C_g + C_l)\overline{U} \end{aligned} \tag{1-8}$$

式中　H——塔板高度；

A——涡流扩散项；

$B/\overline{U}$——分子扩散项；

$C\overline{U}$——传质阻力项；

C_g——气相传质阻力系数；

C_l——液相传质阻力系数；

$\overline{U}$——载气平均线速度，也可用载气体积流速进行计算。

把不同流速的 $\overline{U}$ 与所对应的 H 作图，得到图 1-3 所示的双曲线形关系图，称为范底姆特图。曲线最低点所对应的 H 值为最小，$\overline{U}$ 值为最佳。

在经典的范氏方程中，涡流扩散 A 项与流速无关，而研究发现，涡流扩散和气相传质这两项的影响是互相抑制而减弱的，因此把 A 项和 C_g 项合并为耦合项。根据耦合项所提出的范氏简化方程式为

$$H=\frac{B}{\overline{U}}+C_l\overline{U}+\left(\frac{1}{A}+\frac{1}{C_g\overline{U}}\right)^{-1} \tag{1-9}$$

图 1-4 示出范氏方程、耦合方程的板高、线速关系，即 H-$\overline{U}$ 关系。

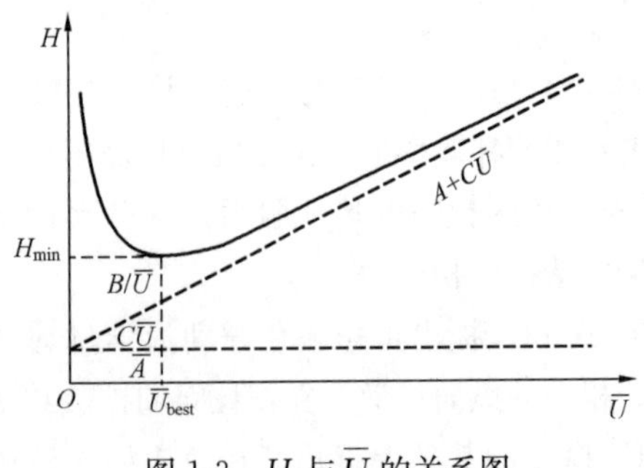

图 1-3　H 与 $\overline{U}$ 的关系图

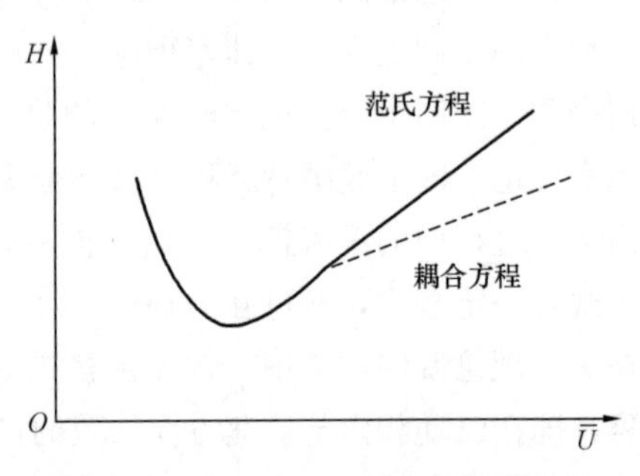

图 1-4　范氏方程、耦合方程的 H-$\overline{U}$ 关系图

图 1-4 说明，耦合板高比范氏板高要低，线速增快，板高趋于平滑，更接近实际板高线速图。在毛细管柱中，因无 A 项，故两方程相同。在理论上，耦合方程比经典的范氏方程更全面，现已被普遍接受。

范氏方程提出了影响塔板高度的各种物理、化学因素，把这些因素与柱效率联系起来，无论对操作条件的选择还是对柱的改进，都具有指导意义。但这一方程仍然存在许多问题，有待完善，如塔板高度与柱长的关系，A 项与流速、压力降、柱温、载气种类、试样性质等因素的关系，又如公式中 B 项仅与试样在气相中的扩散系数有关，而实际发现，它与其他参数均有联系，再如液相、气相传质仅是纯理论推测，尚未用试验来验证等。

五、气相色谱法的基本术语

为便于理解、学习有关气相色谱知识，这里集中介绍部分气相色谱法的基本术语。

1. 色谱图

被分析样品经过色谱柱分离后的各组分全部流过检测器，检测器响应信号随时间或载气流出体积而分布的曲线图，称为色谱图。分离过程为冲洗式的色谱分析，经常使用微分型检测器进行组分测定和长图记录器作记录，得到相应的色谱图。

2. 色谱流出曲线

色谱图中，检测器随时间绘出的响应信号曲线为色谱流出曲线，即以组分的浓度变化（信号）为纵坐标，以流出时间（或相应流出物的体积）为横坐标所绘出的曲线，如图 1-5 所示。

3. 基线

在操作条件下，当没有组分进入检测器时，反映仪器噪声随时间变化的曲线（即在正常操作条件下，仅有载气通过检测器时所产生的响应信号曲线）称为基线，见图 1-6。操作条件稳定时，常可得到如同一条直线的稳定基线。

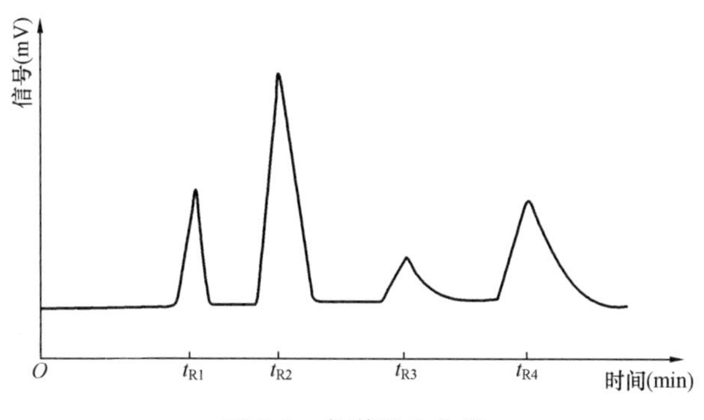

图 1-5　色谱流出曲线

4. 色谱峰

在操作条件下，当有组分进入检测器时，色谱流出曲线就会偏离基线。这时检测器输出的信号随检测器中组分的浓度而改变，直至组分全部离开检测器，所绘出的曲线称为色谱峰，即色谱柱流出组分通过检测系统时所产生的响应信号的微分曲线。一般来说，从进样开始（此作为零点），随着时间的推移，组分的浓度不断地发生变化，当组分浓度达到极大值时，曲线上出现最高点。每一个组分在流出曲线上都有一个相对应的色谱峰，如图 1-6 所示。

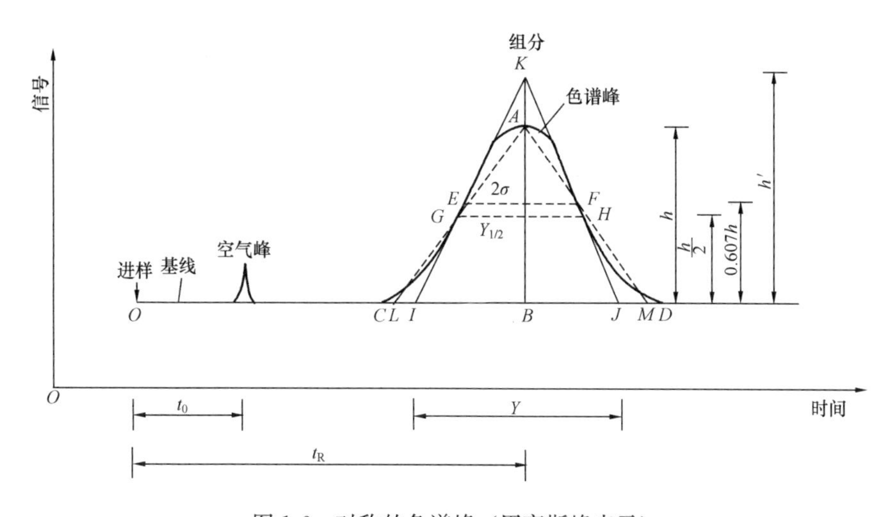

图 1-6　对称的色谱峰（用高斯峰表示）

根据色谱理论，色谱峰的流出曲线可近似地用高斯正态分布曲线表示。但在实际工作中测得的色谱峰都是非对称的拖尾峰，并非正态高斯分布，当柱效率高时更是如此。因此，色谱工作者提出用指数修改的高斯曲线来表示色谱峰的流出曲线是比较实用的。

高斯峰与指数修改的高斯峰有如图 1-7 所示的关系。

5. 峰高

峰的顶点与峰底（色谱峰下面的基线延长线）之间的距离称为峰高，常用符号 h 表示。从峰底向上至 1/2 峰高处的峰高为半峰高，以 $1/2h$ 表示；而至 0.607 峰高处的峰高为拐点峰高，以 $0.607h$ 表示。

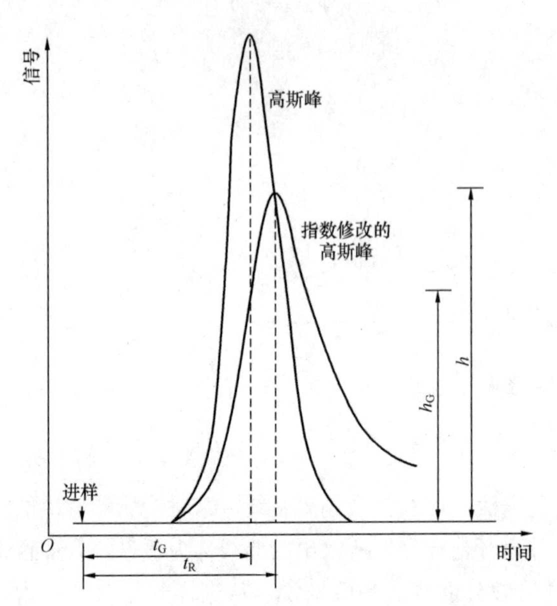

图 1-7　不对称的色谱峰（用指数修改的高斯峰表示）

t_G—对应于高斯函数最大点的保留时间；t_R—色谱峰浓度最大点的保留时间；h—峰高；h_G—拐点峰高

6. 峰拐点

在组分流出曲线上二阶导数等于零的点称为峰拐点。

7. 峰宽

沿色谱峰两侧拐点处所作的切线与峰底相交两点之间的距离，称为峰宽，常用 Y 表示。在半峰高处的峰宽称为半峰宽，常用 $Y_{1/2}$ 表示。在拐点峰高处的峰宽称为拐点峰宽，常用 $Y_{0.6}$ 表示。

8. 保留时间

从组分进样起到出现峰最大值所需的时间称为该组分的保留时间，常用 t_R 表示，单位为分钟（min）。

9. 保留体积

对应于保留时间所流过的流动相体积称为保留体积，常用 V_R 表示，即

$$V_R = t_R v_e \tag{1-10}$$

式中　v_e——常压和室温条件下柱出口处的载气体积流速。

10. 死时间

不被固定相吸附或溶解的气体组分的保留时间称为死时间，用符号 t_0 表示，单位为分钟（min）。

11. 死体积

对应于 t_0 所流过的流动相体积称为死体积，用 V_0 表示，即

$$V_0 = t_0 v_e \tag{1-11}$$

12. 调整保留时间

组分的保留时间与死时间之差称为调整保留时间，也称表观保留时间，用 t'_R 表示，单位为分钟（min），即

$$t'_R = t_R - t_0 \tag{1-12}$$

13. 调整保留体积

对应于 t'_R 所流过的流动相体积称为调整保留体积，用 V'_R 表示，即

$$V'_R = t'_R v_e \tag{1-13}$$

14. 相对保留值

某组分 i 的调整保留值与基准组分 s 的调整保留值之比称为相对保留值，用 r_{is} 表示，即

$$r_{is} = \frac{t'_{Ri}}{t'_{Rs}} = \cdots = \frac{V_{Ni}}{V_{Ns}} \tag{1-14}$$

式中　t'_{Ri}，t'_{Rs}——组分 i 和 s 的调整保留时间；

V_{Ni}，V_{Ns}——组分 i 和 s 的净保留体积。

15. 净保留体积

经压力梯度校正因子 j 校正后的调整保留体积称为净保留体积，用 V_N 表示，即

$$V_N = jV'_R \tag{1-15}$$

16. 相比率

色谱柱内气相与吸附剂或固定液体积之比称为相比率。它能反映各类色谱柱不同的特点，常用符号 β 表示，即

对于气固色谱

$$\beta = \frac{V_G}{V_S} \tag{1-16}$$

对于气液色谱

$$\beta = \frac{V_G}{V_L} \tag{1-17}$$

式中　V_G——色谱柱内气相空间，mL；

V_S——色谱柱内吸附剂所占体积，mL；

V_L——色谱柱内固定液所占体积，mL。

17. 分配系数

在平衡状态时，组分在固定相中的浓度与在流动相中的浓度之比，称为分配系数，也称分配等温线，常用 K 表示，即

$$K = \frac{Q_S/V_S}{Q_G/V_G} = \beta \times \frac{Q_S}{Q_G} \tag{1-18}$$

式中　Q_S——组分在固定相中的量；

Q_G——组分在流动相中的量。

第二节　气 相 色 谱 仪

气相色谱仪是完成气相色谱分析的工具。随着分析检测技术的不断发展和提高，各种专用、联用新型色谱仪得以问世，如填充柱色谱仪、毛细管型色谱仪、色谱-质谱联用仪、色谱-红外联用仪等。目前在电气设备绝缘监督中最常采用的是填充柱气相色谱仪。

一、气相色谱仪的基本组成

从仪器构件而言，气相色谱仪可划分为气路系统和电路系统两大部分。气路系统由载气及其所流经的部件组成，主要有减压阀、净化器、稳压阀、稳流阀、流量计、压力表、六通阀、气化器、色谱柱、转化炉、检测器等；电路系统则由电源、温度控制器、热导控制器、微电流放大器、记录仪或数据工作站、数据处理装置等组成。

一般气相色谱仪从组成来看，可分为五个基本部分，如图 1-8 所示。

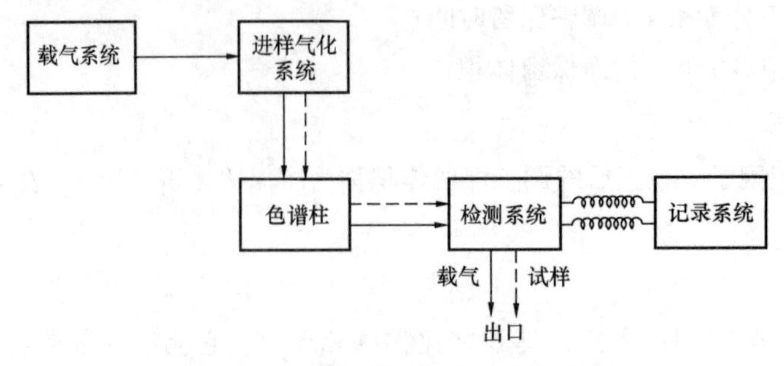

图 1-8 气相色谱仪基本组成示意图

气相色谱仪原理见图 1-9。

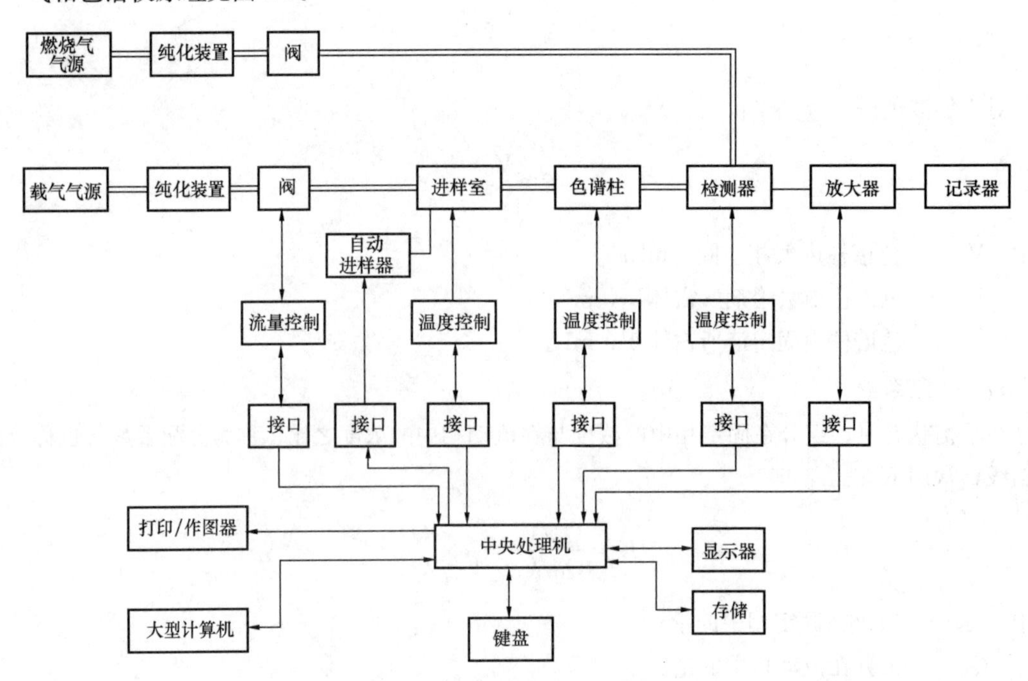

图 1-9 气相色谱仪原理框图

气相色谱仪中各部件的功能见表 1-4。

表 1-4 气相色谱仪中各部件的功能

基本组成	部件名称	功　能
载气系统	气源钢瓶	采用高压钢瓶，提供载气气源
	净化器	装有分子筛或其他吸附剂的二通管，其作用为净化载气
	稳压阀	稳定柱的进口压力，使载气的压力保持恒定
	针形阀	稳定柱的流量
	压力计	测定柱的进口压力，监测柱压的波动，一般采用压力表
	流量计（皂膜流量计）	显示载气的流量，监测流量的波动，一般用转子流量计指示载气流速，用皂膜流量计计量尾气流量

续表

基本组成	部件名称	功　　能
进样气化系统	进样器	为了引入试样，一般采用隔膜进样器或六通阀进样器
	气化室	为了使液态样品瞬间气化，一般采用电加热的热容量较大的金属块夹在试样进口的管路系统中
色谱柱		试样分离的主要场所，一般由柱管、柱内填充物组成。柱管一般采用金属管或玻璃管，也可用聚四氟乙烯管。色谱柱放置在柱恒温箱内进行工作
检测系统	检测器	用来鉴定和测量被分离的组分。常用的检测器有热导检测器和氢焰检测器两种。检测器安装在恒温室内
	热导桥路（或放大器）	控制检测器进行工作，一般为直流电桥或直流放大器
记录仪		记录检测器的信号，一般采用电子电位差计

二、气相色谱仪的主要部件

（一）气路系统

气相色谱仪的气路系统是一个载气连续运行、管路密闭的系统。气路系统的气密性、载气流速的稳定性，以及流量测量的准确性都对色谱试验结果有影响，需要严格控制。

1. 载气

气相色谱仪常用的载气有氢气、氮气、氦气、氩气和空气等；常用的辅助气体是空气和氢气。这些高纯气体大多由高压钢瓶供给。出于安全需要，钢瓶应按规定喷涂上表示所贮气体种类的标记颜色和字样。也可采用实验室用的气体发生器供应气体，如空气发生器、氢气发生器、氮气发生器等。各种气体在接入色谱仪前，都要经过减压、净化、稳压、稳流和控制环节，并测量流量。

（1）载气的纯化。对于选用何种载气、如何纯化，主要取决于选用的检测器和其他因素。一般要求气体纯度在99.99%以上。气体中的杂质主要是水蒸气、碳氢化合物、氧气等，应除去。通常用变色硅胶或分子筛除去气体中的水蒸气；用活性炭除去气体中的碳氢化合物；用脱氧剂除去氮气中的氧气。

对于热导检测器，可用变色硅胶或分子筛净化；而氢火焰检测器，除要去除水蒸气外，还要用活性炭除去各种气体中的碳氢化合物；用电子捕获检测器时，则要除去气体中的氧气，必要时还要除去所含的卤素、硫、磷、铅等电负性很强的杂质。

常用的净化方法是吸附法。一般净化器的结构如图1-10所示，可用不锈钢或有机玻璃制作成直管形，直径约45mm，长度约300mm。

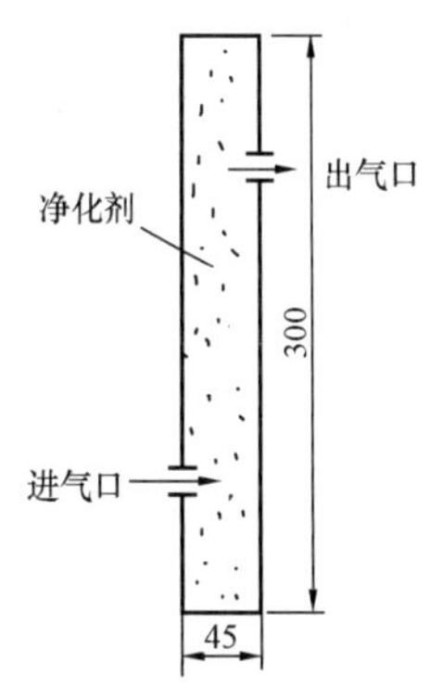

图1-10　净化器结构示意图

（2）常用气体发生器。

1）空气发生器。市售空气发生器多采用无油空气压缩机或全封闭空气压缩机制成。其一般气路流程如图1-11所示，出口压力为0～0.6MPa，压力稳定可达±0.003MPa，流量为1500mL/min。

2）氢气发生器。氢气发生器利用的是电解水的原理，主要由电解

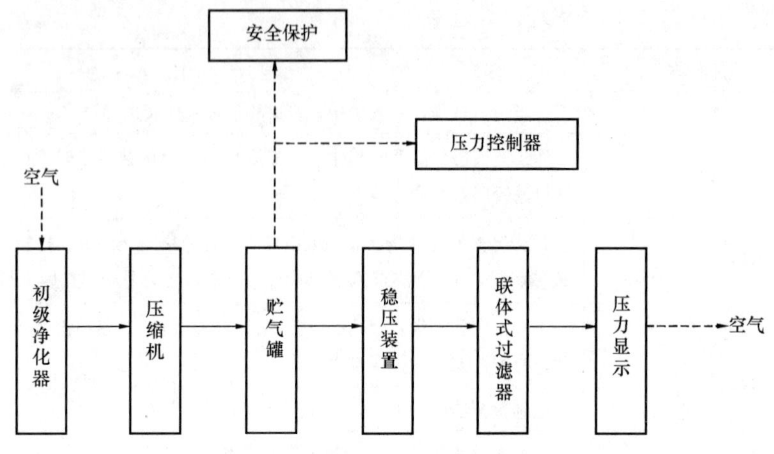

图 1-11 空气发生器气路流程图

池、净化器和自动控制系统等构成，如图 1-12 所示。产出的氢气纯度可达 99.999%，压力为 0～0.6MPa，流量为 300～500mL/min。

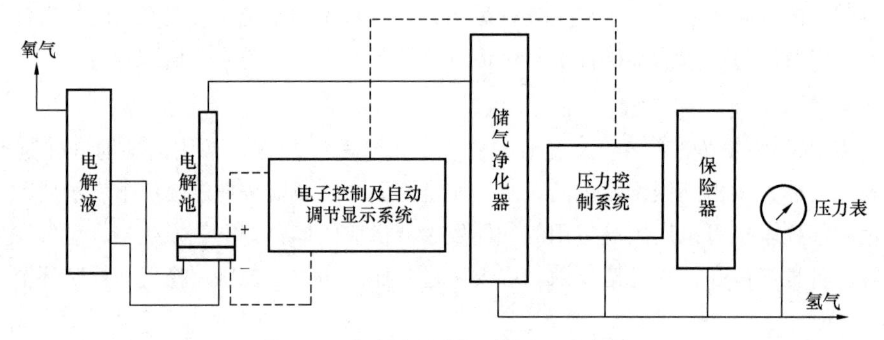

图 1-12 氢气发生器工作原理示意图

3）氮气发生器。市售氮气发生器一般采用物理吸附法和电化学分离法相结合的方法从空气中提取高纯氮。氮气发生器的工作原理如图 1-13 所示。目前多采用立式单液面双阴极的新技术，科学地解决了过液问题、降低了温度，并经两级多层脱氧。产气纯度可达 99.996%，工作压力为 0～0.5MPa，流量为 300mL/min。

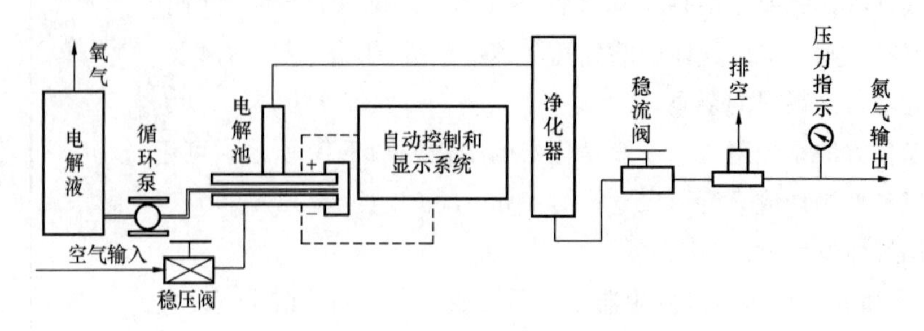

图 1-13 氮气发生器工作原理示意图

2. 气路控制部件

气相色谱仪气路控制方式依据使用场合和流速控制精度要求不同，一般有图 1-14 表示的三种方式。其中方式（A）适用于恒温色谱分析时载气的调节控制；方式（B）适用于程序升温色谱仪中载气的调节控制；方式（C）多用于检测器所需辅助气体流速的调节控制。

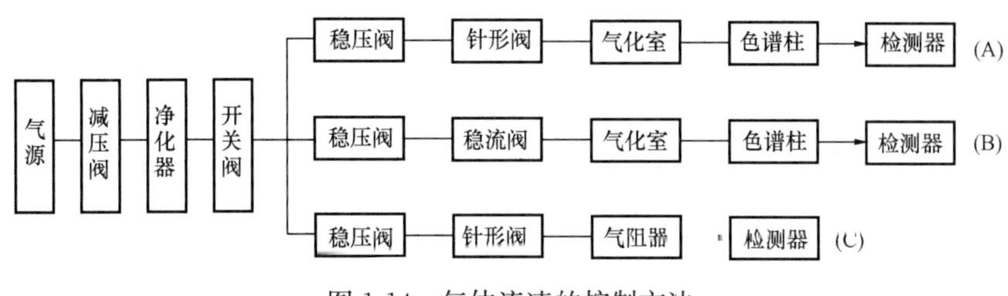

图 1-14　气体流速的控制方法

（1）减压阀。减压阀的作用是把钢瓶中流出的高压气体减低到所需的压力。无论钢瓶内气体压力和减压后气体流量是否发生变化，均能使经减压阀流出气体的压力保持基本不变。减压阀工作原理如图 1-15 所示。

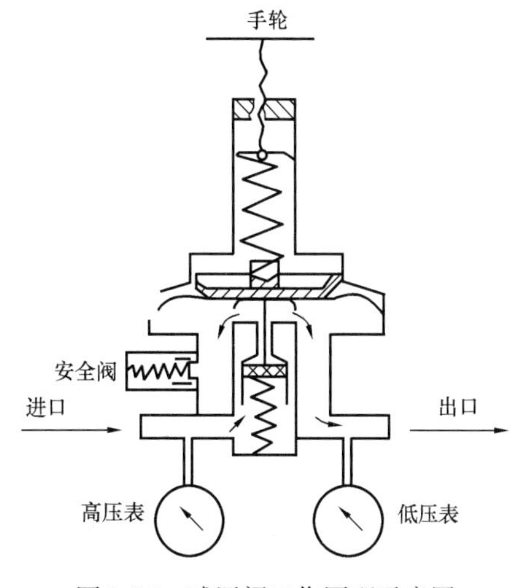

图 1-15　减压阀工作原理示意图

减压阀的最高出口压力一般可达 15MPa，但实际工作中出口压力一般控制在 0.6MPa 以下，氢气减压阀的出口压力则控制在 0.25MPa 以下。

减压阀只能用于规定的气体种类，切勿混用。出于安全考虑，氢气减压阀的接头为反向螺纹。使用减压阀后必须旋松出口压力调节手轮，并及时关闭钢瓶阀门。

（2）稳压阀。稳压阀在气路系统中用于调节气体流量和稳定流程中的气体压力，其工作原理如图 1-16 所示。

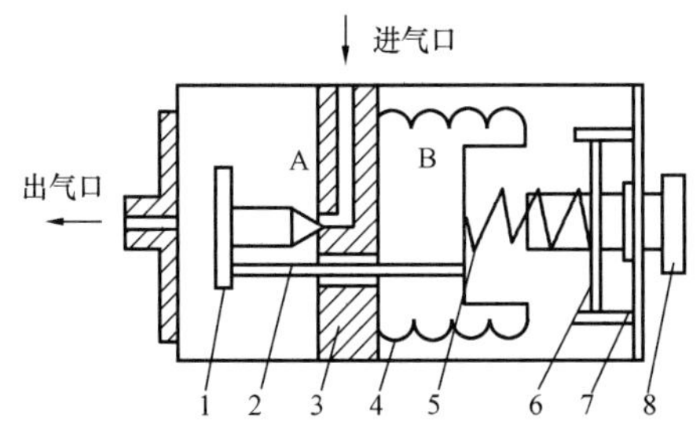

图 1-16　稳压阀工作原理示意图

1—阀针；2—联动杆；3—阀体；4—波纹管；5—压簧；6—滑板；7—滑杆；8—调节手柄

稳压阀入口压力一般不得超过 0.6MPa，出口压力在 0.05～0.3MPa 之间。使用时应保持入口压力高于出口压力 0.05MPa 以上，才能获得最佳的稳压效果。

（3）稳流阀。稳流阀在气路系统中起进一步稳定气体流速的作用。特别是在程序升温过程中，因色谱柱对气流的阻力随温度上升而增加，使柱后气体流量发生变化，造成基线漂移，为使载气流量恒定，必须安装稳流阀。稳流阀的工作条件是必须保证气体入口压力恒定，因此在气路系统中稳流阀应串接在稳压阀之后。

在程序升温过程中使用稳流阀时，随着温度上升而发生的柱前压力升高和柱前流量计读数下降为正常现象，这是因为经稳流阀稳流后，气体的质量流速不变。

常用的稳流阀为膜片反馈式，其工作原理如图 1-17 所示。

稳流阀的入口压力一般不宜超过 0.25MPa，出口压力控制在 0.02～0.2MPa 范围内即可获得

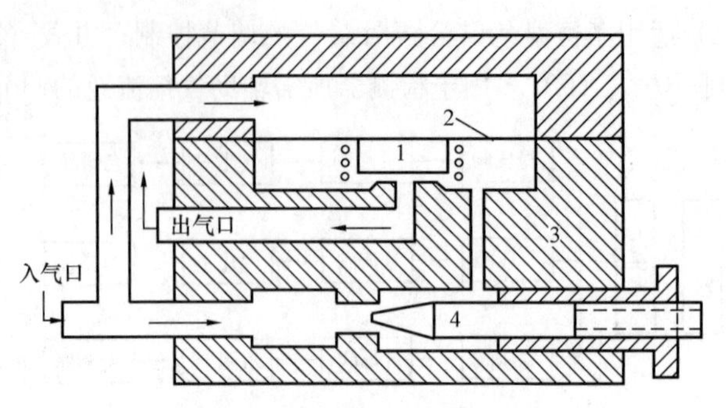

图 1-17　稳流阀工作原理示意图

1—硅橡胶；2—膜片；3—阀体；4—阀针

较好的稳流效果。

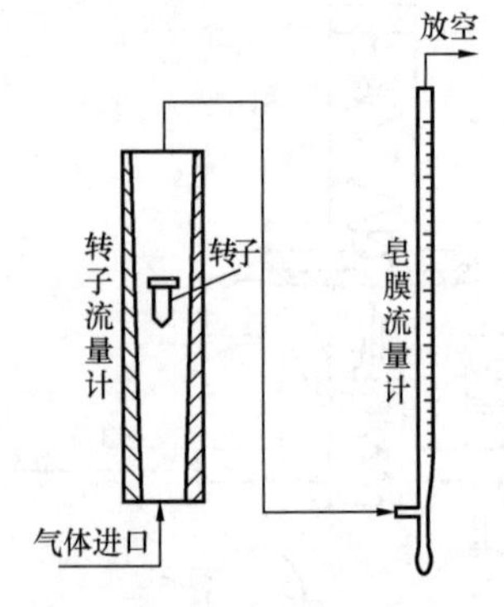

图 1-18　转子流量计的校正

（4）流量计。在色谱仪气路系统中，一般采用转子流量计来计量。转子流量计的结构见图 1-18 左侧，其外壳为一根圆锥形的玻璃管，中间有一个转子。转子的材料依流量不同而不同。

当有气体通过转子流量计时，转子便上浮转动。若流量恒定，转子则稳定在某一位置，转子上端面所对应的刻度即为气体流量值。常用的流量计刻度有两种：①以体积流速标记；②等距离刻度，需从对应的图表中才能读出其体积流速。

转子流量计读数一般用皂膜流量计校正，如图 1-18 所示。根据皂膜流量计所测得的流速，按式（1-19）计算出常压下气体流过转子流量计的流速，即

$$u_R = u_S \times \frac{p_a - p_w}{p_a} \tag{1-19}$$

式中　u_R——在室温常压下转子流量计的体积流速，mL/min；

u_S——在室温常压下皂膜流量计的体积流速，mL/min；

p_a——大气压力，Pa；

p_w——在室温下水的饱和蒸汽压力，此值可在相关表中查出，Pa。

注意：转子流量计中的转子不可互换使用。

（二）进样系统

进样就是把分析样品（气体、液体或固体）快速定量地加到色谱柱头上，进行色谱分离。由进样装置完成进样的系统称为进样系统，一般包括注射器、六通阀、气化器及需转化分析的转化炉。

1. 注射器

医用注射器进样具有操作灵活、使用方便的特点，但重复性较差，为 2.0%。

气体样品常用医用 0.25、1、3、5、10mL 注射器进样；液体样品一般用 1、5、10、50、100mL 微量注射器进样；固体样品先用溶剂溶解，然后用微量注射器进样，也可用固体进样器进样。

使用注射器进样，必须首先检查其严密性，芯塞应活动无卡涩，并且清洁、干燥。用同一个

注射器进样，最好装有量气卡子，以使取气体积一致。在进样前，需用样品冲洗注射器多次，还应保持进样操作方式与进样时间尽可能一致。

2. 六通阀

六通阀是色谱仪上安装的一种常用气体样品进样装置，不但操作简便，而且重复性好（>0.5%），这有利于实现进样操作自动化。

常用的六通阀有平面式和拉杆式两种，它们取样和进样时的气体通路分别见图 1-19 和图 1-20。

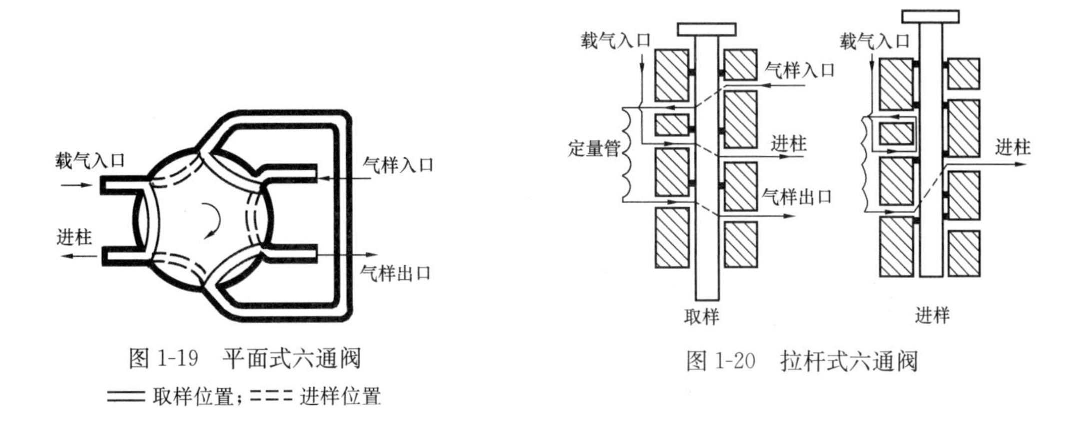

图 1-19　平面式六通阀

══ 取样位置；═ ═ ═ 进样位置

图 1-20　拉杆式六通阀

3. 气化器

气化器的主要功能是把所注入的液体样品（或液体样品中需检测组分）瞬间气化。因此，对气化器的要求是：①进样方便、密封性好；②流动性能好，死体积小；③热容量大，使样品能充分瞬间气化；④无催化效应，不使样品分解。

常用气化器结构如图 1-21 所示。

气化器的种类很多，结构各异，除上述常见结构外，还有金属进样气化器（见图 1-22）、玻璃气化器（见图 1-23），以及适用于特定样品分析用的专用分离式气化器（见图 1-24）。电气设备绝缘监督中采用气相色谱法测定绝缘油中微量水分时多使用的专用分离式气化器。

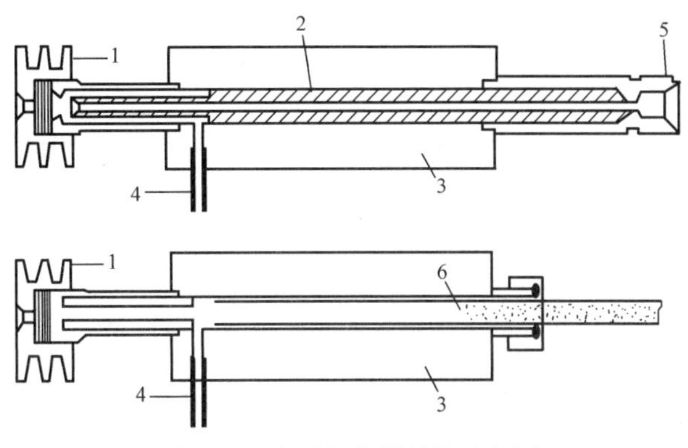

图 1-21　常用气化器结构示意图

1—散热片；2—玻璃插入管；3—加热器；4—载气入口；
5—接色谱柱；6—色谱柱固定相

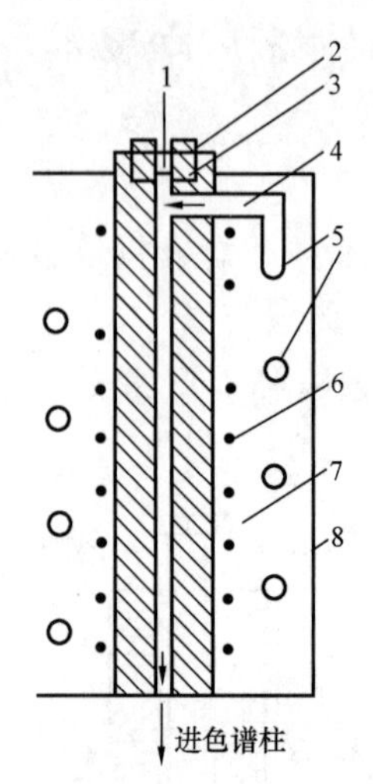

图 1-22　金属进样气化器

1—进样口；2—螺母；3—硅橡胶垫；4—载气入口；5—载气预热管；6—电热丝；7—保温绝缘材料；8—外壳

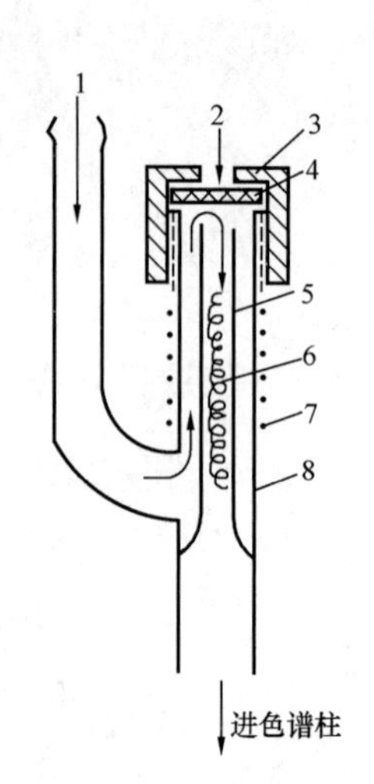

图 1-23　玻璃气化器

1—载气入口；2—进样口；3—铜螺母；4—硅橡胶垫；5—玻璃内套管；6—玻璃棉；7—电热丝；8—玻璃外套管

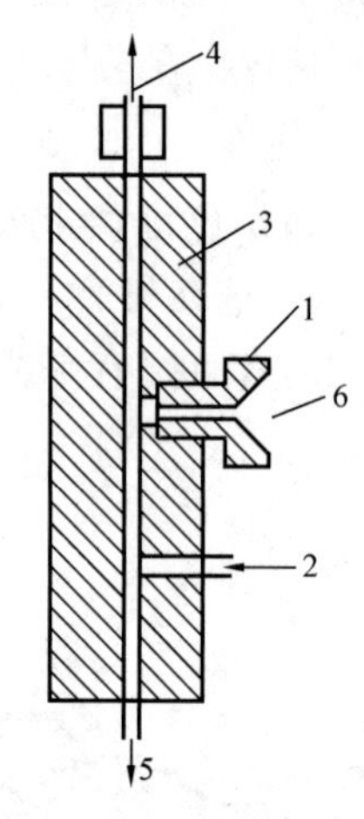

图 1-24　专用分离式气化器

1—散热片；2—载气入口；3—加热器；4—接色谱柱；5—排残液；6—进样口

4. 转化炉

转化炉也称甲烷化装置，其作用是将样品中的 CO、CO_2 转化为 CH_4，以用氢火焰检测器测定。转化机理是利用镍触煤剂的催化作用在高温下加氢，使 CO、CO_2 转化为 CH_4。为使这一转化反应完全，在转化过程中必须有过量的氢气，反应温度为 350～360℃，且不得低于 300℃。

转化炉的结构十分简单，可用一内径约 4mm 的 U 形不锈钢管柱（或铜管），装入约 0.5g 的 60～80 目粒度的镍触煤剂，外套加热装置制成，并用控温装置控制加热温度。转化炉在使用前先通氢气，在 400℃温度下活化 4～6h。

（三）温控系统

温度是气相色谱分析的一个重要操作变数，它直接影响色谱柱的选择性、分离效率和检测器的灵敏度及稳定性。

一般气相色谱仪均装设三种不同的温控装置，以适应气化室、检测器和色谱柱不同温度控制的要求。

温度控制器用于控制气路系统中的气化器、层析室、检测室、转化炉等处的温度，使其达到所要求的操作温度。

温度控制器大都采用晶体管电子线路来控温，现在的仪器多用电子控制板控温，控温线路见图 1-25，其控温精度可达±0.1℃。对带有程序升温层析室的色谱仪，控温电路比较复杂。在程序升温装置中，常用机电式或电子式的程序控制器实现程序升温。另外，在各加热器室内还装有测温热电偶或玻璃温度计，用于指示温度。

随着电子技术的不断发展，目前较先进的仪器已采用比例积分式控温方法或过零控温方法，可减少对数字线路的干扰。

1. 层析室温控

层析室是为色谱柱提供一个均匀、恒定的温度或程序改变的温度环境，来保证仪器的性能

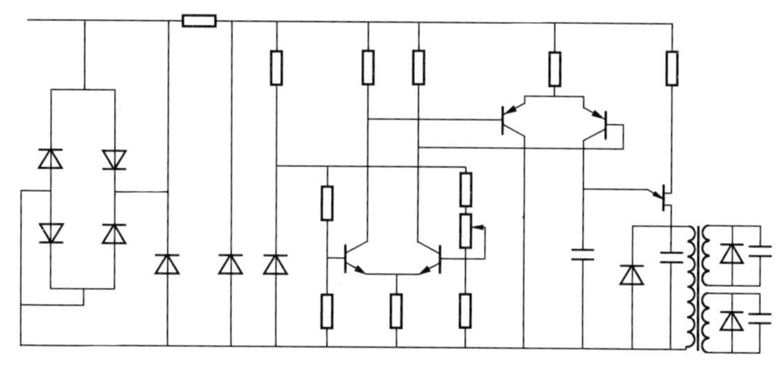

图 1-25　控温线路图

稳定和分析数据的准确。对层析室的要求是温度梯度小，保温性能好，控温精度高，升、降温速度快。

通常色谱仪多采用空气夹层保温炉膛，带有强制送风与排风装置。这种层析室升温快、热惰性小、降温快、机械强度好，便于恒温和程度升温控制，炉温一般在 0～350℃，高温色谱为 0～500℃，温度分布均匀，上下温度或同一截面不同点温度之差不超过±0.5℃，控温精度在±0.1℃以内。

2. 气化室温度

气化室温度下试样能瞬间气化而不分解，其一般比柱温高 10～50℃，同时要有温度指示器。

检查气化室温度选择是否合适的方法是升高气化温度进行观察：若柱效和峰形有变化，说明该温度太低；若保留时间、峰面积、峰形变化激烈，则该温度太高，分解已出现。气化室温度的选择与控制，对高沸点和易分解样品尤为重要。

3. 检测室温度

在色谱分析中，所有检测器（除氢焰离子化检测器外）都对温度的变化敏感。特别是常用的热导检测器，其温度变化直接影响检测器的灵敏度和稳定性，控制检测室的温度尤为重要。

大多数仪器都将检测器单独放在检测室中，由单独的温度控制器控制，其精度一般在±0.1℃以内。也有将检测器放在层析室内，使其和柱温一致，多为恒温色谱。

检测室的温度，对于恒温操作，一般选择与柱温相同或略高于柱温；对于程序升温操作，则选择在最高柱温下，以使柱温程序改变，而检测器温度可保持不变。对于氢焰离子化检测室，其室温至少要高于 100℃，以防积水、熄火。

检测器与柱出口连接管路须加热，以防止样品或固定液冷凝，导致峰形扩张或组分峰丢失。

4. 控温感受元件

在气相色谱仪中，铂电阻用作控温感受元件，并用来测量温度，也有用热电偶测温的。铂电阻的测量范围为－120～＋500℃，甚至可达 1000℃。在 100℃以下，铂电阻测温效果更好，热电偶测温的电动势误差较大。

电阻测温的原理是基于大多数金属的电阻温度系数接近于常数，即温度升高 1℃，其电阻值增大 0.4%～0.6%。适宜做热电阻的材料有铂、铜、镍和铁。其中铂的温度与电阻的关系曲线最接近于直线，并且铂在氧化介质中，甚至在高温下物理、化学性质都很稳定，因此常作为标准定标。常用的玻璃铂电阻结构是将 0.07mm 的铂丝绕在玻璃棒上，外层涂敷很薄的保护层。保护层的厚度与控温精度有很大关系。为了提高铂电阻的机械强度和可靠性，近来也有使用陶瓷铂电阻的。

5. 程序升温

程序升温是色谱法的重要技术之一，多功能色谱仪都具有程序升温功能。

在常用的色谱分析过程中，柱温一般都是固定的，称为恒温色谱或定温色谱。对不同的样品，都有各自的最佳柱温。在填充柱上，最佳柱温在组分的沸点左右；而在毛细管柱上，则比沸点低50℃左右。如果分析时样品组分少，沸点范围不大，采用恒温操作效果较好；但对于沸程较宽、组分数目较多的样品，柱温只能选在其平均沸点左右。这显然是一种折中的办法，因为所选择的柱温对各组分不是过高就是过低，其结果是低沸点组分因柱温太高而很快流出，色谱峰尖且重叠，紧挨在一起，而高沸点组分则因柱温太低，流出的时间很慢，而且峰形宽且矮平，有的甚至在一次分析中不能流出，而在随后分析中以附加噪声出现，或作为无法解释的“鬼峰”出现。这些情况都给测量带来困难，使定性定量误差很大。因而对宽沸点、多组分混合物，恒温分离不理想，只能采用程序升温，但后者较复杂，且稳定性差，重复性也欠佳。

采用何种方式升温，主要由样品的性质和具体条件所决定。对沸点均匀分布的样品，如同系物，采用单级线性升温；对于沸点间隔较大、性质不同的样品，可采用多级非线性升温；如果仪器是单级程序升温控制器，可采用中间人工改变升温速度实现多级非线性升温。

在程序升温中，影响其分析结果的因素除升温方式外，还包括起始温度、终止温度、加热速度、载气流量和柱长等，分析中能否选择好这些条件，对程序升温分离效果影响很大。

（四）检测器和色谱柱

检测器和色谱柱是气相色谱仪的核心部件，详见本节三、四。

（五）电气控制组件

(1) 电源。国产色谱仪一般电源电压为220V，频率为50Hz，要求电压变化应小于10%，否则应加装稳压器。另外，还要注意所用电源不得与其他大功率设备同线路。

(2) 温度控制器。其作用是控制气路系统中的气化器、层析室、检测室、转化炉等处的温度，使其达到所要求的操作温度。

(3) 热导控制器。其主要作用是为热导检测器提供稳定的直流工作电源，调整电桥桥臂阻值，以及控制输出信号的大小。

热导控制器包括稳压电源、测量电桥和衰减器三部分，设有“池平衡”“工作电流”“零调”及“衰减”等调节器。有的热导控制器还有信号放大装置。

(4) 微电流放大器。其主要作用是为离子化检测器提供极化电压，并把检测器所收集到的微弱电流信号加以放大，使之有足够的输出功率来使记录仪记录下来。

微电流放大器一般设有“基流补偿”“零调”“极化电压”等调节器，用以控制检测器的工作条件。此外，还设有“放大”“衰减”和“倒相”等选择开关，用以改变输出信号的大小和方向。

（六）记录和数据处理装置

色谱工作站。这是一种档次更高的色谱专用计算机系统，除具有一般色谱数据处理机功能外，由于借助丰富的软件配置，因此还具有专用数据库系统和人工智能化的诊断系统以及网络管理系统等功能，实现了色谱仪的现代化管理。

三、检测器

（一）检测器的分类

检测器又称鉴定器，是测量从色谱柱流出物质的成分质量或浓度的器件，即利用被分离样品各组分的特征，将由检测器按各组分的物理或化学特性鉴定的各物理量转换成相应的电信号，通过电子仪器进行测定。

检测器种类繁多，目前不完全统计已有30余种。检测器按输出信号与流入检测器的样品量的关系，可分成积分型和微分型两大类。

（1）积分型检测器。输出信号是连续测定流入检测器中样品各组分分量叠加后的总量。所得色谱峰是一系列台阶形曲线。典型的例子有极谱检测器、电导检测器、滴定检测器等。

（2）微分型检测器。输出信号反映流入检测器的样品各组分随时间的变化，样品组分只流过检测器而不积叠。所得色谱峰是一系列高斯曲线。微分型检测器与积分型检测器相比，灵敏度高、选择性强，适合多组分复杂样品的分析。另外，它测量保留时间方便、易于定性，当前气相色谱仪多配用微分型检测器。油中溶解气体组分含量的分析也采用该检测器。

微分型检测器分为浓度型检测器和质量型检测器两种。

1）浓度型检测器。其测量的是载气中组分浓度瞬间的变化，即其响应信号取决于载气中组分的浓度。这类检测器包括热导、电子捕获、气体密度、截面积、超声等检测器。

2）质量型检测器。其测量的是载气中组分进入检测器的速度变化情况，即其响应值（峰高）取决于单位时间内组分进入检测器的质量。这类检测器包括氢焰、火焰光度、氩离子化、氦离子化等检测器。

在诸多检测器中，最常用的是热导和氢焰检测器。

（二）对检测器的要求

气相色谱定性、定量分析对检测器总的要求是：对于不同类型的样品，在不同的浓度范围内和不同的操作条件下，都能准确、快速、及时、连续地把馏出组分的浓度变化指示、测量出来。

检测器应满足以下要求：

（1）灵敏度高、线性范围宽，以使常量和微量组分都能检测出来，定量准确。

（2）检测度低、稳定性、重现性好。

（3）对操作条件变化不敏感、噪声小。

（4）死体积小（TCD死体积一般为0.5mL，FID几乎为0）、响应快（一般应小于1s），可接毛细管柱和进行快速分析。

（5）对不同物质的响应值有规律性和可预测性。

（6）多用型检测器适用范围要广，专用型检测器选择性要好。

（7）结构简单、价格低廉、使用安全。

（三）检测器的性能指标

评价检测器性能的好坏，主要看以下几项性能指标：

（1）灵敏度。灵敏度也称响应值、应答值，是指一定浓度或一定质量的样品通过检测器时所产生信号的大小，即响应信号对进样量的变化率，以符号S表示，其计算公式如下：

1）浓度型检测器灵敏度的计算式为

$$S_c = AC_1C_2v/W = hY_{1/2}v/W \tag{1-20}$$

式中　S_c——浓度型检测器的灵敏度；

A——色谱峰面积，cm^2；

C_1——记录纸单位宽度所代表的毫伏数，mV/cm；

C_2——记录纸速度的倒数，min/cm；

v——室温、常压下柱出口载气流速，mL/min；

W——进样量，mg 或 mL［在式（1-21）中为 g］；

h——色谱峰高，mV；

$Y_{1/2}$——色谱峰半高处的宽度，min。

S_c的单位：当样品是液体时，进样量单位用 mg，则灵敏度（S_g）单位为 mV·mL/mg，即每毫升载气中含有 1mg 样品通过检测器时所产生信号的毫伏数；当样品是气体时，进样量单位用 mL，则灵敏度（S_v）单位为 mV·mL/mL，即每毫升载气中含有 1mL 气体样品通过检测器所产生信号的毫伏数。

式（1-20）指出：进样量与峰面积成正比；进样量一定时，峰面积与流速成反比。前者是定量分析的基础，后者要求定量时须保持载气流速恒定。

浓度型检测器的特点是：其灵敏度与载气中样品的浓度成正比，不受载气流速变化的影响。

2）质量型检测器灵敏度的计算式为

$$S_m = 60C_1C_2A/W = 60hY_{1/2}/W \tag{1-21}$$

式中　S_m——质量型检测器的灵敏度。

其余符号含义同式（1-20）。

S_m的单位为 mV·s/g（S 为检测器最小响应装置对应的显示面积），即每秒钟有 1g 样品通过检测器时所产生信号的毫伏数。

式（1-21）指出：峰面积与进样量成正比；当进样量一定时，峰面积与流速无关。

由于质量型检测器的灵敏度与单位时间通过检定的物质质量成正比，因此其特点是灵敏度受载气流速影响。随载气流速的增加，单位时间通过检定器的物质量也增加，因此灵敏度增大。

综上所述，对于一定的仪器来说，其灵敏度与测定条件和样品有关。因此在校验仪器的灵敏度时，需按仪器使用说明书规定的条件进行。

3）计算举例。测定热导检测器的灵敏度时，注入 0.5μL 苯（密度为 0.88mg/μL），峰高值为 2.5mV，半峰宽为 2.5mm，记录纸速度为 5mm/min，柱出口处载气流量为 30mL/min，则此热导检测器的灵敏度为

$$S_c = 2.5\times(2.5/5)\times30/(0.5\times0.88) = 85(\text{mV}\cdot\text{mL/mg})$$

（2）敏感度。敏感度也称检测度、检测限，实际上是仪器的信噪比。检测器的敏感度只能表示检测器对某物质产生信号的大小，由于仪器本身的噪声和信号大小往往成正比，因此不考虑噪声的影响，只用敏感度表示检测器的质量好坏是不够的。敏感度的物理意义是：使检测器恰好产生能够鉴别的信号，即 2 倍噪声信号（峰高，mV）时，单位时间（s）或单位体积（mL）引入检定器的最小物质量。敏感度用 D 表示，其计算式为

$$D = 2N/S \tag{1-22}$$

式中　$2N$——总机噪声，mV。

D 的单位：浓度型检测器（D_c）为 mL/mL 或 mg/mL；质量型检测器（D_m）为 g/s。

例如测定氢焰检测器的灵敏度时，以 0.05%苯（溶剂为二硫化碳）为样品，进样 0.5μL，

苯峰高为 2.5mV，半峰宽度为 2.5mm，记录纸速为 5mm/min，总机噪声为 0.02mV，则此检测器的敏感度为

$$D=2N/S_{m}=0.02/2.5\times0.0005\times0.88\times0.0005/(2.5/5\times60)$$
$$=0.587\times10^{-10}(g/s)$$

（3）最小检测量（W^0）。最小检测量（W^0）是指使检测器恰能产生大于 2 倍噪声的色谱峰高的进样量。其计算式为

浓度型检测器　　$W_c^0=1.063FY_{1/2}D_c$　　(1-23)

质量型检测器　　$W_m^0=60Y_{1/2}D_m$　　(1-24)

浓度型检测器最小检测量 W_c^0的单位为 mg 或 mL；质量型检测器最小检测量 W_m^0的单位为 g。

应当注意，从物理意义上讲，敏感度和最小检测量往往易被混淆，而其实际含义是不相同的，并且其量纲单位也不相同。这是因为敏感度只与检测器的性能有关，而最小检测量不仅与检测器性能有关，还与色谱峰的区域宽度成正比，即色谱峰越窄，则色谱分析的最小检测量就越小。最小检测浓度除了与检测器的敏感度、色谱峰宽度成正比外，还与色谱柱允许的进样量有关，进样量越大，则检测的最小浓度就越低。

（4）最小检测浓度（c^0）。最小检测浓度最指单一组分的最小检测量和总进样量（W_0）的比值，即在一定进样量时色谱仪所能检测的最低浓度。其单位通常以 mg/kg 或μL/L 表示。计算式分别为

$$c_c^0=W_c^0/W_0 \quad (1\text{-}25)$$

或

$$c_m^0=W_m^0/W_0 \quad (1\text{-}26)$$

（5）噪声。没有给定样品通过检测器时，由仪器本身和工作条件所引起的基线起伏信号称为噪声，常以 mV 表示。

噪声直接影响最小检测量和线性范围的下限，因此要注意抑制噪声产生。

（6）漂移。在没有给定样品通过检测器的情况下，由于仪器本身和工作条件所引起的基线单向偏移称为漂移。通常用单位时间内基线偏离原点的变化数值来表示。

（7）线性范围。线性范围是指检测器的响应信号与物质浓度之间呈线性关系的范围，以呈线性响应的样品浓度上下限之比值来表示。

（四）热导检测器（TCD）

热导检测器是气相色谱法中应用最广泛的一种检测器。它对有机物和无机物均有影响，并具有结构简单、稳定性好、线性范围宽、操作方便、不破坏样品等特点。

热导检测器的最小检测量可达 10^{-8}g，线性范围约为 10^5。

1. 热导检测器的原理及结构

热导检测器是根据载气中混入其他气态物质时热导率发生变化的原理而制成的。

它主要利用以下三个条件来达到检测目的：

（1）欲测物质具有与载气不同的热导率；

（2）敏感元件（钨丝或半导体热敏电阻）的阻值与温度之间存在一定的关系；

（3）利用惠斯登电桥进行测量。

所有热导检测器的构造基本都相同，如图 1-26 所示，敏感元件安装于金属（或玻璃）制成的圆筒形池腔中，池中的敏感元件称为热导检测器的臂。在图 1-27 所示的惠斯登电桥中，利用一个或两个臂作参考臂，而另外一个或两个臂作测量臂。

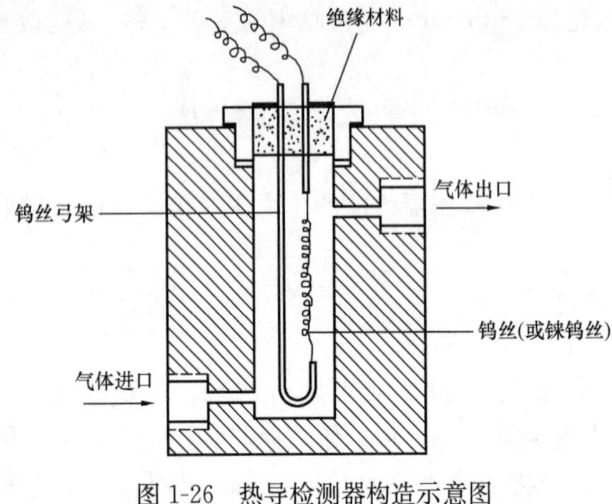

图 1-26　热导检测器构造示意图

热导检测器的检测过程如下：在通入恒定的工作电流和恒定的载气流量时，敏感元件的发热量和载气所带走的热量也保持恒定，故使敏感元件的温度恒定，其电阻值保护不变，从而使电桥保持平衡，此时无信号产生；当被测物质与载气一道进入热导池测量臂时，由于混合气体的热导率与纯载气不同，因而带走的热量也就不同，使得敏感元件的温度发生改变，其电阻值也随之改变，故使电桥产生不平衡电位信号，输出信号至记录仪。

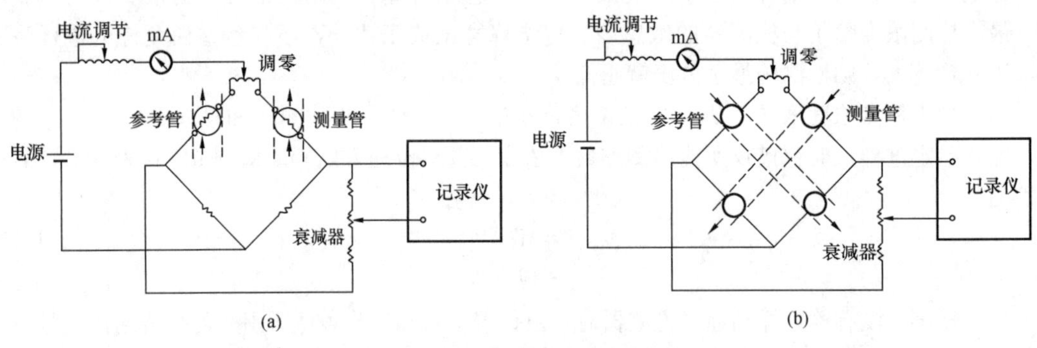

图 1-27　热导检测器的惠斯登电桥测量装置

(a) 二管电桥；(b) 四管电桥

2. 操作条件的选择

(1) 影响灵敏度的因素。影响热导池灵敏度的因素主要有桥电流、载气、热敏元件的电阻值和电阻温度系数、几何因子及池体温度等。

1) 桥电流。热丝型热导池的灵敏度与桥电流的三次方成正比，因此增加桥电流能显著提高热导池检测器的灵敏度。但桥电流过高会造成噪声增大、基线不稳、数据精度降低及缩短热丝寿命等，故选用的桥电流以使热丝产生的温度上限不超过 600℃为宜。使用的载气不同，允许使用的最高桥电流值也不同。

2) 载气。热导池实际上是测量“参考臂”中的载气和“测量臂”中的载气与样品二元系混合气热导系数之差的，因此载气和组分的热导系数差别越大，则电桥输出信号越大。因此为提高灵敏度，可选用热导系数大的气体（如 H_2、He 等）。

载气的纯度也直接影响检测器的灵敏度和稳定性，因此载气必须充分净化。

另外需要注意的是：热导池检测器的池腔体积较大，一般为 0.5～1mL，为保证足够的柱效和响应速度，流速必须大于池体积 20 倍，即流速要大于 20mL/min。

3) 热敏元件电阻值及电阻温度系数。热导池检测器的灵敏度正比于热敏元件的电阻值及其电阻温度系数，故热丝应选用具有大的阻值和电阻温度系数的金属制作。目前较为理想的热丝为铼钨丝。

4）几何因子。热导池检测器的灵敏度在很大程度上取决于元件及池腔的几何形状。热敏元件半径大、长度大、池腔小，则灵敏度高。

5）池体温度。热导池检测器对温度十分敏感，随着检测器温度的升高，灵敏度降低。检测器的温度以略高于柱温为宜。

（2）影响噪声和漂移的因素。

1）噪声可分为电噪声和热噪声。热敏元件和支架的焊接点、接触不良点都可引起噪声，因此应尽量避免这些情况。同时，测量臂和参考臂的温度环境应尽量相同，以防止和减小热噪声。

2）漂移比噪声更突出。除载气流速变化引起漂移外，池体温度和电桥外加电压的缓慢变化也可引起漂移。

（3）影响线性的因素。通常用轻载气、低池温或热丝温度、池腔不采用直通型结构可获得较宽的线性范围，反之则线性范围较窄。

应当指出的是：当用 N_2 作载气时，在池温或热丝温度高时常出现非线性响应。此时，低浓度时响应是相反方向；高浓度时响应保持原方向。这样信号就出现 W 峰。

3. 操作上提高热导池灵敏度的方法

（1）在允许的工作电流范围内加大桥电流。

（2）用热导系数较大的气体（如 H_2、He 等）作载气。

（3）当桥电流固定时，在操作条件许可的范围内降低池体温度。

4. 使用热导池检测器的注意事项

（1）整个系统应不漏气，特别是用氢气作载气时，更应严格检漏。一般要求系统压力高于操作压力 0.5×10^5 Pa(0.5atm) 保持 10h，则压力降不得大于 0.1×10^5 Pa(0.1atm)。

（2）通电前必须先通载气，断电后再断载气。通、断载气要慢，防止冲击振动损坏热丝。

（3）在能满足检测灵敏度要求的情况下，桥电流不宜太高，以延长热丝寿命。

（4）热导池检测器应放在恒温精度为±0.1℃的恒温箱内，其温度不低于柱温，以防止样品在检测器内冷凝。

（5）系统及池体要洗净，以防出现负峰，并减小噪声。

（6）电路要焊接良好，应有良好的接地。

（五）氢火焰检测器（FID）

氢火焰检测器是氢焰离子化检测器的简称，属多用型微分检测器。它具有灵敏度高、死体积小、响应时间快、线性范围广等优点，故常用来接毛细管柱进行痕量分析和快速分析。另外，因其结构简单，稳定性好，对温度变化和载气中的杂质不敏感，很少受操作条件的影响，故多用它进行常规分析。

氢火焰检测器广泛用于含碳有机化合物的分析。它对非烃类气体或在氢火焰中难于电离的物质无响应或响应低，故不适于直接分析这类物质。对于这种物质，必要时可通过化学转化法对其进行分析。

氢火焰检测器的最小检测量可达 10^{-12}g，线性范围约为 10^7。

1. 氢火焰检测器的原理及结构

氢火焰检测器是根据气相色谱流出物中可燃性有机物在氢-氧火焰中发生电离的原理而制成的。它主要利用以下三个条件来达到检测目的：

(1) 氢和氧燃烧所生成的火焰为有机分子提供燃烧和发生电离作用的条件;

(2) 有机物分子在氢-氧火焰中的离子化程度比在一般条件下要大得多;

(3) 有两个电极置于火焰附近，形成静电场，有机物分子在燃烧过程中所生成的离子在电场中作定向移动而形成离子流。

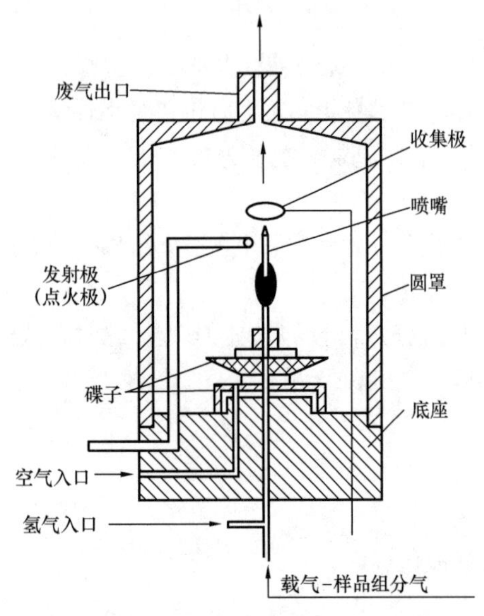

图 1-28　氢火焰检测器构造示意图

氢火焰检测器的构造简单，如图 1-28 所示，在离子室内设有喷嘴、发射极(又称点火极)和收集极三个主要部件。

火焰喷嘴有玻璃的，也有不锈钢的。电极形状也有筒形、喇叭筒形、平板形等多种。

氢火焰检测器离子室结构的好坏取决于离子化效率和收集效率。要求其线性范围宽，对载气速度、温度变化不敏感，又要防磁、防电干扰，信号稳定。在离子室中不应使离子和电子结合，或产生竞争收集、漏电、离子倍增或离子发射等不利情况。

2. 操作条件对灵敏度的影响

有机物在氢焰离子化检测器中的灵敏度不仅受离子室结构的影响，而且受操作条件的影响。

(1) 氢气流速对灵敏度的影响。当载气流速固定时，随着氢气流速的增加，灵敏度将逐渐增至最大值，然后逐渐降低。灵敏度的最大值可由试验测得。有时也通过基流变化来选择最佳氢气流速，因为基流随氢气流速的增加而增大，达到一个最大值后，再增加氢气流速，基流又下降，因此就可以用改变氢气流速测最大基流法来确定最佳氢气流速。当氢气流速与最佳值差值小于±5mL/min时，对灵敏度的影响小于 5%。

(2) 载气及其流速对灵敏度的影响。氢火焰检测器对 N_2、Ar、He、H_2、CO 都不敏感，所以这些气体都可以作为载气。但用 N_2 作载气可获最佳灵敏度。

N_2 的流速对灵敏度的影响可以分为两种情况：当灵敏度以峰高表示时，峰高正比于流速；当灵敏度以峰面积表示时，峰面积与流量无关，即载气流速从 20～100mL/min 变化，对峰面积无影响。

但在不同的载气流速下，最佳氢气流速也不同，载气流速越高，最佳氢气流速也越高。

(3) 空气流速对灵敏度的影响。一般情况下，当 H_2、N_2 流速一定时，基流随空气流速增加而增加，当空气流速增加至基流不再随之变化时，再过量 5mL/min 就足够了。

(4) 检测器温度对灵敏度的影响。一般说来，检测室温度升高，氢火焰检测器的灵敏度和噪声都会增加，但不明显，故一般控制检测室温度比最高柱温高 50℃即可。

3. 提高氢火焰检测器灵敏度的操作方法

(1) 试验证明，用 N_2 作载气比用其他气体(如 H_2、He、Ar)作载气灵敏度高。

(2) 在一定范围内增大空气和氢气流量可提高灵敏度，但氢气流量过大有时反而降低灵敏度。N_2、H_2、空气的流量比一般可为 N_2∶H_2∶空气=1∶1∶10。

(3) 把空气和氢气预混合，从火焰内部供氧，这是提高灵敏度的有效方法。

（4）收集极与发射极、喷嘴之间有合适的距离（收集极与喷嘴之间一般为5～7mm）。

（5）维持收集极表面清洁，检测高分子量物质时适当提高检测室温度。

4. 氢火焰检测器使用注意事项

（1）离子头、收集极对地绝缘要好，避免引起竞争收集，造成灵敏度下降、线性关系差。

（2）离子头必须洁净，不得沾污有机物。若不清洁，可用苯、酒精、蒸馏水等依次擦洗干净。

（3）使用的气体必须净化，管道也必须干净，否则会引起基流增大，灵敏度降低。

（4）最好采用低压蒸汽为固定液并保持柱温稳定，以防止固定液流失，导致基流、噪声增大。

（5）要使离子头保持适当温度，以免离子室积水造成漏电，使基线不稳。

（6）样品水分太多或进样量太大时，会使火焰温度下降，影响灵敏度，甚至会使火焰熄灭。

（7）静电计在未接入离子头时，本身基线应稳定。

四、色谱固定相及填充色谱柱

在气相色谱分析中，某一多组分气体能否完全分离开，主要取决于色谱柱的效率和选择性。所以色谱柱被看作是色谱仪的心脏，而其选择性在很大程度上取决于固定相选择得是否得当。色谱固定相大致分为液体固定相和固体固定相两大类，这里只介绍固体固定相，包括固体吸附剂和新型合成固定相。

（一）固体吸附剂

常用的固体吸附剂主要有强极性的硅胶、中等极性的氧化铝、非极性的碳质和特殊作用的分子筛。大部分固体吸附剂用于分离气体和气态烃。

1. 固体吸附剂特点

（1）有较大的比表面。比表面是指单位质量固体物质所具有的表面积。固体吸附剂的比表面直接影响其分离效率，其表达式为

$$比表面\ S=表面积(m^2)/质量(g)$$

固体吸附剂的比表面一般都大于$200m^2/g$，有的甚至达到$1000m^2/g$。固体吸附剂对许多种类物质有很强的吸附性，一般不宜用于分析液态样品，而适于分析气态样品。

（2）有较好的选择性。不同气态组分在固体吸附剂上的吸附热差值往往比较大，因此在气液色谱中溶解度很小、难以分离的气态混合物在固态吸附剂上能很好地分离。

（3）有良好的热稳定性。固体吸附剂所能承受的温度上限比仪器和欲测样品所能承受的温度上限还要高，因此无流失问题，有利于高灵敏度检测器获得稳定的基线。

（4）使用方便。大部分固体吸附剂价格低廉，且其分离效率降低后，经再生处理一般仍可复用。它可直接做色谱固定相用，不必涂固定液，因此易于制备色谱柱。

2. 使用注意事项

（1）分子筛和炭类固体吸附剂机械强度较差，制备色谱柱要特别小心，以免破碎，降低柱效。

（2）固定吸附剂的性能与其制备工艺、活化条件有很大关系，所以不同来源，甚至同一来源、不同批号的产品效能并不相同，这不利于定性和定量。

(3) 固体吸附剂一般具有催化活性，故不宜在高温及有活性物质存在的情况下使用。为了减少催化作用和提高柱子选择性，可涂以少量色谱固定液或作其他改性处理。但经过改性处理的吸附剂易中毒，导致保留值改变、寿命缩短。

(4) 由于吸附量大，所以在贮存或分析过程中对某些组分易发生永久性吸附，从而影响柱效，并可能出现非线性等温线，进样稍多，峰形就不对称。因此，固体吸附剂在使用之前需进行活化处理，使用过程中应经常作再生处理，停机之后应及时封闭柱口。此外，还要注意做好定量校正工作。

3. 常用固体吸附剂

(1) 硅胶。最普通的硅胶平均孔径为 1～7mm，比表面为 800～900m^2/g。硅胶的色谱分离性能取决于其孔径及含水量。

(2) 碳分子筛（TDX-01）。比表面约 800m^2/g，直径为 1.5～2mm。碳分子筛是由聚偏氯乙烯小球经高温裂解灼烧而成的链状碳骨架小球，具有惰性表面，热稳定性高、柱寿命长，适于分离低碳烃类、气体及惰性气体，对空气中氧、氮的分离和石油裂解气轻组分的分离、乙烯中微量杂质的分析以及低级烃中微量水、SO_2、CO_2 等的分析效果好。在此柱上能把同时含 H_2、O_2、N_2、CO、CO_2、H_2O 和低分子气态烃等的混合物完全分离。其性能类似于国外的碳分子筛 CMS 和 Carbonsieve-B。

TDX 装柱后应在温度 180℃左右通载气活化 4h，以除去吸附的气体。

（二）新型合成固定相——高分子多孔微球

高分子多孔微球是芳香族的圆球聚合物，商品名称为 GDX。常用的有苯乙烯和二乙烯基苯的共聚物，以及乙基乙烯基苯和二乙烯基本的聚合物。它本身既是载体，又是固定液，可以高温活化后直接用于分离，也可以作为载体，涂上固定液后，再用于分离。按表面化学性质可分为极性和非极性两种。例如 GDX1、GDX2 型为非极性固定相，主要是苯乙烯、二乙烯基苯共聚物，相当于国外的 Chromosorb 系列；GDX3、GDX4 型为极性固定相，即在苯乙烯、二乙烯基苯共聚物中引入了极性官能团（3 型引入三氯乙烯，4 型引入乙烯吡咯酮），相当于国外的 PorapakN 同一型中的编号 GDX101、102、…，代表稀释剂用量不同。

高分子多孔微球的主要特点如下：

(1) 可按样品性质选择合适的孔径大小及比表面性质的固定相，使色谱柱在最佳条件下工作。

(2) 虽具有较大的比表面，但对极性物质无有害的吸附活性，所以极性物质和非极性物质均可出对称峰。

(3) 粒度均匀、形状规则、机械强度好、易填充均匀，可获得高的柱效和好的重复性。

(4) 具有耐腐蚀和耐辐射特性，可用于分析强腐蚀性气体。

(5) 具有强的疏水性，且水一般在液态有机物前流出，故特别适于微量水分检测。

(6) 结构稳定、耐高温（可高达 250～290℃），在允许温度范围内工作无流失现象，适合于高灵敏度检测器。

(7) 有较大的柱容量，可作为制备色谱柱的填料。

(8) 使用前在高于柱温 20℃情况下通氮气处理 3～4h。如果长期使用后由于污染而使柱效下降，则可多次注入丙酮，在载气流下汽化冲洗，以延长使用寿命。

注意：使用GDX固定相切勿超过其最高使用温度。

（三）填充色谱柱的制备

1. 活化固定相

固定相活化的目的有以下三个：①除去固定相中的残留溶剂和挥发性杂质；②促使固定液更加均匀、牢固地分布在载体表面；③促使柱内填料均匀排布。

常见固定相的活化处理方法如下：

（1）活性炭。粉碎过筛的活性炭用苯浸泡几次，以除去其中的硫磺、焦油等杂质，然后在380℃下通入热水蒸气吹到乳白色物质消失为止，保存于磨口瓶内。装柱前在160℃温度下烘烤2h即可使用。色谱专用活性炭无需在200℃下活化处理。

（2）分子筛。粉碎过筛后，在350～550℃烘烤活化3～4h（不允许超过600℃）。需要分离O_2、H_2时，分子筛宜在真空下活化减压至0.133Pa，温度350℃±5℃，加热5h。色谱专用分子筛使用时不必活化。

（3）硅胶。粉碎过筛后，用6mol/L盐酸浸泡1～2h，然后用蒸馏水洗至无氯离子（用$AgNO_3$检查），于180℃烘箱中烘6～8h，保存待用。装柱使用前，须先在200℃温度下通载气活化2h。专用色谱硅胶无需活化。

2. 色谱柱的装填

（1）柱管的选择。色谱柱最好选用不锈钢管。常规柱内径为4～5mm，高效柱为2～3mm，制备柱为8～20mm。一般采用3～4mm内径。色谱柱的长度对分离效果有直接影响，分离柱的塔板数随柱长的平方根增加，但长柱会使分析时间增加。常规柱长为1～4m，较长的柱达十几米，毛细管色谱柱更长，甚至可达上百米。通常柱长0.5～2m即可。

色谱柱形状可根据恒温箱的体积及柱长而定。大体积恒温箱或短色谱柱，可做成U形；小体积恒温箱或长色谱柱，可做成螺旋状。螺旋圈直径不宜太小，一般应大于10cm，否则会增加径向扩散，降低柱效。

（2）柱管的清洗。不锈钢柱用5%～10%的热碱抽洗后，再水洗烘干。不太脏时可用酒精或丙酮冲洗，然后吹干。

（3）固定相选择。固定相的种类可根据固定相性能及分析对象选定。此外，固定相的粒度大小也很重要。载体的颗粒直径直接影响速率方程中的涡流扩散和气相传质相。粒度增加，理论塔板高度也增加；减小粒度可提高柱效，但粒度过细，会使柱压差过大，填充不均匀，降低柱效和分析速度。

（4）固定相的装填。固定相装填要紧密、均匀，不应有沟槽或断裂，柱端死体积要小。装填过程中应防止固定相粉碎。

装填色谱柱的方法有抽空法和振动法两种。

1）抽空法。装填螺旋柱可用有干燥装置的真空泵抽空，抽时稍加振动，色谱柱的出口端堵上玻璃棉和绸布，以防止固定相进入泵内，泵和色谱柱间最好装一缓冲瓶。这种方法是较常用的方法。

2）振动法。将管柱直立，下端塞上玻璃棉，由上端漏斗加入固定相，边装边敲，装好后用玻璃棉（最好经过硅烷化）堵死，再加工成所需形状。

（5）色谱柱的安装。安装色谱柱时要注意方向，把原接真空泵装填比较紧密的一端接检测器，另一端接气化室，这样可以提高色谱柱出口压力，使载气线速均匀、柱效高；若方向接反，柱效将下降10%～20%。

应当注意，色谱柱应当老化后再与检测器相接。

3. 色谱柱的分离效率

色谱柱的分离效率常用分离度、分辨率、柱效率等指标来评价。

（1）分离度（θ）。相邻的两个色谱峰中，小峰峰高（h_i）和两峰交点（m）的高度（h_m）之差与小峰峰高之比，称为分离度。其表达式为

$$\theta=(h_i-h_m)/h_i \tag{1-27}$$

式中符号含义见图1-29。

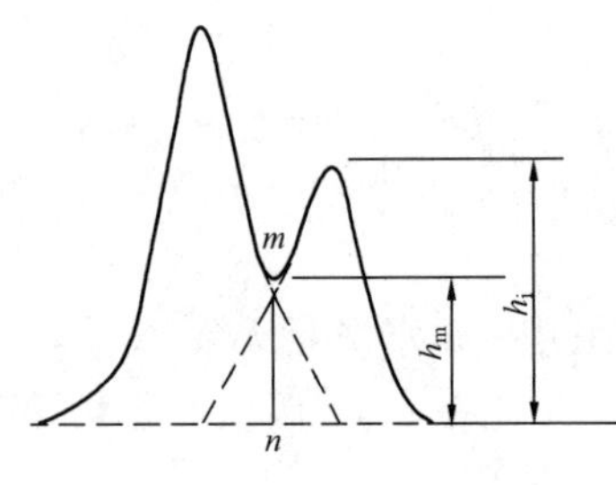

图1-29 分离不纯的色谱图

θ值常用于描绘未全分离色谱峰的分离程度。在色谱分析中，一般要求θ值大于0.5。

（2）分辨率（R），又称分辨度。R等于相邻两组分色谱峰保留值之差与此两峰峰底宽度总和之半的比值，表达式为

$$R=2(t_{R2}-t_{R1})/(Y_1+Y_2) \tag{1-28}$$

式中 t_{R2}、t_{R1}——相邻两组分各自的保留值；

Y_1、Y_2——相邻两组分各自的峰底宽。

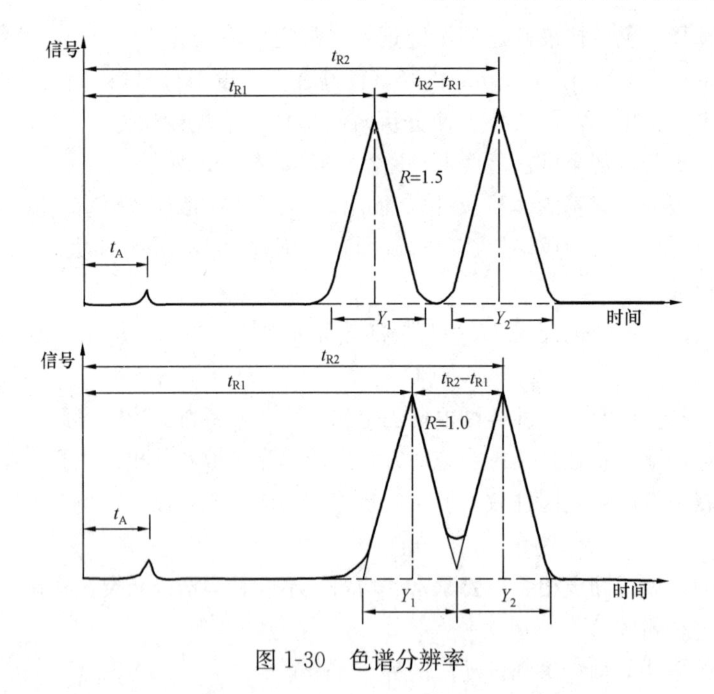

图1-30 色谱分辨率

从图1-30可以看出，组分的保留值与峰底宽采用同一计量单位时，如$R=1.0$，两组分色谱峰稍有重叠；如$R=1.5$，则两组分色谱峰基本上可以全分离。

（3）理论塔板数（n）。n是根据塔板理论而提出的色谱柱效率的一个指标，由色谱峰峰宽和保留值按式（1-2）求得。

（4）有效塔板数（n_{eff}）。由调整保留值（t_R）与色谱峰宽（Y）按式（1-3）求出。

(5) 理论塔板高度（H）。由柱长度（L）与理论塔板数（n）按式（1-4）求出。

(6) 有效塔板高度（H_{eff}）。由柱长度（L）与有效塔板数（n_{eff}）按式（1-5）求出。

由塔板数与塔板高度两项指标的计算式（1-2）～式（1-5）可以看出，色谱柱单位长度的塔板数越多，即塔板高度越小，色谱柱的分离效率就越高。在应用上，可通过上述色谱柱效率的几项指标，估算色谱柱具有良好分离效率时所需的色谱柱长度。

五、气相色谱仪安装调试

（一）环境条件要求

1. 仪器室

(1) 仪器室及其周围不宜有火源、振源、强大磁场和电场、电火花、易燃易爆的腐蚀性物质等存在，以免干扰分析或发生意外。

(2) 室内温度最好在10～35℃，相对湿度在80%以下，以保证仪器的正常工作和使用寿命，必要时，宜装设空调、干燥和排风等装置。

(3) 室内空气含尘量应尽量低，还要保持仪器和室内清洁，以免影响仪器性能。

(4) 工作台应能承受整套仪器重量，不发生振动，还要便于操作与检修。

(5) 室内严禁烟火，并有防火防爆的安全措施。

2. 贮气室

(1) 贮气室及其周围不能有火源、电火花、热源或振源、易燃易爆和腐蚀性物质等存在，以免发生意外。

(2) 贮气室最好与实验室分开，单独设置。氧气与氢气应分开贮放，以免发生爆炸。

(3) 室内温度变化不应过大，避免阳光直射或雨雪侵入。

(4) 高压钢瓶要有检验合格证，坚持定期检验制度。钢瓶标记、漆色应符合规定。

(5) 高压气瓶严禁混用，切忌用未处理过的氧气瓶去灌装氢气。

(6) 所有气瓶应稳固立地放置，阀件完好无泄漏，正确操作。

(7) 室内严禁烟火，消防设施完备。

3. 管线

(1) 管线应沿墙固定。

(2) 管线上所用管子和器件要干净、耐压。管子材料最好用不锈钢或紫钢，管径宜小不宜大。如用塑料管，因其易损坏，应注意检查与及时更换。

(3) 在管线上应加装气体净化装置。

(4) 管线安装后要进行检漏，没有漏气现象才能使用。

（二）仪器安装

(1) 仪器开箱后，核对清单。

(2) 打开机件外壳，检查各机件内部的元器件安装是否紧固，绝缘是否良好，运输过程是否有破损处及其他问题，并擦去水分、灰尘、油污及其他脏物，以免发生漏电或接触不良等故障。

(3) 按仪器说明书的排布方式把仪器安装到工作台上。

(4) 把所有各部件之间的连接电缆、插头、插座等擦干净，然后按对应的编号或标记牢固地连接起来。

(5) 把仪器气路系统与外接气路连接起来。

(三) 仪器调试

1. 气路系统

(1) 检查气路畅通性：把空柱接入气路，并把气路系统出口接上鼓泡器，然后通气、调节稳压阀，检查转子流量计和鼓泡器情况。如果不畅通，则应分段检查，直到各气路畅通为止。

(2) 检查气路气密性：把空柱接入气路，并把气路系统出口处堵死，然后通气 (N_2)，调节气流压力至 0.4MPa，观察转子流量计转子是否上浮，并用检漏溶液检查各接头、焊缝等处有无漏气现象，如有漏点应立即消除。

(3) 流量计校正：采用前述的皂膜流量计校正法。

2. 电路系统

(1) 检查电路系统绝缘性能。

1) 将仪器所有部件的开关置于断开位置，合上仪器的总开关，过一段时间，若仪器无发热或其他漏电现象，认为仪器正常。

2) 合上仪器总开关后，逐一合上各部件的开关，用试电笔检查机壳，应无漏电现象。

3) 用绝缘电阻表检查仪器各部件的绝缘。

(2) 检查温度控制器。

1) 把所有控温调节器旋钮退回起始位置。

2) 启动仪器总开关后，合上温度控制器开关，过 15min 左右，各加热室无升温现象为正常。

3) 在通载气的情况下，逐一检查对各加热室的控温性能。与此同时，把标准温度计插入加热室内，以便校正测温毫伏计的读数。

(3) 检查记录仪。

1) 把信号输入线的接头短路，开记录仪，若记录笔在指零毫伏位置不动属正常。然后将短路线拆开，接上信号输入线。

2) 打开记录纸开关，用秒表测各挡纸速是否与各挡所标纸速相符。

3) 断开信号输入线，在信号线接头上输入外加毫伏信号，若记录笔作对应滑动，一般为正常。与此同时，从记录笔的滑动速度可粗测行程时间。若不正常，可调节记录仪内的“阻尼”和“灵敏度”等调节器，使其处于最佳状态。

(4) 检查热导控制器。

1) 用万用表和绝缘电阻表检查电桥四个臂是否有损坏和绝缘性能不好等现象。

2) 控制载气流速并稳定在某一流量值，加热室温度也应恒定在某一温度值。

3) 将工作电流调节器转至最小位置，输出信号线接记录仪。

4) 合上热导控制器开关，约 15min 后，调整工作电流至 120mA (N_2 作载气时)。若电流表指示稳定，则属正常。

5) 开动记录仪，稳定后逐一调节“零调”“池平衡”“衰减”“倒相”等调节器，如果记录仪响应正常，则表明热导检测器及其控制器基本正常。

(5) 检查微电流放大器。

1) 载气流量、温度控制与调试热导控制器时相同。

2) 将输出信号线接至记录仪。

3）合上微电流放大器开关，约15min后启动记录仪，稳定后逐一调节“零调”“基流补偿”和“倒相”等调节器。如果记录仪响应正常，表明微电流放大器正常。

4）将连接检测器的信号输入线断开，用干净手指碰一下信号输入线端，记录笔能随之作相应滑动者为正常。

5）将信号输入线接至检测器后，开辅助气体点火和开极化电压，调整记录笔位置，待稳定后逐一拨动“放大”“衰减”等。若记录仪随之响应正常，则表明检测器和微电流放大器正常。

第三节　选择分析条件

在实际分析工作中，人们总希望能用较短的色谱柱和较短的时间得到较满意的分析结果，因此需要对色谱仪选择较适宜的分析条件。

一、载气种类

从理论上讲，用较大分子量或较大密度的气体作载气时，可获得较高的柱效率。但在快速分析中，载气用分子量较小的气体（如氢气 H_2、氦气 He），由于黏度较小，可减少色谱柱压力降，便于操作。实际上，载气种类的选择主要还是考虑对检测器的适应性。例如热导检测器常用 H_2、He 和 N_2 作载气，氢火焰检测器常用 N_2 和 H_2 作载气。

二、载气流速

最佳流速与载气种类、色谱柱、组分性质等条件有关，可通过试验，用作图法求出（见图1-31）。在最佳流速下，虽然柱效率比较高，但往往分析时间较长。在实际分析工作中，为了加快分析速度，实用的最佳流速通常比理论值大。例如对于内径为3～4mm的色谱柱，载气常用流速为20～80mL/min。

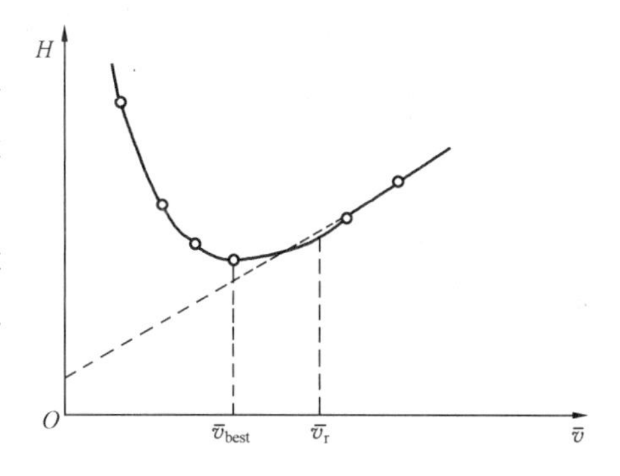

图1-31　作图法求实用最佳流速

v_{best}—最佳流速；v_r—实用流速

三、载气压力

从理论上分析，提高载气在色谱柱内的平均压力可提高柱效率。然而，若仅提高柱进口压力，势必使柱压降过大，反而会造成柱效率下降。因此，要维持较高的柱平均压力，主要是提高出口压力，一般在色谱柱出口处加装阻力装置即可达到此目的。例如长度在4m以下，管径为3～4mm的柱子，柱前载气压力一般控制在0.3MPa以下，而柱出口压力最好能大于大气压力。

四、固定相粒度范围

固定相的表面结构、孔径大小与粒度分布，对柱效率都有一定影响。对已选定的固定相，粒度的均匀性尤为重要。例如对同一固定相，粒度范围40～60目的要比30～60目的柱效率高。通常，色谱柱内径为2mm时，选用粒度为80～100目；内径为3～4mm时，选用60～80目；而内径为5～6mm时，选用40～60目为宜。

五、色谱柱尺寸与形状

从理论上分析，选用内径较小的柱管和较大的柱形曲率半径，以及柱管内径和曲率半径都较均匀的色谱柱，可获得较高的柱效率。但柱管内径过小，充填填料困难且压降过大，会给操作带来不便，故常用的柱内径多为2～4mm。就柱形而言，柱效率为直形管>U形管>盘形管。为了缩小仪器体积，实际多采用盘形柱。注意，为了获得较好的柱效率，制备和安装这种色谱柱时，应尽量减少不必要的弯曲。

六、色谱柱温度

从理论上讲，适当提高柱温有利于改善柱效率和加快分析速度。然而，柱温过高会降低柱效率，甚至令柱的选择性变坏。实际上，柱温选择主要取决于样品性质。分析永久性气体和其他气态物质时，柱温一般控制在60℃以下；对于沸点在300℃以下的物质，柱温往往控制在150℃以下。此外，柱温还与固定相性质、固定相用量、载气流速等因素有关。例如使用TDX炭分子筛分析碳二的烃类气体时，柱温要在170℃左右才能满足分析要求。如果固定相已选定，采取适当减少固定相用量和加大载气流速等措施，可达到降低选用柱温的目的。

七、进样技术

进样量、进样时间和进样装置都对柱效率有一定影响。进样量太大会增大峰宽，降低柱效率，甚至影响定量计算。进样时间过长，同样会降低柱效率，使色谱区域加宽。进样装置不同，出峰形状重复性也有差别。进样口死体积大，也对柱效率不利。对于气体样品，一般进样量为0.1～10mL；进样时间越短越好，一般小于1s；进样口应设计合理，死体积小，如采用注射器进样时，应特别注意气密性与进样量的准确性。

第四节　定性、定量分析

一、定性分析

气相色谱定性分析就是鉴别分离出来的色谱峰所代表的物质。在气相色谱法的定性方法中，现在主要利用保留参数定性，即主要利用已知物对照的方法。因此，单独用气相色谱法定性，只能适用于已知混合物的定性；对于未知物，就必须与化学分析和其他仪器分析相结合，才能完成定性分析任务。这里只介绍最常用的前两种方法。

1. 利用绝对保留值定性

当固定相和操作条件严格固定不变时，同一组分具有相同的绝对保留值（如校正保留时间或校正保留体积），通过分别测定并比较已知物与未知物的保留值，即可定性。也可将已知物加到未知物中，观察加入前后色谱峰高的变化情况来鉴别未知物。

2. 利用相对保留值定性

利用绝对保留值定性必须要有很好的重复性，相应地要求固定相与操作条件严格不变。然而，在很多情况下操作条件难以绝对恒定。为了减少由于操作参数波动而给定性分析造成的影响，常采用相对保留值（r_{is}）对已知混合物组分定性。

r_{is}是某一组分i与基准物质s校正保留值之比，即$r_{is}=t_{R1}/t_{R2}$。r_{is}只与固定相有关，而与其他操作条件无关。其操作过程是分别计算基准物质各组分及混合物各组分色谱峰的r_{is}值后，比较对应的r_{is}值，其值相同者为同一物质，由此即可得知混合物各色谱峰分别代表的物质。

3. 利用保留值定性的注意事项

（1）定性前应首先检验色谱图上色谱峰的真实性。因为色谱图上的色谱峰并不一定代表样品中某一组分，许多意外原因（如色谱柱、进样器有残留物，进样口硅橡胶垫因过热有热分解产物等）都可以造成假象，应设法查明并排除其干扰。

（2）要检查出峰情况。由于某些原因，往往使样品中的一些组分在色谱图上不出峰。这些原因包括检测器对某些组分没有响应或灵敏度不够，固定相或仪器的某些部分对样品组分产生了不可逆吸附以及柱温太低等。因此，应对混合物样品中各组分是否全部出峰进行检查，并找出不出峰的原因。

（3）要注意观察色谱峰的峰形。如样品某一组分色谱峰与已知物质对照，保留值相同，但峰形不同，仍不能认为样品某一组分与已知物质是同一物质，此时应进一步验证。方法是在样品中加入某种纯组分一起做试验，如果发现有新峰或峰形出现不规则形状（如峰上有凸出、峰顶平头等），则表示两者并非同一物质。如果峰高增加而半峰宽并不相应增加，则两者很可能是同一物质。

（4）对被定性的峰，应注意判断是单一组分峰还是两个以上组分的合峰（重叠峰）。如果没有已知物质作对照，可采用改变操作条件（如降低柱温、改变流速等）或用两根选择性不同的色谱柱分别进行分析，看单一峰是否被分成两个或多个峰。另外，在正常情况下，峰宽与保留时间呈线性关系，如果峰形特别宽，则有可能是重叠峰。

（5）要注意保留值测量的准确度与精密度。如果保留值测定值与文献值不符，应查明原因。可能的原因有色谱柱使用时间过长、固定相性能发生变化、基准物纯度不够、操作条件与实际不符（如显示温度不准）等。

（6）利用检测器帮助定性。同一物质在不同类型检测器上一般具有不同的响应值，而同一检测器对不同类物质的影响值也往往不同，据此可利用检测器来帮助定性。如氢火焰检测器对绝大部分有机物组分有很大的响应信号，而对无机物组分一般只有很小的响应信号；火焰光度检测器对含硫、磷的化合物响应十分灵敏。所以可利用这些专用型检测器来帮助鉴别物质的类型。在实际定性分析中，还可采用两种或两种以上检测器结合起来帮助定性。例如，把热导检测器与氢火焰检测器联用，可大致区分出哪些色谱峰是有机物组分，哪些是无机物组分：把热导检测器与火焰光度检测器联用，在分析六氟化硫杂质气组分中，可区别哪些是含硫的组分，哪些是不含硫的组分。目前，新开发的检测器还有质谱检测器和红外检测器等，如果色谱仪上配备有这种检测器，将会使色谱仪的定性分析能力进一步提高。

二、定量分析

气相色谱定量分析的任务就是要求出混合物中各组分的含量。定量分析的依据是检测器对某一组分 i 的响应信号（峰面积 A_i 或峰高 h_i）与该组分通过检测器的量（W_i）成线性关系，其表达式为

$$W_i = f_i^A A_i \tag{1-29A}$$

或

$$W_i = f_i^h h_i \tag{1-29B}$$

式中　f_i^A、f_i^h ——比例系数，在定量分析中称为校正因子。

显然，要获得可靠的测量结果，必须准确测定响应信号和校正因子值，并且正确选用定量计算方法和进行数据处理。

1. 色谱峰面积的测量

测量响应信号（主要是峰面积）的方法有手工测量和自动测量两种。其中手工测量法是基

础，在此重点介绍其常用方法。

(1) 峰高乘半峰宽法。此法适用于半峰宽较宽的对称峰面积测量，如图 1-32 所示，峰面积 A_a 为

$$A_a = hY_{1/2} \tag{1-30}$$

(2) 三角形法。如图 1-33 所示，在色谱峰的拐点作切线与基线相交构成三角形 EFG，此三角形面积 A_p 是峰面积 (A) 的近似值，即

$$A_p = h_f Y_f \tag{1-31}$$

式中 Y_f——三角形半高宽。

(3) 峰高乘保留值法。如图 1-34 所示，峰面积 A_Q 近似为

$$A_Q = ht_R \tag{1-32}$$

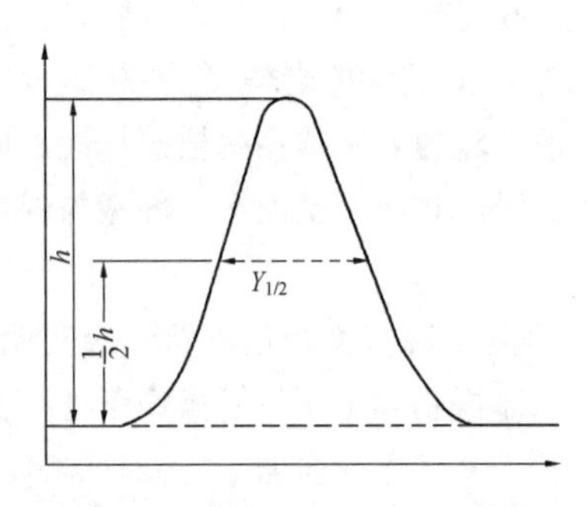

图 1-32 峰高乘半峰宽计算峰面积

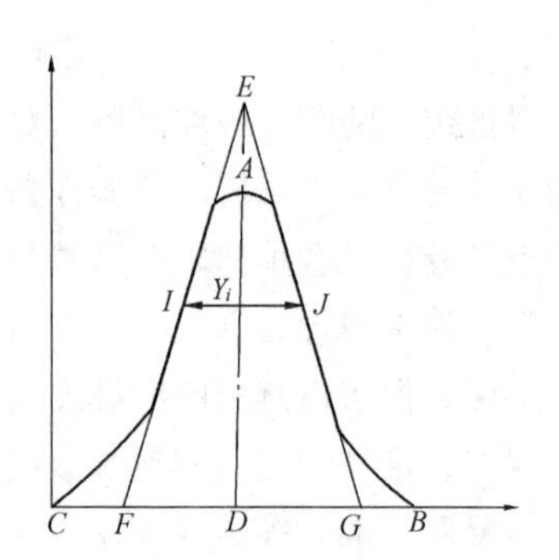

图 1-33 三角形法计算峰面积

此法一般适用于半峰宽很窄的同系物峰面积的测量。

(4) 峰高乘平均峰宽法。此法适用于不对称峰面积的测量，如图 1-35 所示，取 0.15h 处和 0.85h 处所对应峰宽 $Y_{0.15}$ 和 $Y_{0.85}$ 的平均值乘峰高来近似计算峰面积 A_R，即

$$A_R = \frac{h}{2}(Y_{0.15} + Y_{0.85}) \tag{1-33}$$

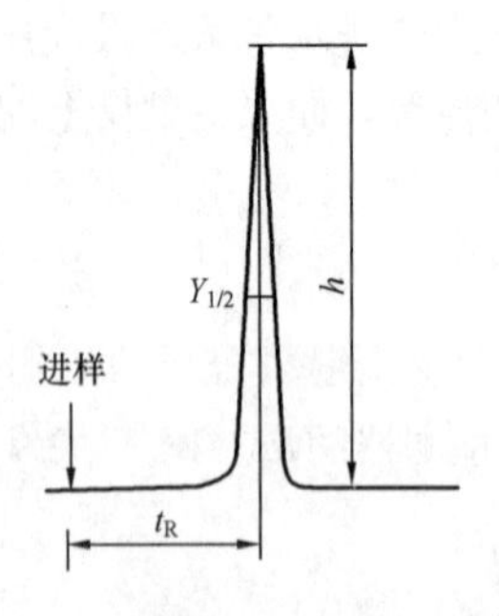

图 1-34 峰高乘保留值法计算峰面积

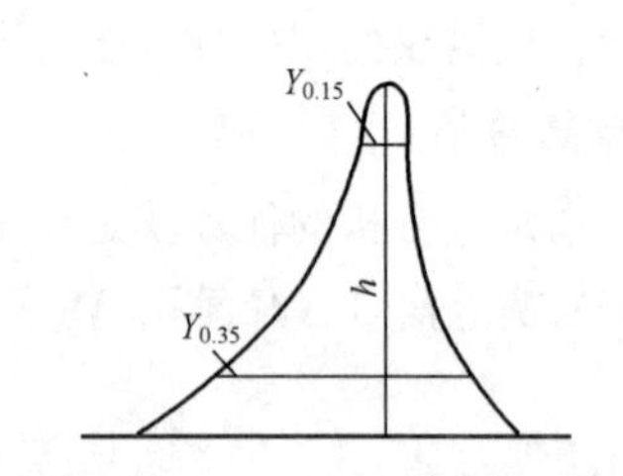

图 1-35 不对称峰面积的测量

(5) 大峰上小峰面积的测量。对大峰上峰形尖锐的小峰，如图 1-36 所示，可从小峰峰顶 A 作基线的垂线交大峰轨迹线于 B，以 AB 作为小峰峰高 h，然后按峰高乘半峰宽法近似计算其峰面积。

对大峰上峰形较宽的小峰，如图 1-37 所示，可从其峰顶 A 作大峰轨迹的垂线，交于 B，以 AB 为小峰峰高值，然后根据其对称性程度选用前述适当的方法近似计算此小峰峰面积。

（6）基线漂移时峰面积的测量。基线漂移时，一般从峰顶作漂移基线之垂线得其峰高（见图 1-38 中的 AB），然后根据峰形的对称性选用前述适当的方法近似计算该漂移线上色谱峰的峰面积。

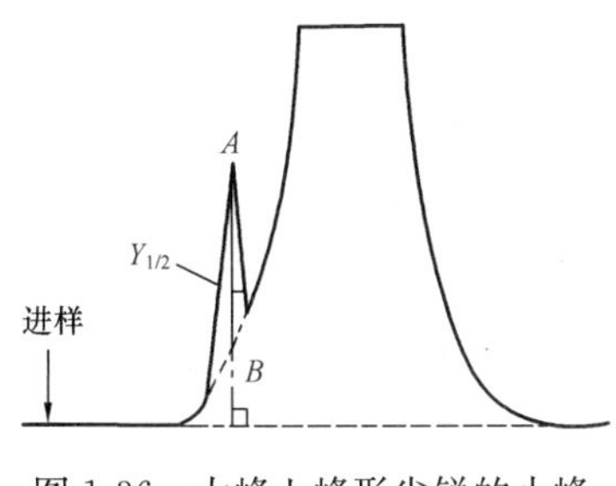

图 1-36　大峰上峰形尖锐的小峰

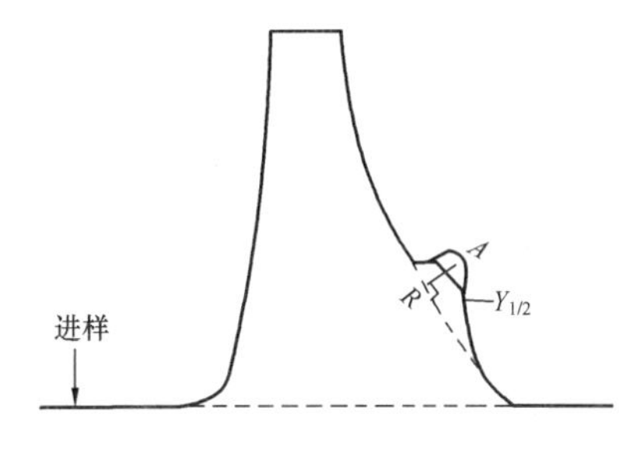

图 1-37　大峰上峰形较宽的小峰

（7）重叠峰峰面积的测量。如果相邻两色谱峰的分离度 θ 大于 0.5，通常可直接用峰高乘半峰宽等方法近似计算其峰面积；如果分离度小于 0.5，如图 1-39 所示，作两重叠峰的对称峰边后，再按峰高乘半峰宽等方法近似计算其峰面积。

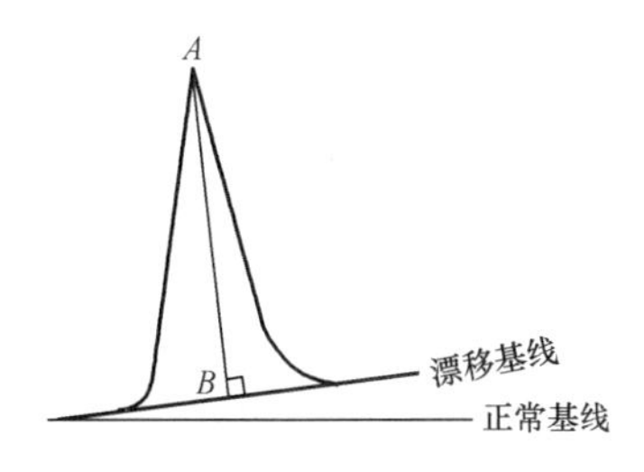

图 1-38　基线漂移时峰面积的测量

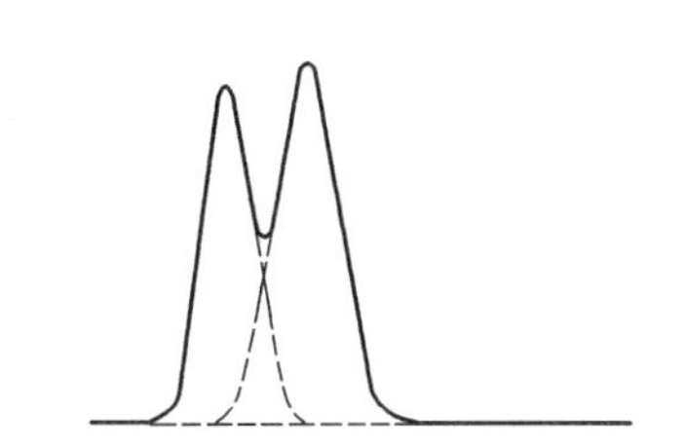

图 1-39　未全分离色谱峰面积的测量

2. 定量校正因子

由于相同含量的同一物质在不同类型检测器上具有不同的响应值，而同一含量的不同物质在同一检测器上的响应值也不尽相同，因此在色谱定量计算中一般需引入定量校正因子。

（1）校正因子的表示方法。

1）绝对校正因子，又称操作校正因子，是指某组分 i 通过检测器的量与检测器对该组分的响应信号之比，其表达式为

$$f_i^A = W_i / A_i \tag{1-34A}$$

和

$$f_i^h = W_i / h_i \tag{1-34B}$$

式中　f_i^A、f_i^h ——组分 i 的峰面积和峰高的绝对校正因子；

A_i、h_i ——组分 i 的峰面积和峰高；

W_i ——组分 i 通过检测器的量，其单位为 g、mol 或 L。

因绝对校正因子值与分析条件和仪器灵敏度有关，使其应用受到一定限制，故在定量分析中大都采用相对校正因子或相对响应值。

2）相对校正因子，指某组分 i 与基准组分 s 的绝对校正因子之比，其表达式为

$$f_{is}^A = f_i^A / f_s^A = A_s W_i / A_i W_s \tag{1-35A}$$

和

$$f_{is}^h = f_i^h / f_s^h = h_s W_i / h_i W_s \tag{1-35B}$$

式中 f_{is}^{A}、f_{is}^{h}——组分 i 的峰面积和峰高的相对校正因子；

A_s、h_s——基准组分 s 的峰面积和峰高；

W_s——基准组分 s 通过检测器的量，其单位为 g、mol 或 L。

其余符号含义同前。

相对校正因子为无因次量，其数值与所采用的计量单位有关。

3）相对响应值（S_{is}），又称相对应答值、相对灵敏度，是指某组分 i 与其等量基准物组分 s 的响应值之比。当计量单位与相对校正因子相同时，它们与相对校正因子的关系为

$$S_{is}=1/f_{is} \tag{1-36}$$

（2）校正因子的测量与应用。用标准纯物质配制已知各组分准确含量的混合物，色谱分析后，测出各组分的峰面积或峰高，按式（1-35）计算出相对校正因子。

注意，配制用于测校正因子的混合物中的组分含量，最好与要测的样品组分含量相近，热导检测器和氢火焰检测器的校正因子不同，都有参考的文献值。实践证明，热导检测器校正因子文献值在不同实验室是能通用的，其数值与检测器结构、特性及操作条件无关。用 H_2 或 Ar 作载气，校正因子可以通用；但用 N_2 作载气时，校正因子差别较大，不能通用。对于氢火焰检测器的校正因子，由于影响因素较多，文献值不宜直接引用，最好是在实际分析条件下测定。

3. 定量方法

在色谱定量分析中，较常用的定量方法有归一化法、外标法和内标法等，其中使用最多的是外标法。外标法在操作与计算上又可分为校正曲线法与用校正因子求算法。

（1）校正曲线法是用已知不同含量的标样系列等量进样分析，然后做出响应信号（峰面积或峰高）与含量之间的关系曲线，即校正曲线。做样品定量分析时，在与测校正曲线相同条件下进同样量的等测样品，从色谱图上测出峰高或峰面积后，即可从校正曲线查出样品中的含量。

（2）用校正因子求算法。此法是将标样多次分析后得到响应信号与其含量，求出它的绝对校正因子（即操作校正因子），然后按式（1-37）求出待测样品中的含量 W_i，即

$$W_i=W_s/A_sA_i=f_s^AA_i \tag{1-37A}$$

或

$$W_i=W_s/h_sh_i=f_s^hh_i \tag{1-37B}$$

式中 W_s——标样的已知含量；

A_s、h_s——标样的峰面积与峰高；

A_i、h_i——待测样品的峰面积与峰高；

f_s^A、f_s^h——标样的峰面积绝对校正因子与峰高绝对校正因子。

（3）使用外标法的注意事项。

1）必须保持分析条件稳定，进样量恒定，否则误差较大。

2）样品含量必须在仪器的线性响应范围内，特别是在使用校正因子求算法时，待测样品组分含量应与标样含量相近。

3）校正曲线应经常进行校准，标样的操作校正因子也应随时校核，特别是分析条件有变化时。

4）如分析条件稳定，对同一物质，含量与峰高响应信号呈线性关系时，定量计算可采用简化的峰高法，否则都应采用峰面积法。

第二章 油 气 分 离

油中取气即将油中溶解的气体在注入色谱仪或色谱柱之前全部或部分地脱离出来，是绝缘油中溶解气体色谱分析重要的前处理程序。如果直接将油注入色谱仪，所使用的填充色谱柱的固定相极易因吸附绝缘油而失效。

出于判断设备故障的需要，油中溶解气体色谱分析对某些特征气体组分检出浓度要求能达到 10^{-6}数量级。这样，即使能直接将油注入色谱仪分析，氢火焰检测器和热导检测器的灵敏度一般也难以达到要求。因此油中取气不但避免了色谱柱的污染，也可富集被测气体。

尽管油脱气的方法有多种，所使用的仪器也各不相同，但脱气的原理都是基于气体在油、气两相间的分配平衡。也就是说，各种方法的脱气过程都是让油样在一个有一定空间的密闭系统内，由于原有平衡条件的变化，促使油中溶解气体解析出来，而在油、气两相间重新分配，直至建立新的平衡。

不同的脱气方法采用不同的技术来改变平衡条件。密闭系统的压力状态有真空或常压，温度有恒温或常温，加速分配平衡方式有喷雾或搅拌和振荡，脱气次数有单次或多次，平衡时状态有动态或静态，收集解析出的气体方法有水银式或变径活塞式和薄膜式等。

我国采用振荡脱气法和变径活塞真空洗脱法作为标准的常规脱气方法。

第一节 振 荡 脱 气 法

一、概述

振荡脱气法操作简易。在一密闭的容器内加入一定量的油样和一定量的载气，在恒温常压下通过振荡方法，加速使油中溶解气体在气、液两相间建立动态平衡，测定气相各组分含量，就可算出油中溶解气体各组分含量。

振荡脱气法由于是在常压下进行，因此不易漏气；由于气相与液相建立了动态平衡，因此不会产生回溶；由于温度、时间、振荡方法等操作条件都是固定的，因此不易产生因条件变化而引起的误差。真空脱气法容易出现的漏气、回溶、操作条件难以固定等问题，振荡脱气法基本不存在。

试验表明，振荡脱气法对油中八种气体组分的回收率大都在 95%以上，符合国际电工委员会（IEC）的有关规定。振荡脱气法对同一实验室平行试验的重复性（r）在各种浓度水平时的相对误差小于 5%，室间试验再现性（R）在各浓度水平时的相对误差小于 7%。IEC 导则对同一油样双样分析的分散性要求测试总偏差小于 5%。英国中央发电管理局（CEGB）对同一油样不同实验室的测试总偏差规定为±10%。

振荡脱气法作为对油样脱气的常规方法，现已被纳入 GB/T 17623《绝缘油中溶解气体组分含量的气相色谱测定法》中。

二、振荡脱气法原理

1. 分子扩散与动态平衡

振荡脱气法的关键是确保油中溶解气体在气、液两相间建立动态平衡。

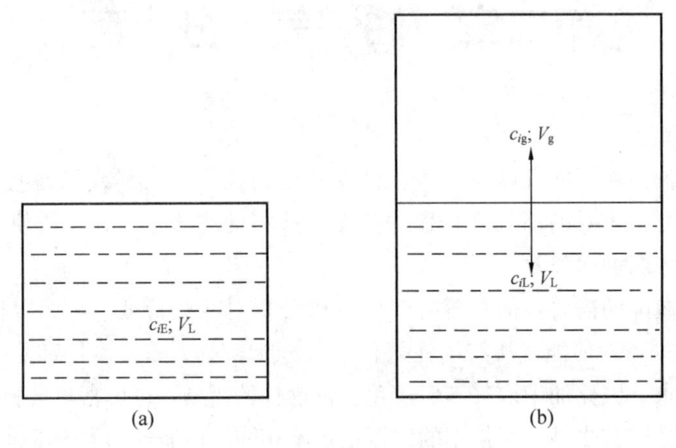

图 2-1 油中溶解气体建立气-液两相平衡

图 2-1（a）表示一个密闭的容器中注满了变压器油，油中溶解气体某组分的体积浓度为 c_{iE} ，容器的体积为 V_L，则变压器油里溶解气体 i 组分的含量为 $c_{iE}V_L$。现将密闭容器体积扩大，使油面上有一空间，体积为 V_g，如图 2-1（b）所示。在这样既有液相（变压器油）又有气相空间的密闭系统里，即使变压器油样静止不动，由于 i 组分分子总是在不断地运动，故油中所溶解组分分子会慢慢向油面上的空间扩散。与此同时，扩散到气相空间的 i 组分分子也会返回到油中，只是这两种不同方向扩散的速度在不同阶段是不同的。刚开始时，由液相向气相扩散速度快，由气相向液相扩散速度慢。以后随着油面上气体组分体积分数的增加，前者速度逐渐变慢，后者速度逐渐变快，到后来两种扩散速度逐渐相等。当气体组分从液相扩散到气相的速度与从气相扩散到液相的速度相等时，就建立了气-液两相动态平衡。

对静止的油，要建立起这种动态平衡需要相当长的时间。为了加快建立动态平衡，可以采取提高温度，扩大气、液两相接触面等办法。振荡脱气法就是让气、液两相以适当的频率进行振荡，使液相（变压器油）分散成许多小珠粒与气相充分接触，从而扩大了接触面，缩短了建立动态平衡的时间。

2. 分配定律与物料平衡

建立了动态平衡之后，两种不同方向的扩散仍在进行，只是速度相同而已。此时气相和液相中气体组分的体积分数都保持不变（见图 2-1），气体组分在油中为 c_{iL} ，在气相中为 c_{ig} 。两者体积分数之间的关系服从分配定律（Partition law）。其定义为

$$K_i = c_{iL}/c_{ig}$$

或

$$c_{iL} = K_i c_{ig} \tag{2-1}$$

式中 K_i——在试验温度下，气、液两相建立平衡后 i 气体组分的分配系数；

c_{iL}——平衡时，液相中 i 气体组分的体积分数；

c_{ig}——平衡时，气相中 i 气体组分的体积分数。

建立动态平衡后（见图 2-1），油样品中原有溶解气体会分配到液相和气相中。因此 c_{iL}不等于油样品中原有溶解气体 i 组分的体积分数 c_{iE}，而是 $c_{iL}<c_{iE}$。很显然，油样品中原有溶解气体的总含量等于平衡后油中气体含量与气相中气体含量的总和，即遵从物料平衡公式

$$c_{iE}V_L=c_{ig}V_g+c_{iL}V_L \tag{2-2}$$

式中 c_{iE}——油样品中 i 气体组分的原有体积分数；

V_L——油样体积；

V_g——平衡时，气相体积。

振荡脱气法在操作过程中，油样温度从室温变化到指定的恒定温度，压力保持实验室大气压。油样体积和气相体积开始是会变化的，在建立平衡后，体积也就不变了。因此式（2-1）和式（2-2）中，液、气两相体积可以准确得知。K_i 可以直接测定，也可采用多个检测机构对日常油品进行大量试验求出的平均值，见表 2-1。c_{ig}可通过气相色谱分析求得。但 c_{iL}是无法由色谱分析直接测得的，因此可将式（2-1）代入式（2-2），整理后得

$$c_{iE}=c_{ig}\left(K_i+\frac{V_g}{V_L}\right) \tag{2-3}$$

式（2-3）就是振荡脱气法的基本公式。实际使用的计算公式要对 c_{iE}进行温度和压力修正。

表 2-1　　各种气体在矿物绝缘油中的分配系数 K_i

标　准	温度（℃）	H_2	N_2	O_2	CO	CO_2	CH_4	C_2H_2	C_2H_4	C_2H_6
GB/T 17623—1998①	50	0.06	0.09	0.17	0.12	0.92	0.39	1.02	1.46	2.30
IEC 60599—1999②	20	0.05	0.09	0.17	0.12	1.08	0.43	1.20	1.70	2.40
	50	0.05	0.09	0.17	0.12	1.00	0.40	0.90	1.40	1.80

①国产油测试的平均值。

②这是从国际上几种最常用牌号的变压器油得到的一些数据的平均值。实际数据与表中数据会有些不同，但使用时不会影响从计算结果得出的结论。

3. 气体分配系数 K_i 的含义

振荡脱气法的基本公式中，气体分配系数 K_i是个很重要的系数。K_i 的数值取决于温度、气体组分和变压器油的性质，与压力无关，是由试验测得的。从式（2-1）可知，K_i表示在一定温度下当建立平衡后，气体组分在气相中浓度与在油样中浓度的关系，当 i 组分在气相浓度是一个单位时，其在液相中的浓度就是 K 个单位。这里的浓度单位可以是摩尔浓度（mol/L），也可以是体积浓度（ppm 或μL/L）。

K_i越大，表示气体在液体中溶解度越大。

气体在液体中的溶解度除用 K_i表示外，还可用溶解度系数表示。溶解度系数的含义为：气体分压为 101.3kPa、温度为 t 时，当建立平衡后，单位体积液体内溶解的气体体积数。

气体分配系数 K_i只规定温度，不规定气体分压力，而气体溶解度系数既规定温度，又规定气体分压力为 101.3kPa。气体分配系数的数值等于气体溶解度系数的数值。气体溶解度系数又称为奥斯特瓦尔德（Ostwald）系数。

事实上，亨利（Henry）早在 1803 年研究一定温度下气体在液体中的溶解度时，就发现了一条重要定律——亨利定律。其内容是：“在定温和平衡状态下，一种气体在液体中的溶解度（克分子分数）与该气体的平衡压力成正比”。用公式可表示为

$$c_L=Kp \tag{2-4}$$

式中　c_L——所溶解的气体在溶液中的克分子分数；

p——平衡时液面上该气体的分压力；

K——亨利常数，其数值只能在定温下由试验测定。

气体压力是由于分子对器壁碰撞的结果。气体分子不断地作无秩序的运动，在运动的过程中不断地互相碰撞，并与器壁碰撞。由于气体的可压缩性很大，显然分子本身的大小与总体积相比微不足道，并且分子之间的引力可略而不计，因此气体分压力取决于气体分子的数量多少。换句话说，气体分压力正比于该组分气体的克分子分数 c_g。因此亨利定律可以改写成分配定律表达式 $c_{iL}=K_i c_{ig}$。

对于混合气体，在压力不大时，亨利定律对每一种气体都能分别适用。亨利常数 K 只取决于温度、溶质和溶剂的性质，几乎不受液面上总压力的影响。

4. 气体分配系数的影响因素

气体在绝缘油中的溶解度大小与气体的特性、油的化学组成以及溶解时的温度等因素有关。1961 年后，随着油中气体分析技术的不断发展，美国、德国、苏联、日本等国家以及 IEC 都相继对一些永久性气体和低分子烃类气体在矿物绝缘油中的溶解度作了系统的研究，提出了各自的数据，见表 2-2。从这些数据看，各国均有所不同，有时甚至相差很大。

表 2-2　　气体在变压器油中的溶解度（国外数据）

文献名称	温度（℃）	H_2	N_2	CO	O_2	CH_4	CO_2	C_2H_2	C_2H_4	C_2H_6	C_3H_6	C_3H_8
IEC 文件〈567 号〉	20	0.05	0.09	0.12	0.17	0.43	1.08	1.20	1.70	2.4	—	1.00
(1977)	50	0.05	0.09	0.12	0.17	0.40	1.00	0.90	1.40	1.80	—	—
日本关西电力研究报告	50	0.048 6	0.072 2	0.095 8	0.142 4	0.301 7	0.690 0	0.929 8	1.130 2	1.683 4	4.912 0	5.402 2
（昭 44 年第 3 号）	80	0.056 9	0.087 7	0.116 0	0.121 6	0.272 2	0.537 7	0.693 9	0.823 6	1.165 6	2.916 9	3.266 6
Doble 文件〈46A197〉	25	0.056	0.097	0.133	0.179	0.438	1.17	1.22	1.76	2.59	12.00	11.00
(1979)	60	0.077	0.119	0.152	0.198	0.426	0.982	1.06	1.42	1.97	—	—
西德〈电力经济〉	20	0.069	0.086	0.090	0.160	0.305	1.230	4.051	2.860	2.879	12.500	19.463
〈第 23 期〉(1974)	60	0.075	0.089	0.089	0.158	0.263	0.994	3.632	2.384	2.247	8.500	15.760
苏联〈电站〉	21	0.052	—	0.10	0.125	0.36	0.85	0.94	2.06	4.50	—	—
(1980.5)	60	0.066	—	0.09	0.155	0.35	0.60	0.76	1.27	2.80	—	—
ASTM D3612	25	0.055 8	0.096 8	0.133	0.179	0.438	1.17	1.22	1.76	2.59	—	11.0

（1）温度。各种气体在绝缘油中的溶解度与温度的关系如图 2-2 所示，可分为两类情况。甲烷和永久性气体如氢、氧、氮及一氧化碳等的 K_i 值随着温度上升只略有增加或者不变化；而二氧化碳和 C_2、C_3 的烃类气体的 K_i 大小与温度关系较密切，其值随着温度上升而降低。

（2）气体性质。温度相同时，在同一种绝缘油中，不同气体的 K_i 值是不相同的。而同类气体的 K_i 值变化服从溶解规律，一般是分子量大，K_i 也大，如 $O_2>N_2>H_2$，$CO_2>CO$，$C_3>C_2>C_1$，$C_3H_8>C_3H_6>C_2H_6>C_2H_4>C_2H_2>CH_4$。

（3）绝缘油性质。气体溶解度与矿物绝缘油的理化性质有一定的关系。根据分子理论，气体在矿物绝缘油中的溶解度与组成矿物绝缘油烃类的分子间体积这一参数有关系。不同烃类，分子间体积是有区别的。烃类的碳链长短不同，分子间体积也在变化。因此，从油的表观性质上可反映出：随着油密度的增加，K_i 值趋于减小。

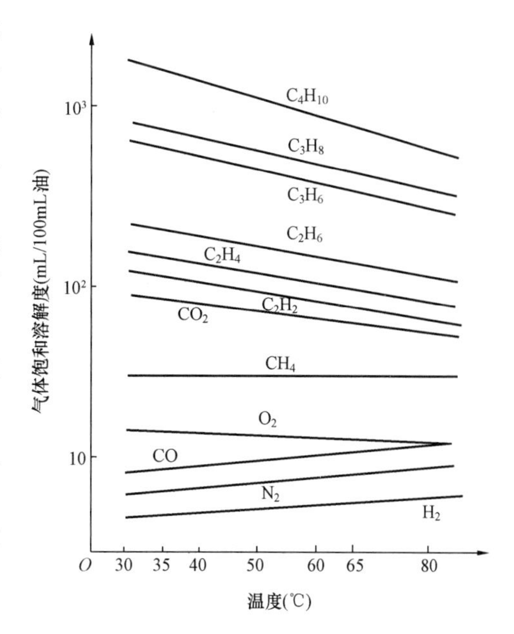

图 2-2 气体饱和溶解度与温度的关系

（4）绝缘油劣化程度。为了了解油的劣化程度对 K_i 的影响，湖南省电力试验研究所对两种不同老化程度的油的 K_i 值进行了测定，结果显示劣化油 A（酸价为 0.05KOHmg/g）与劣化油 B（酸价为 0.1KOHmg/g）的 K_i 值基本一样。说明油的劣化程度对 K_i 值影响不大。日本木下仁志等人的试验亦证实了这一结论。

（5）国产油和国外油。由于各国测试 K_i 值数据基于各自选用的油种，因而如表 2-2 所示互有差别，可比性差。IEC—599《对运行中的变压器和其他充油电气设备内的气体分析的解释》推荐的 K_i 值取自于几种油的平均值，显然未考虑中国国产油的情况，因为当时我国尚未进行这方面的研究试验。事实上，我国 1987～1988 年测试的国产油 K_i 值的平均值与 IEC 有些差别，特别是 C_2H_6（相差＋22％）、C_2H_2（相差＋12％）、CO_2（相差－8.7％）相差较大。因此 IEC 数据并不完全适用于国产油。

三、主要仪器、材料

（1）恒温定时振荡仪。该仪器往复振荡频率可达 270～280 次/min，振幅 35mm，控温精度 0.3℃，具备两个阶段定时，定时精度±2min，振荡结束会发出声响，振荡盘可一次放置 4～8 支 100mL 玻璃注射器。

（2）100mL 和 5mL 玻璃注射器。所用的注射器要求气密性好，芯塞灵活、无卡涩。注射器刻度体积要经过称水重量法校正。

合格的国产 100mL 全玻璃医用注射器的外套与芯塞之间的间隙约 0.02mm。油样 40mL，芯塞套入深度为 120mm。油中气体通过间隙中的油膜散失到大气中是相当缓慢的，不影响试验结果。

5mL 注射器是用于转移平衡气体。

（3）振荡用载气。载气选用纯氮气，来源容易，而油样中气体色谱分析一般不分析氮气。如果要分析油样中的氮气，可选用氩气作载气。

（4）橡胶小封帽。用于密封注射器出口，要选用弹性好、无小孔、无裂纹的橡胶小封帽。

（5）双头针。用牙科 5 号针头加工，如图 2-3 所示。将针管根部锉断，取下针管，针管两头

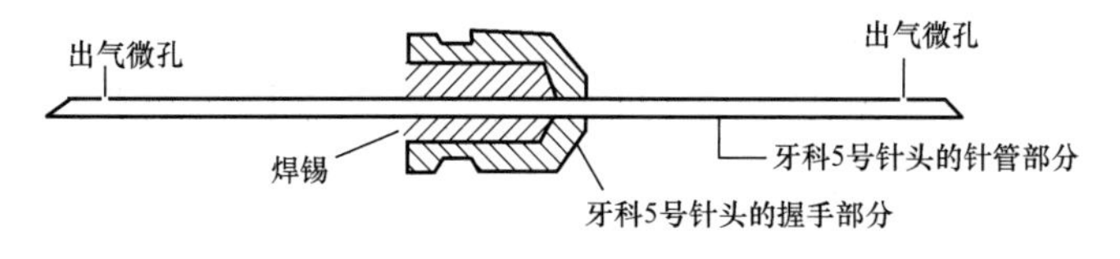

图 2-3 双头针加工

前端打尖并封闭，而在侧面加工一个出气微孔，这样气孔不易堵塞。将原针管座用锉刀锉出小孔，将针管插入焊好，即成双头针。

四、操作条件和操作方法的说明

（1）油样和振荡载气的体积。最佳的载气与油样体积比是1∶8，即在100mL注射器中，载气为5mL，油样为40mL。

选择这样的气液两相体积比和体积量，主要是考虑到易建立两相平衡、提高K_i值小的组分的c_{ig}浓度、注射器的密封性和平衡气足够分析使用等因素。

选择合理的V_L和V_g的体积比，可以提高某些组分的c_{ig}，这可从式（2-3）看出，式中K_i是固定的；对于同一个油样，c_{iE}也是一定的。因此V_g/V_L越小，c_{ig}就越大。试验数据证明了这个关系，见表2-3。改变比值，对K_i数值大的组分影响不大；但对K_i数值小的组分则有很大影响，尤其对H_2等影响更明显。从表2-3可见，当V_L是40mL，V_g是40mL时，振荡出的气体中测不出H_2；而当V_L是40.0mL，V_g是5mL时，H_2峰高是8mm。H_2是判断潜伏性故障很重要的气体之一，如果用1∶1体积比，则本来有较多的H_2却测不出来。

表2-3　选择油、气体积比（V_g/V_L）试验

油样	V_g/V_L		振荡平衡气体色谱峰高（mm）			
			H_2	CO_2	CO	CH_4
福州电厂3号主变压器	40mL	40mL	0	47	32	13.5
	20	40	2.5	61	56	28
	10	40	4.5	69	88	42
	5	40	8.5	76	128	59
	5	75	12	75	160	63

CO、CH_4也是很重要的气体，缩小V_g/V_L比值，c_{ig}也会提高好几倍。

由于振荡脱气平衡气浓度比真空脱气低，因此要尽量设法提高气体浓度。采用油体积40mL、N_2体积5mL的体积比的优点是用油量不多，平衡气也够试验用，振荡时油与气能充分混合，建立平衡时间短，平衡气体浓度大。若再减少N_2体积，因为振荡空间过小，不易建立平衡。而增加油样和气体的体积，则由于注射器芯塞拉出太多，不利于保证气密性。

当油样总含气量很小时，加入的氮气量可适当增加，但平衡后的气相体积以不超过5mL为宜。

（2）平衡气体积。加入5mL氮气进行振荡，平衡后气体体积并不一定都是5mL。平衡气多少取决于油中原来溶有的氮气和氧气的多少。油中氮气少，加入的氮气就大量溶入油中；油中氮气多，加入的氮气溶入油中就少。氧气等气体经振荡后都会部分从油中扩散到气相中，其趋势是气相体积增大。含气量很少的油样，加入氮气后，只要略加摇动，就能明显看到氮气被油样吸收。

V_g值会影响计算结果，尤其当K_i值小时，影响很明显，因此振荡和贮气用的注射器芯塞须能自由活动，振荡后应认真测量V_g值。

平衡气从100mL注射器转移到5mL注射器后，在室温下放置2min，然后准确测量体积。测量方法是手持5mL注射器，出口向上，成垂直状态。此时少量油集中在下部，油层中间会形成一条黑色弯月面，读此弯月面中央上沿的刻度，即平衡气室温下的体积数 V_g。

(3) 温度。因分配系数 K_i 值与温度有关，且影响很大，因此选择恒定的操作温度很有必要。温度高易建立平衡，但太高不易操作，油也会分解。振荡脱气操作温度选择 50℃±1℃为宜。

(4) 振荡时间。保证气液两相建立动态平衡是振荡脱气的关键。在每分钟振荡 270～280 次、振幅为 35mm 的振荡仪中，各种油号、各种浓度的油样经振荡 20min 足以建立气相、液相平衡。北方地区若室温低于 10℃，油样应放在振荡仪预热层上预热；高于 10℃就不必预热，直接振荡 20min 即可。

振荡平衡后要静止 10min，以让分散在液相中的气泡全部集中。

(5) 平衡气的转移。振荡平衡气静止后，要转移到 5mL 的小注射器中，用作色谱分析。

100mL 注射器从振荡仪取出后，搁置时间过久，油温度下降，会使注射器中建立的平衡遭到破坏，带来误差。为此要事先做好小注射器的准备工作，以便 100mL 注射器从振荡仪里取出后就能立即进行气体转移。

1) 小注射器的准备。转移气体前，5mL 注射器要用试油冲洗 1～2 次，然后吸入 0.5mL 试油，套上橡胶小封帽，插入双头针，让针头向上，先将注射器中的空气排出，然后排出试油，只让试油填充注射器的缝隙（即死体积）。

用试油填充 5mL 注射器的死体积，这样可保证转移过来的平衡气体不被死体积的空气所稀释。同时少量的试油还可起到油封作用，不易漏气。由于油与气建立了动态平衡，少量的试油不会影响平衡气的浓度。

2) 气体转移操作。100mL 注射器从振荡仪取出后，垂直向上，立即插入上述已准备好的一头已插在 5mL 注射器上的双头针。转动 100mL 注射器，让气体集中在出口处，略压大注射器的芯塞，振荡平衡气即通过双头针转移到小注射器中。调节针头插入深度，让余下气体全部转移到小注射器里。

转移气体的过程中不要采用手拔小注射器芯塞的方法，这样会吸进空气。如遇到小注射器芯塞粘在头部，只能一边压大注射器芯塞，一边轻轻旋转小注射器芯塞，让其活动。

转移完毕，将双头针先从小注射器中拔出，然后再从大注射器中拔出。

如果振荡平衡后来不及分析，可将大注射器保存在恒温振荡仪里，放 1～2h 也不会影响结果。此时气体在大注射器中是处于图 2-4 所示的位置，全部被玻璃和平衡油所包围，密封性很好。

(6) 加振荡载气。向 100mL 注射器的油样中加振荡载气，可使用 5mL 注射器通过 5 号牙科针头加入。加载气前要洗涤注射器。加气方法如图 2-5 所示。

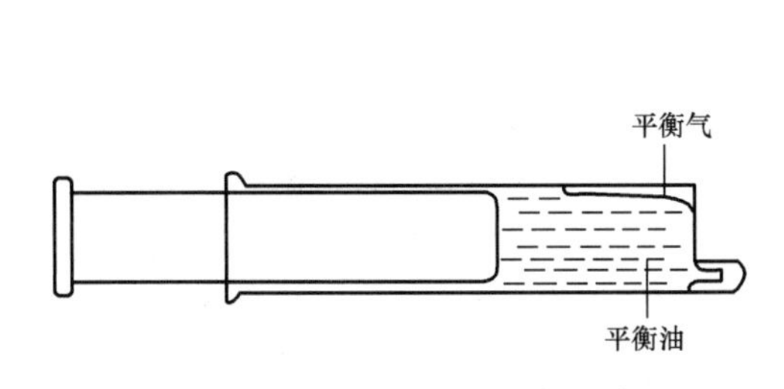

图 2-4 振荡停止后平衡气集中位置

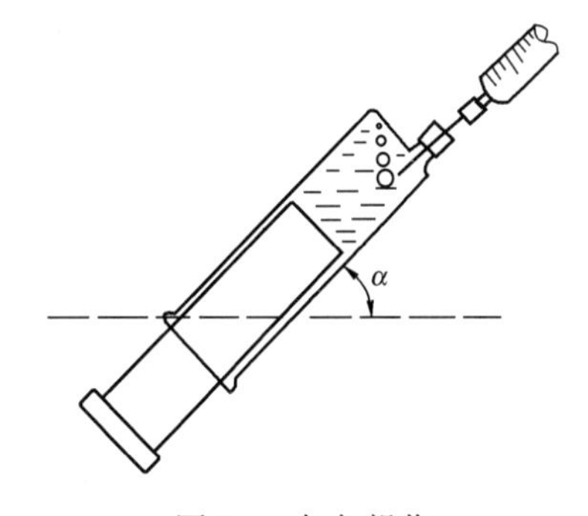

图 2-5 加气操作

载气的取气口可仿造色谱仪进样口加工。取气口与减压后的高压氮气瓶连接，最好由一专用气瓶取气。从色谱仪氮气气路上分支出一路接上取气口也可以，但要注意氢气的干扰。因为先开氢气后开氮气，有时会发生氢气闯入氮气路的情况，如图 2-6 所示。如果加进的振荡氮气带有氢气，就会造成误差。因此每天取气前，必须先排放掉部分氮气。

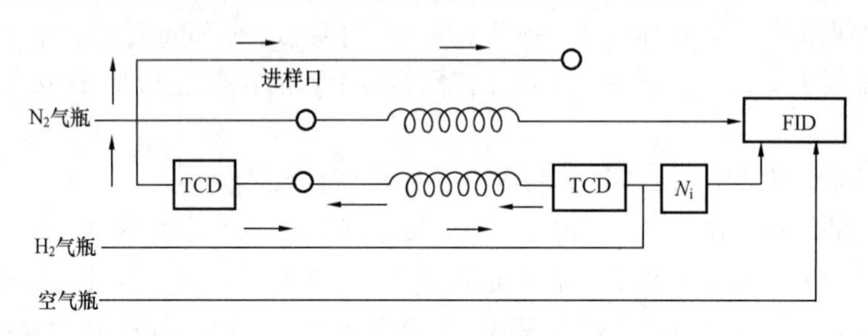

图 2-6　氢气 H_2 闯入取气管道的可能性

另处还可以从色谱仪进样口取氮气，但当色谱仪出峰（出峰时不可取样）时，取气会发生出峰干扰。

五、振荡脱气操作步骤及注意事项

1. 操作步骤

（1）将 10mL 备用注射器 A 用试油冲洗 2～3 次，排尽注射器内空气，缓慢而准确地吸取试油 40mL（V_L）。用手压挤出橡胶小封帽内空气后，将小封帽套住注射器出口。

（2）取一支 5mL 备用注射器 B，用氮气（或氩气）冲洗 1～2 次。再准确取 5mL 氮（或氩）气，将 B 内气体缓慢注入注射器 A 内。

（3）将注射器 A 放在已 50℃恒温的恒温定时振荡仪内，连续振荡 20min，然后静止 10min。

（4）另取一支 5mL 备用注射器 C，用试油冲洗 1～2 次后，吸入约 0.5mL 试油，戴上橡胶小封帽。插入双头针，使针头垂直向上，先将注射器内的空气排出，然后将芯塞压到底，从而只使试油充满注射器的缝隙而不残存空气。

（5）将注射器 A 从恒温定时振荡仪内取出，立即将其中的平衡气体通过双头针转移到注射器 C 内。室温下放置 2min，准确读取其体积 V_g（准确至 0.1mL）。注射器 C 内气体用于色谱分析。

2. 注意事项

（1）如果是自己取油样并进行色谱检测，使用经称水重量法校正的注射器取油样，取样量为 60mL 即可。取回后，只要把油样量调节到 40mL，加入氮气，就可以放入恒温定时振荡仪中进行脱气。如果油样要送到其他单位进行色谱检测，由于油样要转移到振荡用的注射器中，因此取样量要达到 80mL。

（2）取样过程中不得有气泡被带进油样，否则要重取。但有时取样时无气泡，可是放置后出现气泡。原因可能是：①注射器芯塞不够灵活，油热胀冷缩产生负压空腔而脱气，出现气泡；②油中气体含量高，油温又较高，油样在冷却过程中释放出气体而出现气泡。这样的气泡一般不大，振荡脱气时，可以不必排出，留在油样中，加入氮气进行振荡。

（3）振荡用空白气（载气）最好由一专用气瓶取用。如从色谱仪载气气路上装设分支取气，要注意取气过程中有无其他气路气体串入的可能（如 H_2），以免造成误差。

（4）油样与加入气的最佳体积比为 8∶1，即油样 40mL，加入气 5mL。如果油样总含气量小于 1%，加入气量可适当增加，但平衡后的气相气体体积以不超过 5mL 为宜。

（5）用注射器抽取加入的载气时，应先用载气清洗注射器，然后正式取气，准确读取体积后，加入装有油样的注射器内。加入时注意不能让加入气从橡胶封帽处漏掉。

（6）振荡时间：为建立平衡一般 20min 即可，如果实验室温度低于 5℃，油样应放在振荡器内适度预热后再进行振荡。

（7）振荡完成后，对平衡气的转移动作应迅速，以免油样注射器从振荡器内取出后在外放置过久，油温下降，以致破坏平衡状态，带来试验误差。

（8）平衡气的转移操作，应使装油样的注射器与转移用注射器都处于微正压状态，以防止空气进入。

（9）如振荡完成后的油样平衡气来不及分析，应延迟气体转移操作，仍将油样注射器保存在恒温的振荡器内，待分析操作准备好时再进行转移气体操作。

六、计算方法

1. 试验计算公式的推导

振荡脱气原理的基本公式，即式（2-3）中，c_{iE}是指振荡平衡温度为 50℃、压力是环境大气压下的油样中气体组分的体积分数。而根据我国的标准要求和 IEC 的规定，油中气体组分的体积分数是指在 20℃、101.3kPa 大气压下的体积分数（c_i），因此必须对 c_{iE}进行温度和压力校正，即

$$c_i = f_1 f_2 c_{iE} \tag{2-5}$$

式中 f_1——将 c_{iE}从 50℃状态下校正到 20℃状态下的温度校正系数；

f_2——将 c_{iE}从实验室大气压状态下校正到 101.3kPa 气压下的压力校正系数。

显然，温度校正系数 f_1包括由于温度变化引起油样中气体体积变化对体积分数的影响和油样体积变化对体积分数的影响这两个因素。前者的影响是，温度下降，气体体积减小，油中气体的积分数值也减少；后者的影响是，温度下降，油样体积减小，油中气体的体积分数数值相应增大。

温度从 50℃下降到 20℃时，根据气态方程式，气体体积变小率为

$$\frac{V_{g1}}{V_{g2}} = \frac{T_1}{T_2} \tag{2-6}$$

式中 V_{g1}、V_{g2}——20、50℃时气体体积；

T_1、T_2——温度取值。

已知 $T_1 = 293$（即 20℃），$T_2 = 323$（即 50℃），则

$$\frac{V_{g1}}{V_{g2}} = \frac{293}{323} \tag{2-7}$$

温度从 50℃下降到 20℃时，根据变压器油热膨胀公式，变压器油体积变化为

$$V_{L1} = V[1 + 0.000\,8(20 - t)] \tag{2-8}$$

$$V_{L2} = V[1 + 0.000\,8(50 - t)] \tag{2-9}$$

式中 V_{L1}、V_{L2}——20、50℃时油样体积；

V——室温 t 时油样体积；

0.000 8——油热膨胀系数。

油体积变小率为

$$\frac{V_{L1}}{V_{L2}}=\frac{V[1+0.000\,8(20-t)]}{V[1+0.000\,8(50-t)]}=\frac{1+0.000\,8(20-t)}{1+0.000\,8(50-t)} \tag{2-10}$$

由于气体体积减小对油中溶解气体含量影响是正影响，而油体积减小影响是负影响，因此

$$f_1=\frac{V_{g1}}{V_{g1}}\times\frac{V_{L2}}{V_{L1}}=\frac{293}{323}\times\frac{1+0.000\,8(50-t)}{1+0.000\,8(20-t)}=\frac{304.7-0.234\,4t}{328.2-0.258\,4t} \tag{2-11}$$

式（2-11）中，当 t 在 5～40℃间变化时，f_1 值在 0.928 5～0.929 1 之间变动。考虑到油中溶解气体色谱分析只要求 2 位有效数字（也只能达到）和我国实验室室温基本在 50～35℃之间，因此振荡脱气校正系数 f_1 可定为 0.929。

压力变化会改变气体体积，而对油体积几乎无影响。根据气态方程式，压力对气体体积是负影响，因此气体体积从实验室大气压 p(kPa) 改变到 101.3kPa 状态下，压力校正系数 f_2 为

$$f_2=\frac{p}{101.3} \tag{2-12}$$

综上所述，把式（2-3）、式（2-11）、式（2-12）代入式（2-5）就可得到振荡脱气法油中溶解气体体积分数的计算公式，即

$$c_i=0.929\times\frac{p}{101.3}\times c_{ig}\times\left(K_i+\frac{V_g}{V_L}\right) \tag{2-13}$$

式中 c_i——油中溶解气体在规定状况下（20℃、101.3kPa）i 组分体积分数，μL/L；

p——实验室大气压力，kPa；

c_{ig}——50℃、p 气压下平衡气体 i 组分体积分数，μL/L；

K_i——50℃下 i 组分气体分配系数；

V_g——50℃、p 气压下平衡气体体积，mL；

V_L——50℃油样体积，mL；

0.929——油样中溶解气体体积分数从 50℃校正到 20℃时的温度校正系数；

$p/101.3$——油样中溶解气体体积分数从实验室大气压校正到 101.3kPa 时的压力校正系数。

2. 振荡脱气法计算公式中的 c_i、c_{ig}、K_i、V_g、V_L

式（2-13）中，因为已引入校正系数 $0.929\times\frac{p}{101.3}$，因此只有 c_i 对应的温度条件是 20℃，而 c_{ig}、K_i、V_g、V_L 对应的温度条件是 50℃。

（1）关于 c_{ig}。c_{ig} 是不受温度影响的。常压下，气体分子之间的距离相比分子本身体积要大得多，分子之间相互影响很小，甚至无影响。单一组分气体、混合气体体积的变化均服从气体状态方程式：$pV=nRT$。由于 R 是常数，p、n 固定，因此单一气体组分与混合气体的体积变化

均正比于绝对温度的变化，这样气体组分在混合气体中的体积分数c_{ig}就不受温度变化的影响。

振荡达到平衡后，平衡气体的温度是50℃，气体转移之前，油、气都应该保持50℃，以保持50℃时的平衡。如果温度变了，平衡遭到破坏，平衡气的体积分数也就变了。平衡气转移到小注射器后，温度从50℃下降到室温，此时不存在平衡遭破坏问题，如前所述，温度改变不影响混合气中气体组分的体积分数，因此平衡气在室温下色谱分析出来的数据就是c_{ig}，即

$$c_{ig}=c_s\times\frac{\overline{h}_i}{\overline{h}_s} \tag{2-14}$$

式中 c_{ig}——平衡气中i组分的体积分数，μL/L；

c_s——标准气中i组分的体积分数，μL/L；

$\overline{h}_i$——平衡气色谱分析i组分的平衡峰高，mm；

$\overline{h}_s$——标准气中i组分平衡峰高，mm。

式（2-14）中，$\overline{h}_i$、$\overline{h}_s$也可用平均峰面积$\overline{A}_i$、$\overline{A}_s$代替。

（2）关于K_i。国产油的K_i值与国外数据相差很大，计算时应以国产油的实测值为准。

K_i值与温度有关，若振荡温度是50℃，应使用50℃时的K_i值。

原水电部化学标准化委员会曾组织15家单位对国产油的K_i值进行了测试，其数据见表2-4。

表2-4　50℃国产变压器油的气体分配系数

气体	H_2	N_2	CO	O_2	CH_4	CO_2	C_2H_2	C_2H_4	C_2H_6
分配系数K_i	0.06	0.09	0.12	0.17	0.39	0.92	1.02	1.46	2.30

（3）关于V_g、V_L。计算公式中V_g、V_L是指50℃下的体积，而实际测得的是室温下的体积，因此必须通过换算，即

$$V_g=V'_g\times\frac{323}{273+t} \tag{2-15}$$

式中 V_g——50℃下平衡气体积，mL；

V'_g——室温t下平衡气体积，mL；

t——试验时的室温,℃。

100mL注射器40.0mL刻度真实体积，就是参加振荡的试油在室温下的油体积。温度从室温升到50℃，油体积变大，其体积可通过膨胀系数算出，即

$$V_L=V'_L[1+0.0008(50-t)] \tag{2-16}$$

式中 V_L——50℃油样体积，mL；

V'_L——室温t时所取的油样体积，mL；

t——试验时的室温,℃。

七、油中总含气量计算法

油中所含气体主要是氮气、氧气，其次是二氧化碳、一氧化碳、氢气和碳氢化合物气体。在电气设备正常运行的情况下，碳氢化合物含量一般在几百个μL/L以内。除此之外，其他气体如氩气、醇类气体等含量很少，在总含气量计算中可以略而不计。

应用振荡脱气法计算总含气量就是基于上述观点，先通过振荡脱气法测出油中溶解气体组分含量，然后计算出油中总含气量。虽然计算中省略了其他气体，有不严密之处，但这些其他气

体所带来的误差是很小的。这种方法的准确度和精密度在日常跟踪监督中完全可以满足要求。

选用的载气不同，计算方法也不同，主要有以下两种：

第一种是加入氩气（Ar）作振荡载气，这样可以直接测出氮气含量和其他气体含量，油中总含气量即为这些气体含量的总和，即

$$c = c_{N_2} + c_{O_2} + c_{H_2} + c_{CO_2} + c_{CO} + c_{C_1-C_3} \tag{2-17}$$

公式单位采用百分含量。

如果 CO_2、CO 用活性炭（或 TDX-01）柱分离，N_2 作载气，经转化炉转化为 CH_4 后在 FID 上检测；H_2、N_2、O_2 用 5A 分子筛柱分离，Ar 作载气，分离后在 TCD 上检测，可以提高色谱检测 H_2、N_2、O_2 的准确性。C_1～C_3 可使用平时油中溶解气体色谱分析的数据。

第二种方法是用氮气作振荡载气，通过振荡脱气法测出油中 H_2、O_2、CO_2、CH_4、C_2H_6、CO、C_2H_4、C_2H_2、C_3H_6、C_3H_8 气体含量，然后用计算方法求出油中 N_2 含量。总含气量就是这些油中气体含量的总和。

油中 N_2 气含量计算方法如下：

当振荡平衡时，氮气存在以下两个等式关系

$$c'_L = Kc'_g \tag{2-18}$$

$$c_L V_L + 100V = c'_L V_L + c'_g V_g \tag{2-19}$$

式中 c_L——油中 N_2 气体含量，%；

c'_L——振荡平衡后，油中 N_2 气体含量，%；

c'_g——振荡平衡后，平衡气中 N_2 气体含量，%；

100——纯 N_2 载气纯度，即 100%；

V_g——平衡气体积，mL；

V_L——油样体积，mL；

V——加入 N_2 载气体积，mL；

K——N_2 分配系数。

把式（2-18）代入式（2-19），整理后得

$$c_L = c'_g\left(K + \frac{V_g}{V_L}\right) - 100\frac{V}{V_L} \tag{2-20}$$

式（2-20）中，除 c'_g 外其他均可直接测出。c'_g 可用式（2-21）求算，即

$$c'_g = 100 - \sum c_{ig} \tag{2-21}$$

$\sum c_{ig}$即为振荡平衡后，平衡气中 O_2、H_2、CO_2、CO 及碳氢化合物气体的含量，可从色谱分析得出。

通过式（2-21）求出 c'_g，再通过式（2-20）求出 c_L，油中总含气量就可以由式（2-22）求出，即

$$c = c_L + \sum c_{ig} \tag{2-22}$$

式中 c——油中总含气量，%；

c_L——油中 N_2 气体含量，%；

$\sum c_{ig}$——油中 O_2、H_2、CO_2、CO 及碳氢气体的含量，%。$\sum c_{ig}$可通过振荡脱气法测出。

应用振荡脱气法测定总含气量时，平衡气体积测量一定要准确。为此采用细刻度直管式

5mL 移液管作为量气管。量气前移液管先要充满酸化饱和食盐水，转移入振荡平衡气顶出食盐水，读取体积到 0.02mL。

第二节 真空脱气法

真空脱气法是利用某种方式使脱气容器达到中真空状态，油样进入脱气容器，在压力突降状况下，油中溶解气体就会脱析出来。然后把脱气容器空间里的脱出气体，从负压状态变为微正压状态，以便取气分析。可以一次脱气，也可以多次脱气，以提高脱气效率。这种方法的优点是：①能处理任意体积的油样，对含气量低的油样可以增加油样量；②能直接测量脱出气体的体积。

一、概述

在造成真空的方式、集气所用介质、收集气体的容器和脱气次数等方面，真空法脱气可以有不同的实施方式。

1. 造成真空的方式

造成真空的方式从原理上可以分为定容抽气方式与扩容方式两类。前者主要用真空泵抽气；后者是利用水银造成托里拆利真空或用活塞、波纹管、薄膜等位移扩容造成真空。

（1）真空泵法。利用旋片式真空泵抽排气体的能力，使脱气容器得到中真空，一般可达 13.3Pa 左右的真空度。该法比较简便、安全。系统可达到的真空度主要与系统的密封性能和泵本身的极限真空度有关。

（2）水银托里拆利真空法。先使水银充塞密闭脱气容器，使水银面下降，就能在该容器内得到足够的真空度。水银面的下降一般利用连通器原理。脱气容器与一个一端通大气的水银受器连通，用手动或机械方式使水银受器向下位移，脱气容器内的水银面就随之降低。该方法是比较经典的真空法，可以达到较高的真空度，脱气效率比较稳定。但由于要使用大量水银，容器一般都是玻璃制品，存在容器破碎造成严重污染和损害健康的危险，对实验室安全措施、环境保护等方面要十分注意。

（3）活塞泵法。使缸体（脱气容器）内活塞位移，扩大容器，令脱气容器减压，达到一定真空度。使活塞位移的方式可以采用机械结构，如把电动机的转动变成活塞的平动，还可利用真空泵抽真空与大气压力差推动活塞往返移动。

（4）波纹管法。波纹管是一种金属伸缩弹性体。用机构使脱气缸体内筒状波纹管收缩，扩大空间，就能造成负压。这种方式一般不能产生较高的真空度，脱气率不高。

2. 集气介质

油样在负压下脱气后，脱气容器空间真空度有所下降，但仍具有一定负压。一般需要压缩空间，减小容积，增大压力，使脱出的气体达到常压或微正压状态加以收集，才可能计量脱出的气体体积并取样分析。充填脱气容器负压空间，使容积减小，收集脱出气体所采用的介质一般用液体或固体。液体介质一般用水银、饱和食盐水或脱气油等；固体介质可以是耐油弹性隔膜、活塞或波纹管等。

（1）水银。抬高水银受器的位置，使水银充入脱气容器，直到两连通容器内水银面相平为止，即可从计量管中读取抽出气体的体积。略再抬高水银受器的水银面，脱气容器内的脱出气体就是微正压，可以取气。

(2) 饱和食盐水。饱和食盐水对一般气体的溶解度较小，再加上预脱气处理，使得真空压入脱气容器的饱和食盐水尽量少脱析出可能溶有的气体组分，也尽量少使脱出气体回溶，从而改变气样的组分浓度。

(3) 弹性隔膜。凹形隔膜分隔容器为上下两部分，上部为脱气容器。当上下部同时用真空泵抽真空时，隔膜维持原位。当油样在脱气容器里脱气后，使容器下部与大气接通，在外界大气压力与脱气容器负压压差作用下，隔膜向上鼓起，压缩脱气容器的容积，收集气体。

(4) 活塞。利用机械或压力差使缸体内活塞移动，压缩容积，恢复常压收集气体。

(5) 波纹管。利用机械力使筒形波纹管位移，恢复常压收集气体。

3. 集气容器

从设备现场取来的油样，一般要转移一定量的油样供脱气用。这部分油样在脱气容器里脱气后一般可以在脱气容器里集气，即脱气容器又是集气容器，称为单一式。脱气容器与集气容器还可以分立，即脱气与集气在各自容器里进行，称为分立式。

(1) 单一式。油样在外界大气压与脱气容器负压压差推力下喷入脱气容器，油呈泡沫状。当泡沫接近消散后，利用集气介质压缩脱气容器进行集气。由于油留在脱气容器下部，油面与脱出的气体接触，当气体浓度增高时，又会有部分脱出气体回溶入油中，使油样不可能脱气完全。操作上的偶然因素、油样温度、油样容器等对脱气效率都有一定影响。

(2) 分立式。油样进入一个底部有磁力搅拌装置的脱气容器。脱气容器与集气容器连通，并都抽成真空。油样在脱气容器脱出气体，造成脱气容器与集气容器之间的压差，在这种压差力推动下，气体大部分转移到集气容器，直至压力相等。在集气容器容积压缩过程中，集气容器与脱气容器隔开，避免脱出的气体回溶于油中。以后集气容器再次扩容造成真空，接通脱气容器。脱气容器内的油样不断被搅拌，有利于气体的脱析。以后脱出的气体又再次被平衡转移到集气容器内被压缩集气。如此连续多次脱气与集气，实现基本脱出油中溶解气体的目的。

4. 脱气次数

有的脱气装置仅对油样脱一次气，脱气效率较低。不同组分气体随其溶解度不同而有不同的脱气率。烃类气体中溶解度大的组分，可能只有5%～60%的脱气率。对应不同脱气方式、装置性能变化，甚至可能更低。

有的脱气装置可以连续脱气、多次集气。实施得好，可以达到高于97%的脱气率，确切地反映出油中真实的溶解气体组分含量。脱气率低的装置存在求脱气装置对不同组分脱气率的困难，因为求脱气率的试验方法不够成熟，试验结果的精密度差，而且变动性也较大，所以最好是脱出接近100%的溶解气体而不去求脱气率。根据GB/T 7252《变压器油中溶解气体分析和判断导则》的要求，分析结果应使用脱气率修正油中真实的溶解气体组分含量。试验结果判断的注意值也是指使用脱气率修正后的数据。若采用脱气率不高的装置脱气，而分析结果又不加脱气率修正的话，实际是把判断注意值放宽了，扩大了电力设备不安全因素。

二、水银真空脱气法（托普勒泵法）

1. 原理

油样从注射器进入预先抽成高真空（$p\leqslant 10Pa$）的脱气瓶内，并用磁力搅拌器连续搅拌油样，不断脱出溶解气体，然后用托普勒泵（水银泵）在集气瓶内多次收集脱出的气体，并将其压至量气管，再由量气管测量其总体积。

2. 特点

水银真空法是一种机械真空泵与水银泵联用、脱气室与集气室分立、多次脱气的装置。机械真空泵对脱气室、集气室、量气管全系统一次抽真空。油样进入脱气室后，随着水银泵多次上下位移，压缩集气室，使脱出的气体转移到量气管。水银泵的优点就在于水银液体可以充满集气室等腔体，毫无死体积，没有残余的气体组分，因而扩容也可以造成高真空（20℃时，水银的饱和蒸汽压力为0.13Pa），使气体从脱气室到集气室的转移非常完全，因而脱气率高（大于97%），可以达到全脱气的效果。水银脱气法也可以准确测定油中溶解气体总气量，还可以与气相色谱仪联机，通过定量管实现自动进样分析。

水银真空法由于使用剧毒的水银，考虑到安全和环境保护等因素，针对我国国情，大多数实验室都不具备良好的使用条件，并且国内玻璃旋塞等真空器皿的严密性远不能实现装置要求的技术条件，无法实现高真空、高脱气率，因此不宜用于常规分析。

3. 装置

IEC 567：1992《从充油电气设备中取气样和油样品以及游离气体和溶解气体的分析导则》推荐了一种比较合适的水银真空脱气法装置，如图2-7所示。

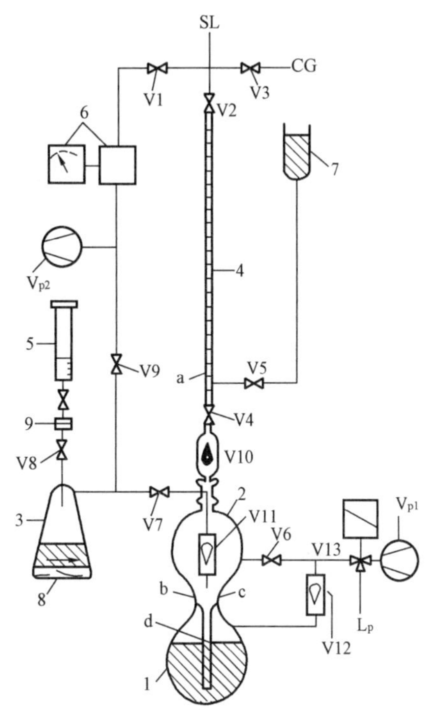

图2-7 托普勒泵水银真空脱气装置示意图

1—2L水银容器；2—1L气体收集瓶；3—250mL或500mL脱气瓶；4—25mL（0.05mL分度）气体收集量管；5—油样注射器；6—真空计；7—水银液位调节容器；8—磁力搅拌器；9—隔膜；V1～V9—手动旋塞；V10～V12—单向阀；V13—电磁三通阀；V_{p1}—粗真空泵；V_{p2}—主真空泵；L_p—连接到低压空气（±110kPa）；SL—连接到样品导管；CG—连接到校正气体钢瓶；a、b、c—电触点；d—管上的水银面记号

该装置脱气瓶容积为250mL或500mL；集气瓶容积为1L；水银容器容积为2L；量气筒为25mL（分度≤0.05mL）。装置不进油样进行脱气操作，收集到的残气量应小于0.1mL。一次脱气时间通常为1～3min或更短，多次循环脱气的次数应通过试验确定。

4. 操作步骤

（1）装有油样的注射器称重后，与脱气瓶相连接。

（2）打开或关闭有关阀门，使用真空泵对包括脱气瓶、集气瓶、量气筒在内的脱气系统进行抽真空至10Pa。

（3）开启磁力搅拌器，向脱气瓶内注入油样。对运行变压器试验可注油样80mL；对出厂试验，因油中气体浓度低，注油样量可适当增加，此时可用大容量脱气瓶或分两次注油脱气，把脱出的气体集中在一起进行分析。

（4）到达规定的脱气时间后，隔离脱气瓶与集气瓶，启动阀门，用低压压缩空气，将水银容器内的水银注入集气瓶，将集气瓶中的气体压入量气管。

(5) 操作水银泵使水银面下降，集气瓶成真空状态，连通集气瓶与脱气瓶，使脱气瓶脱出的气体转移到集气瓶，接着再将气体压入量气管。

(6) 重复步骤 (4)、(5)，直至达到应操作的脱气次数，量气管中的气体体积不再增加。

(7) 记录量气管内气体体积、试验时环境温度和气压，拆下注射器称重。读取量气管内气体体积之前，应先调节水银液位容器的高低，使两个水银面处于同一水平。

该装置采用自动控制系统，使集气瓶中的水银自动循环、多次升降，进行扩腔和压缩气体，完成脱气和集气程序。

三、变径活塞式真空-洗脱法

1. 概述

真空-洗脱法是根据国情，以变径活塞、耐油凹形隔膜等工件替代水银，辅以少量气体进行洗脱的一种多次式真空脱气方法。该法原理是基于真空水银托普勒泵脱气方法，理论上是成熟的。由于采用自动控制机构，操作简便，基本实现了自动化。由于不使用水银，操作者人身安全有保障。由于高真空状态下脱气并辅以洗气技术，使脱气效率大大提高。还可与色谱仪联机，实现脱气与分析一体化。

真空-洗脱法中的变径活塞式装置精密度协同试验结果为：对于油中不同组分气体的脱气率均在 95%以上，基本达到全脱气效果；测定偏差大都在 5%以内，符合 IEC 要求。

真空脱气法在我国经历了多年的探索，主要困难是国产真空元件耐久性差。真空-洗脱法要更好地发展，需要克服这个问题。

2. 变径活塞式脱气装置原理

变径活塞式真空-洗脱法脱气装置的结构原理如图 2-8 所示。

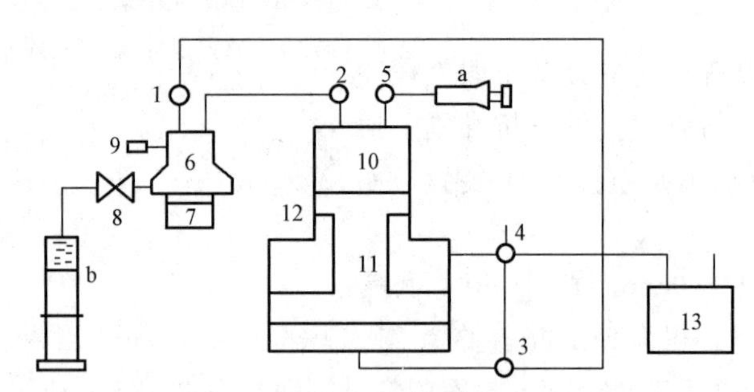

图 2-8 变径活塞式脱气装置结构原理示意图

1～5—电磁阀；6—油杯（脱气室）；7—搅拌电动机；8—进排油手阀；9—限量洗气管；10—集气室；11—变径活塞；12—缸体；13—真空泵；a—取气注射器；b—油样注射器

真空泵将脱气室和集气室抽成真空。油样注入脱气室，在真空与搅拌作用下析出油中溶解气体，并平衡转移到集气室。利用真空与大气压的压差，使缸体内的变径活塞间断往复运动，将脱气室脱出的气体多次抽吸平衡到集气室，并压缩到注射器收集，以备气相色谱仪定量分析。

缸体内的活塞采用不等径结构。当活塞大径底部接通大气，活塞间腔体抽真空时，活塞就能克服活塞与缸体的密封摩擦力和自身重力而向上移动，并压缩集气，使其具有一定压力。当活塞大径底部抽真空，而活塞间腔体接通大气时，活塞就有足够的力克服密封摩擦力向下移动，并克服扩容造成的负压，使集气室造成足够的真空度。如此便能起到类似托普勒泵法中水银反复上下移动那样多次扩容脱气，多次压缩集气的作用。

由于集气室中活塞小径端与缸体间不可避免地存在无法收集到气体的死体积，为了对脱出的气体能较彻底地予以收集，以及有利于油中溶解气体脱析，提高脱气室与集气室的压差，加速气体转移平衡，采用类似载气洗脱方式，连续补入少量空气到脱气室的洗气技术。

3. 变径活塞式脱气装置操作要点

(1) 油样注射器与进油管连接，取气口插入 5mL 注射器。启动真空泵，对系统进行抽真空。

(2) 缓慢旋开进油阀，使油样缓慢进入油管并上升，排除管内空气至略有油沫进入脱气室，即关上进油阀，记下油样注射器上的刻度。

(3) 当抽真空结束（$p<13.3$Pa）时，缓慢旋开进油阀，让油样喷入脱气室约 20mL 即关上，再记下油样注射器上的刻度。

(4) 装置自动进行多次脱气、集气，把油样中脱出的气体逐次合并收集在取气口处的 5mL 注射器内。

(5) 记录脱出的气体体积（准确到 0.1mL），以及根据两次注射器刻度之差得到的进油样体积、环境温度和大气压。

操作中应注意以下问题：

1) 每天操作脱气装置时，应检查洗气量，要求为 3mL±0.5mL，这样脱气效率才比较完全。洗气量过低会影响脱气效率，具体可以自己调节。

2) 进油不要太快，避免使生成的泡沫从脱气室溢入集气室，污染收集注射器。若已出现这种情况，可不进油样，多次操作脱气装置，让积存在集气室中的油（收集注射器）逐步排出。

3) 为了加快排油，除了应使脱气室通大气外，还可接上压气球按捏吹气排油。

4) 该装置一般 1 份油样脱气 7 次就可结束脱气操作，脱气率可满足要求。检查脱气效率是否达到要求有两种方法：一种方法是用含气体的标准油进行脱气操作；另一种方法是进行效率试验，该试验规定为两个相同的样品，一个做 n 次脱气操作，另一个做 $2n$ 次操作，如 n 次操作的测定值为 $2n$ 次操作测定值的 97%以上，即可确定 n 值。

4. 变径活塞式脱气分析结果计算

(1) 体积校正。按式（2-23）和式（2-24）将在室温、试验压力下的脱气气体体积和油样体积分别校正到规定状况（20℃、101.3kPa）下的体积，即

$$V''_g = V_g \times \frac{p}{101.3} \times \frac{293}{273+t} \tag{2-23}$$

$$V''_L = V_L[1+0.0008\times(20-t)] \tag{2-24}$$

式中 V''_g——20℃、101.3kPa 状态下脱气气体体积，mL；

V_g——室温 t、压力 p 时脱气气体体积，mL；

p——试验时大气压力，kPa；

t——试验时室温，℃；

V''_L——20℃下油样体积，mL；

V_L——室温 t 时油样体积，mL；

t——试验时的室温，℃。

（2）油中溶解气体各组分体积分数的计算。按式（2-25）计算油中溶解气体各组分的体积分数，即

$$c_i = c_{si} \times \frac{\overline{h}_i}{\overline{h}_{si}} \times \frac{V''_g}{V''_L} \tag{2-25}$$

式中 c_i——油中溶解气体 i 组分体积分数，μL/L；

c_{si}——标准气中 i 组分体积分数，μL/L；

$\overline{h}_i$——样品气中 i 组分的平均峰高，mm；

$\overline{h}_{si}$——标准气中 i 组分的平均峰高，mm；

V''_g——20℃、101.3kPa 时气体体积，mL；

V''_L——20℃时油样体积，mL。

式中 $\overline{h}_i$、$\overline{h}_{si}$ 也可用平均峰面积 $\overline{A}_i$、$\overline{A}_{si}$ 代替。

四、薄膜真空脱气法

薄膜真空式脱气装置结构原理见图 2-9。脱气室容积约 2000mL，是用有机玻璃压制，由上下两面拱形盖紧固连接而成的密封腔体。耐油橡胶隔膜片压装在两盖之间，薄膜上部为脱气室。

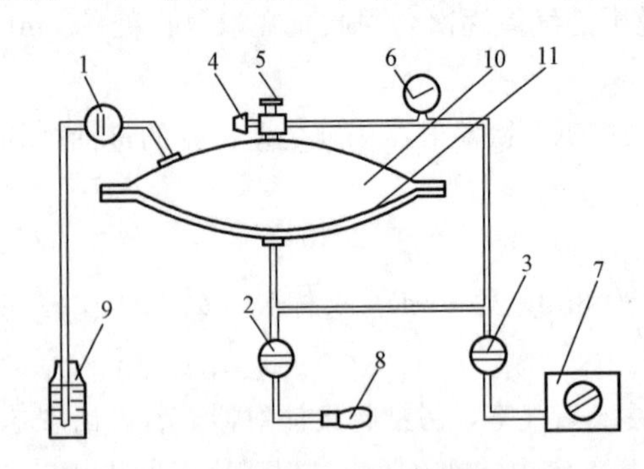

图 2-9 薄膜真空式脱气装置结构原理示意图

1～3—电磁阀；4—金属阀；5—取样口；6—真空表；7—真空泵；8—压气球；9—油样瓶；10—脱气室；11—薄膜

用真空泵将脱气室造成真空，油样在大气压与脱气室真空压差下喷入脱气室，析出溶解气体。利用脱气室下部大气压与脱气室负压的压差使薄膜位移，补偿脱气室的负压空间，使脱出的气体恢复常压，用注射器取出气体。

由于是一次脱气，要用脱气率作校正。脱气后的油样未能与脱出的气体分开，在薄膜上升回复常压过程中，存在脱出气体回溶入油中的情况，这是此法的主要缺点。室温、薄膜上升时间的变化以及油中气体浓度不同，均会影响回溶程度，给测定脱气率造成困难。

第三章　油中溶解气体色谱分析

第一节　概　　述

一、分析的对象和步骤

根据充油电气设备内部故障诊断的需要，绝缘油中溶解气体组分分析的对象一般包括 H_2、CO、CO_2（永久性气体）及 CH_4、C_2H_6、C_2H_4、C_2H_2（气态烃）共 7 个组分。所用油样的采集，应根据 GB/T 7597《电力用油（变压器油、汽轮机油）取样方法》的规定，采用全密封方式进行。

油中溶解气体组分含量分析的详细步骤，应按 GB/T 17623 的规定执行。

二、油中溶解气体组分浓度的表示方法

常用的油中气体组分浓度表示方法一般用体积浓度表示，又称为体积分数，单位为μL/L。

由于温度、压力的变化对油中气体浓度有一定影响，浓度单位一般应标明温度和压力的状态，统一规定状态是 20℃、101.3kPa。但不同的浓度表示方法受温度和压力的影响并不相同：摩尔浓度与压力的变化几乎无关，只与温度变化（由于油体积的变化）有一些联系；体积浓度则与温度、压力的变化关系较大。因此，当油中气体的体积浓度不是规定状态时，应通过气体定律和油的热膨胀系数按式（3-1）换算为规定状态，即

$$c_L = c'_L p_0 \times \frac{293}{273+t} \times [1+0.0008(20-t)] \tag{3-1}$$

式中　c_L——20℃、101.3kPa 规定状态时油中气体体积浓度，μL/L；

c'_L——压力为 p_a、温度为 t 时油中气体体积浓度，μL/L；

p_0——压力系数（$p_0 = p_a/101.3$）；

0.000 8——油的热膨胀系数。

当温度 $t=20$℃时，式（3-1）可简化为

$$c_L = c'_L p_0 \tag{3-2}$$

由于压力对体积浓度的影响，油中气体的摩尔浓度与其体积浓度的换算关系也应计入压力的修正。例如在 25℃、101.3kPa 状态下，1μmol/L＝24.47μL/L，当压力 $p_a \neq 101.3$kPa 时，1μmol/L＝24.47/p_0μL/L。

必须注意，在一定的压力范围内，气体本身各组分的体积浓度是不会受温度和压力影响的，这与油中溶解气体组分的体积浓度不同。

三、技术特点

油中溶解气体分析的对象虽属气相色谱法对永久性气体和气态烃分析的一般范畴，但在分

析技术上有以下特殊要求：

（1）由于一些故障特征气体（如 H_2、C_2H_2等）含量很小（一般在 10^{-1}～10^3μL/L 数量级），要求检测灵敏度高、测量误差小。

（2）为适应监视设备故障的发展状况，要求分析操作简化、快速。

（3）由于使用的基层单位多，人员水平有限，要求定性定量方法简便，以便普及。

（4）GB/T 17623 为适应上述特点，对油中取气、仪器技术要求、定性定量方法以及测定精密度等都作了统一的规定，旨在提高方法精度，与国际接轨和利于基层普及。

四、仪器设备和材料

（1）从油中脱出溶解气体的仪器，可选用下列仪器中的一种：

1）恒温定时振荡器：往复振荡频率 275 次/min±5 次/min，振幅 35mm±3mm，控温精确度±0.3℃，定时精确度±2min。

2）真空脱气装置：脱气效率不小于 90%，平均年脱气效率的变化量不大于 5%。

（2）气相色谱仪：具体要求见本章第三节。

（3）记录装置：色谱工作站。

（4）玻璃注射器：可选用 100、5、1mL 医用或专用玻璃注射器。要求气密性良好，芯塞灵活、无卡涩，刻度经重量法校正。

（5）不锈钢注射针头：可选用牙科 5 号针头制作。

（6）双头针头（机械振荡法专用）：可用牙科 5 号针头制作，见图 2-3。

（7）注射器用橡胶封帽：要求弹性好、不透气。

（8）标准混合气体：应由国家计量部门授权的单位配制，具有检验合格证及组分浓度含量、有效使用期等相关证明材料。标准混合气的适用浓度见表 3-1。

表 3-1　标准混合气的适用浓度　μL/L

气体组分	低浓度	高浓度
氢	400～800	1000～1500
甲烷	40～60	200～300
乙烷	40～60	200～300
乙烯	40～60	200～300
乙炔	40～60	200～300
一氧化碳	250～500	1000～1500
二氧化碳	1000～2000	5000～6000
氮（氩）	其他	其他

（9）其他气体（压缩气瓶或气体发生器），主要包括：

1）氮气（或氩气），要求纯度不低于 99.99%；

2）氢气，要求纯度不低于 99.99%；

3）空气，要求纯净、无油。

第二节　样品的采集

采集样品，是油中溶解气体组分含量分析的基础。样品的采集除保证有代表性外，取样容器还应密封，样品的保存和运输都要符合要求。

一、取样容器

1. 对取样容器的要求

（1）容器器壁不透气，不吸附气体，最好是透明的，便于观察样品状况。

（2）容器内无死角（如有要尽可能小，因完全的无死角极难做到），不残存气泡。

（3）密封性要好，取样时能完全隔绝空气，取样后不向外逸散气体或吸入空气。

（4）容器结构上能自由补偿由于油样随温度变化，产生热胀冷缩现象而引起的体积变化，使容器内不产生负压空腔而析出气泡。

（5）容器材质化学性质稳定，不易破损，便于保存和运输。

2. 推荐的取样容器

根据对取样容器的要求，国内外标准都推荐使用注射器作为取样容器。

（1）取油样时，一般选用容积为100mL的全玻璃医用注射器，也可根据所用脱气方法要求和被取样设备，选择合适的全玻璃医用注射器。

（2）取气样时，一般选用容积为100mL的全玻璃医用注射器。

应注意：所选注射器芯塞应能自由滑动、不卡涩。

3. 取样容器的清洗和使用

（1）取样前，注射器应按顺序用有机溶剂或清洁剂、自来水和蒸馏水洗净，在105℃下充分干燥，然后套上注射器芯塞，检查无卡涩，用小胶帽盖住接针头部位，保存于干燥器中备用。

（2）取样时，按所取样品的采取方法进行，保持注射器内外干净。

（3）取样后，注射器头部应立即盖上小胶帽密封。注射器应装在专用油样盒内，并应避光、防振和防潮。

（4）注射器在取好样品后应贴上标签，标签内容一般要包括单位名称、设备编号、油标号、取样部位、取样时间、天气情况、取样人等。

二、取样部位

1. 取油样部位

变压器可用来取样的部位有两处：一处是下部取样阀；另一处是上部气体继电器的放气嘴。在确定取样部位时，还应注意以下特殊情况：

（1）当遇故障严重，产气量大时，可在上、下部同时取样，以了解故障的性质及发展情况。

（2）当需要考察变压器的辅助设备（如潜油泵、油流继电器等）存在故障的可能性时，应设法在有怀疑的辅助设备油路上取样。

（3）当发现变压器底部有水或油样氢含量异常时，应设法在上部或其他部位取样。

（4）应避免在设备油循环不畅的死角处取样。

（5）应在设备运行中取样。若设备已停运或刚启动，应考虑油的对流可能不充分以及故障气体的逸散或与油流交换过程不够而对测定与诊断结果带来的影响。

2. 取气样部位

通常在气体继电器的放气嘴上抽取气样。有特殊情况时，也可从变压器顶部取气样。

三、取油样步骤及注意事项

取油样全过程需在全密封状态下进行，以防止油样与空气接触。取样时，大多数设备均可处于运行状态；对于互感器、套管等少油设备，多需在停运时采样；而对于可产生负压的密封设备，禁止在负压状态下采样。

1. 取油样步骤

一般取油样步骤如图 3-1 所示。

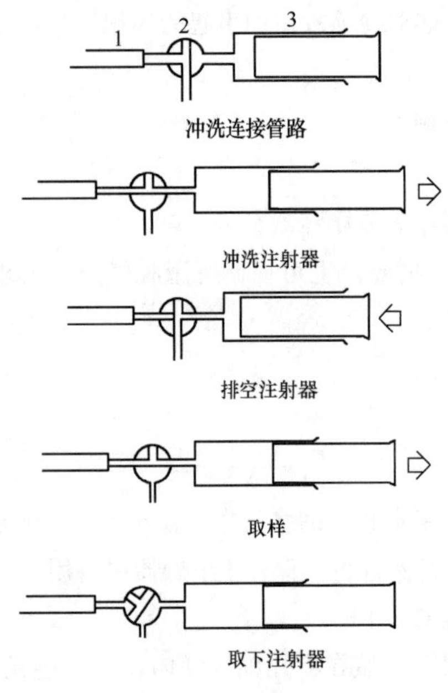

图 3-1　取油样步骤

1—连接软管；2—三通阀；3—注射器

（1）先拆下设备取样阀处的外罩，擦净取样阀，在取样阀上装上带有小嘴的连接器。同时在小嘴上接一段软管，开启取样阀，使油流出软管少许，以放尽取样阀内的死油，并冲洗管路，之后关闭取样阀，在注射器口套上一金属小三通阀，接上软管与取样阀相连。

（2）取样时，打开放油阀，经三通排净管中油，转动三通使少量油进入注射器，再转动三通并推动注射器芯塞，排除注射器内的空气和油。

（3）正式取油样时，再次转动三通，使油样在设备静压力作用下自动进入注射器，待油样取到所需数量处时，关闭取样阀，取下注射器，迅速用橡胶封帽封严注射器口，擦净外部油迹，贴上标签，置于取油样盒中备运。

（4）擦净取样阀处油迹，收好三通和软管，盖上取样阀外罩。

2. 取油样时注意事项

（1）取样阀中的残存油应尽量排除，阀体周围污物须擦拭干净。

（2）取样连接方式应可靠，连接系统无漏油或漏气缺陷。

（3）取样前应设法将取样容器和连接系统中的空气排尽。

（4）取样过程中，油样应平缓流入容器，不产生冲击、飞溅或起泡沫。

（5）对密封设备在负压状态下取油样时，应防止负压进气。

（6）使用注射器取样时，操作过程中应特别注意保持注射器芯干净，防止卡涩。

（7）注意取样时的人身安全，特别是带电设备和从高处取样。

四、取气样步骤及注意事项

一般对气体继电器发生动作的变压器，除取油样分析油中溶解气体外，还要同时取继电器中气样进行分析，以利设备故障的诊断。此外，也有取变压器上部气体进行分析的情况。

1. 取气样步骤

取气样的步骤基本与取油样相同，不同的是：

（1）先用变压器本体油湿润取样注射器，以提高注射器的密封性增加芯塞润滑性。

（2）擦净继电器放气嘴，在其上套一小段乳胶管，用上述取油样方法，连好三通和注射器，打开放气阀，转三通，用气样冲洗取样系统，再转动三通，取合适量的气样，迅速用橡胶封帽严封注射器出口，填写其标签内容，擦净外部污物，置于取样盒中备运；同时关闭取气阀，擦净外部污染物，收好三通和连接用软管。

2. 取气样时注意事项

（1）不要让油进入注射器内。

（2）不要用过小的注射器取满刻度，以防逸散损失组分含量。

（3）应尽可能在短时间内分析。

五、样品的保存和运输

（1）油样和气样应尽快分析。油样保存期不得超过4d，气样保存期应更短些。

（2）油样和气样的保存都必须避光、防尘，确保注射器芯塞干净、不卡涩。

（3）运输过程中应尽量避免剧烈振动。空运时要避免气压变化。

第三节　分析油中溶解气体对仪器的要求

油中溶解气体组分经过脱气操作得到游离气体。该多组分气体绝大部分成分是空气，主要分析检测对象的含量除CO_2外，一般在10^{-1}～10^3μL/L，其特点是组分多、含量差异大、对分离和检测要求高。由于以上特点，市售的通用色谱仪不能完全满足油中溶解气体分析要求，需专用或改装通用色谱仪才能完成。

一、总的要求

1. 检测灵敏度

根据运行电力设备中的油含有较高浓度的溶解气体，而设备出厂和交接时油中含溶解气体量较低这一特点，GB/T 17623提出不同油中溶解气体组分的最小检测浓度要求，见表3-2。

表3-2　不同油中溶解气体组分最小检测浓度

气体	最小检测浓度（μL/L）
氢	2
烃类	0.1
一氧化碳	5
二氧化碳	10
空气	50

2. 检测器

具有热导检测器（TCD），用于测定氢气、氧气、氮气等；氢焰离子化检测器（FID），用于测定烃类、一氧化碳和二氧化碳等气体。

3. 转化器

配有能将一氧化碳和二氧化碳转化为甲烷的镍触媒转化器。

4. 分离度

对所测各组分要能够满足定量分析分辨率$R \geqslant 1.5$的要求。

5. 分析时间

在保证准确定性、定量的前提下，应减少分析时间，符合快速分析要求。

二、仪器条件确定

为满足上面提出的总要求，对具有热导检测器和氢焰离子化检测器，并装有镍触媒转化器的气相色谱仪进行分离柱和仪器气路流程的选择，目前多根据不同的仪器，采用下述气路流程和固定相。

1. 气路流程

气路流程见表 3-3。

表 3-3 **气路流程**

序号	流程图	说　明
1	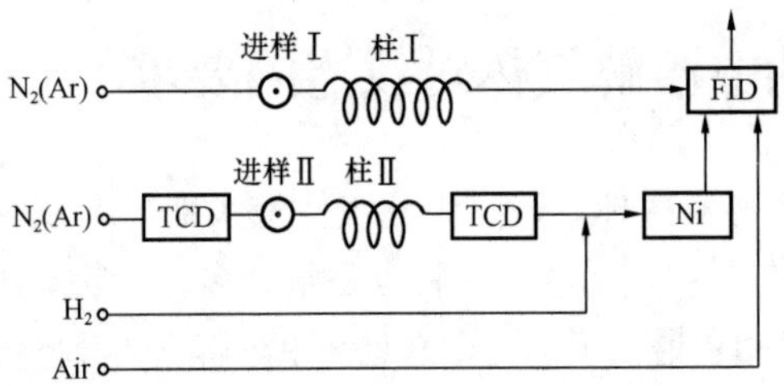 N_2(Ar) 进样Ⅰ 柱Ⅰ FID N_2(Ar) TCD 进样Ⅱ 柱Ⅱ TCD Ni H_2 Air	（1）分两次进样： 进样Ⅰ（FID）测烃类气体； 进样Ⅱ（TCD）测 H_2、O_2(N_2)，（FID）测 CO、CO_2。 （2）此流程适用于一般仪器。 （3）图中 Ni 表示镍触媒转化器，Air、N_2、Ar、H_2 分别表示空气、氮气、氩气、氢气
2	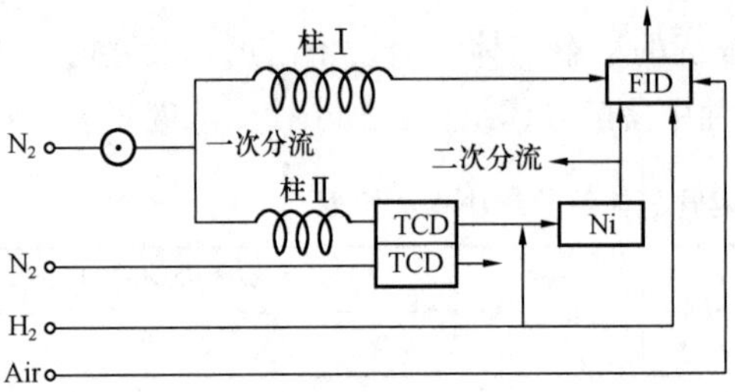 柱Ⅰ FID N_2 一次分流 二次分流 柱Ⅱ TCD Ni N_2 TCD H_2 Air	（1）一次进样、双柱并联二次分流控制： （TCD）测 H_2、O_2； （FID）测烃类气体、CO、CO_2。 （2）此流程适用于一般仪器。 （3）同序号 1 中说明（3）。 （4）此流程若采用三检测器（TCD 和双 FID）： 柱Ⅰ（FID）测烃类组分； 柱Ⅱ（TCD）测 H_2、O_2(N_2)，镍触媒转化器后接（FID_2），测 CO、CO_2
3	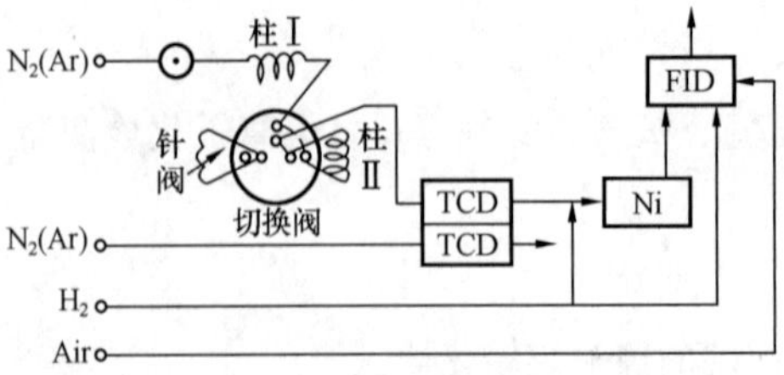 N_2(Ar) 柱Ⅰ FID 针阀 柱Ⅱ 切换阀 TCD Ni N_2(Ar) TCD H_2 Air	（1）一次进样，自动阀切换操作。 阀切换在如图位置时：（TCD）测 H_2、O_2(N_2)；（FID）测 CH_4、CO。 阀切换脱开挂Ⅱ，连通针阀时：（FID）测 CO_2，烃类组分。 （2）此流程适用于自动分析仪器。 （3）同序号 1 中说明（3）

续表

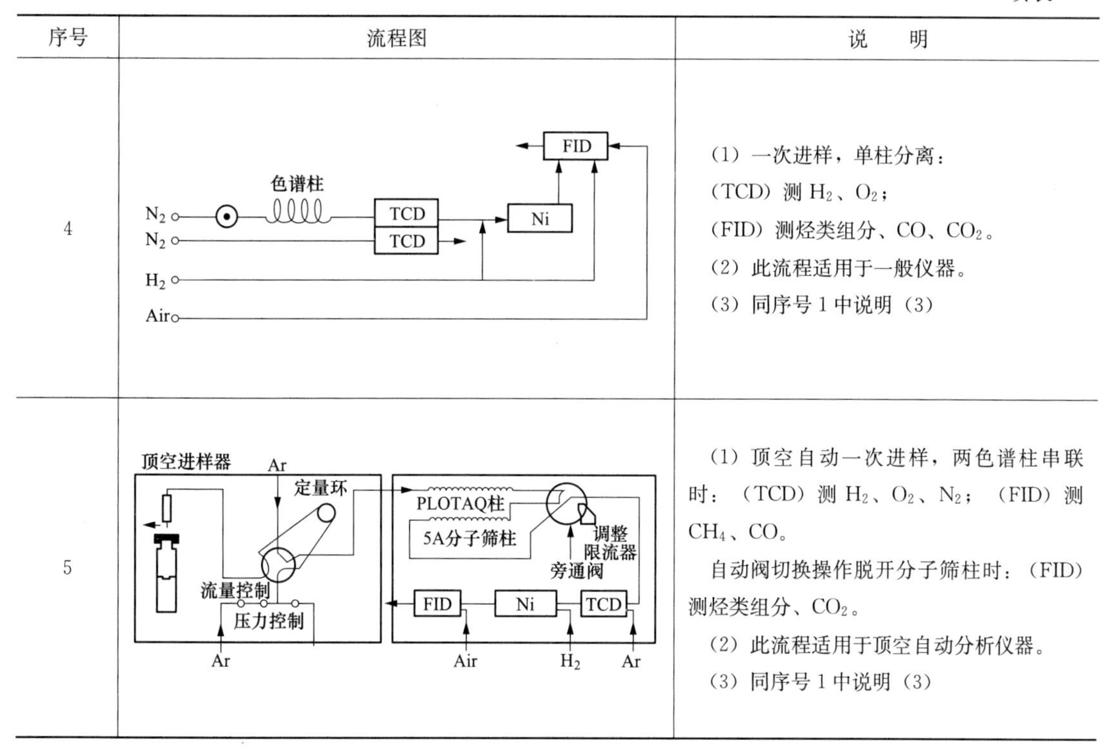

序号	流程图	说明
4		(1) 一次进样，单柱分离： (TCD) 测 H_2、O_2； (FID) 测烃类组分、CO、CO_2。 (2) 此流程适用于一般仪器。 (3) 同序号 1 中说明 (3)
5		(1) 顶空自动一次进样，两色谱柱串联时：(TCD) 测 H_2、O_2、N_2；(FID) 测 CH_4、CO。 自动阀切换操作脱开分子筛柱时：(FID) 测烃类组分、CO_2。 (2) 此流程适用于顶空自动分析仪器。 (3) 同序号 1 中说明 (3)

2. 常用固定相

常用固定相规格见表 3-4。

表 3-4　　常用固定相规格

种类	型号	规格	柱长 (m)	柱内径 (mm)	分析对象
分子筛	5A，13X，色谱用	30～60 目	1～2	3	H_2、O_2、N_2 (CO、CH_4)
活性炭	色谱用	40～60 目 60～80 目	0.7～1 1	3 2	CO、CO_2 (H_2、Air) H_2、O_2、CO、CO_2
硅胶	色谱用	60～80 目 80～100 目	2	3	CH_4、C_2H_6、C_2H_4、C_2H_2、C_3H_6、C_3H_8
高分子多孔小球	GDX502	60～80 目 80～100 目	4 3	3 2	CH_4、C_2H_6、C_2H_4、C_2H_2
碳分子筛	TDX01	60～80 目	0.5～1	3	H_2、O_2、CO、CO_2
混合固定相	PocapkT：HaysSepDip 为 1：2.4	60～80 目	3	3	H_2、O_2、CO、CH_4、CO_2、C_2H_6、C_2H_4、C_2H_2
毛细管柱	5Å 分子筛	膜厚度 50μm	30	0.53	H_2、O_2、N_2、CH_4、CO
	PLOT/Q	膜厚度 40μm	30	0.53	CO_2、C_2H_2、C_2H_4、C_2H_6、C_3H_6、C_3H_8

3. 分离中常见问题

(1) H_2、O_2分离不好。H_2的定量有一定误差，多见于硅胶柱。对此问题，增加柱长可有所改善。

(2) CO与空气分离不好。多见于TDX柱。有时发现CO含量偏高，可能是由于样品气中空气峰与之重叠。可以单独进空气样观察是否存在与CO出峰时间一致的空气峰。或者用0.5mL混合标气分别再抽0.5mL N_2（载气为N_2时）或0.5mL空气。比较两次进样后CO出峰的峰高有无不同，来判断CO是否受空气峰影响。

(3) CO、CO_2转化率不稳定、偏高。TDX柱对高沸点烃在吸附达一定程度后的逐步释放；可能导致Ni触媒转化率增加，甚至超过100%。

(4) 碳分子筛柱接镍触媒转化，FID检测CO、CO_2的流程。若用H_2作载气，进样时会出现反峰，再出CO峰，导致CO定量偏低。

4. 操作条件选择

(1) 载气种类。载气种类的选择主要是考虑对检测器的适应性。例如：热导检测器常用H_2和He作载气，氢焰检测器常用N_2和H_2作载气。

(2) 载气流速。对于内径为3～4mm的色谱柱，载气常用流速为20～80mL/min。

1) 氢气流量选择：将氮气、空气流量固定在一定范围内（如从20～50mL/min）变化，在其他条件相同的条件下，测定不同氢气流量时所得到的相应色谱峰形。一般以基线稳定时，以最高峰高时的流量作为最佳氢气流量。

2) 氮气流量：将选定的空气、氢流量固定，氮气在一定范围内（如15～50mL/min）变化，以最高峰高时的流量作为最佳氮气流量。

3) 空气流量：将选定的氮气、氢气流量固定，空气在一定范围内（如400～800mL/min）变化，以最高峰高时的流量作为空气最佳流量。

(3) 载气压力。从理论上分析，提高载气在色谱柱内的平均压力可提高柱效率。但若仅提高柱进口压力，势必使柱压降过大，反而会造成柱效率下降。因此，要维持较高的柱平均压力，主要是提高出口压力，一般在色谱柱出口处加装阻力装置即可达到此目的。例如长度在4m以下、管径为3～4mm的色谱柱，柱前载气压力一般控制在0.3MPa以下，而柱出口压力最好能大于大气压。

(4) 固定相粒度范围。固定相的表面结构、孔径大小与粒度分布对柱效率都有一定影响。对已选定的固定相，粒度的均匀性尤为重要。例如对同一固定相，40～60目的粒度范围要比30～60目的柱效率高。通常，柱内径为2mm时，选用粒度为80～100目；柱内径为3～4mm时，选用60/80目；而柱内径为5～6mm时，选用40～60目为宜。

(5) 色谱柱温度。柱温选择主要取决于样品性质。分析永久性气体和其他气态物质时，柱温一般控制在60℃以下；分析沸点在300℃以下的物质，柱温往往控制在150℃以下。此外，柱温还与固定相性质、固定相用量、载气流速等因素有关。当使用TDX炭分子筛分柱分离C_2的烃类气体时，柱温要在170℃左右才能满足分析要求。如果固定相已选定，采取适当减少固定相用量和加大载气流速等措施，可达到降低选用柱温的目的。

(6) 进样技术。进样量、进样时间和进样装置都会对柱效率有一定影响。进样量太大，会增大峰宽，降低柱效率，甚至影响定量计算。进样时间过长，同样会降低柱效率而使色谱区域加宽。进样装置不同，出峰形状重复性也有差别。进样口死体积大，也对柱效率不利。对于气体样品，一般进样量为0.1～10mL；进样时间越短越好，一般必须小于1s；进样口应设计合理，死体积小。当采用注射器进样时，应特别注意气密性与进样量的准确性。

5. 仪器的标定

采用含有各被测组分且浓度已知的混合标准气体对色谱仪进行标定，具体标定方法和标定中的注意事项参见本章第四节。

进行油中溶解气体各组分含量测定之前，应先使色谱仪处于良好、稳定的工作状态，并完成仪器的标定工作。

第四节　油中溶解气体组分含量分析

被测油样完成脱气操作之后，要尽快进行色谱分析。因此必须如前所述，要事先使气相色谱仪处于良好、稳定的工作状态，并完成标定工作，方能按GB/T 17623分析步骤进行定性、定量分析。分析操作与脱气、采取样品一样，是油中溶解气体组分含量测定的重要环节，提高分析操作技术水平至关重要。

一、油中气体组分的定性方法

在气相色谱中，定性分析就是鉴别分离物质每个色谱峰所代表的组分性质。定性方法很多，油中溶解气体分析是采用保留时间方法定性。因为各种物质在一定的色谱条件下，例如固定相确定和操作条件不变时，均有确定不变的保留值，因此保留值可以作为一种定性指标。这种方法应用简单、方便。但由于某些不同化合物在相同的色谱条件下往往具有相似以至完全相同的保留值，因此有很大局限性。当固定相确定以后，混合样品中各组分出峰顺序就确定不变了。如果操作条件不变，则各组分从进样到出峰的时间（即保留时间）也是恒定的，因此可以用已知纯物质对照，若被分析组分与该物质有相同的保留时间值，则一般可以认为是同一物质。

在实际工作中，由于经验不足或疏忽大意，有时会发生定性错误。这主要是由于以下三种情况引起的：

（1）当分析油样时，两个相邻且靠得很近的峰，只出其中一个峰，另一个组分没有出峰时，会产生误定性。例如用硅胶柱分离碳氢化合物气体，C_2H_2与C_3H_8两个峰是紧密相连的，而C_2H_2峰前面又是一段基线没有峰，这样在分析油样时，如果不注意，会将C_3H_8峰误定性为C_2H_2。

（2）操作条件微小变化，引起出峰时间发生变化，往往前面峰变化小，后面峰变化大。使用色谱工作站时，如果不注意及时修正保留时间值，会发生前面峰定性正确，后面峰定性错误的情况。

（3）色谱柱处理不好或使用过久，组分分离不开，就会发生误定性。因此，油中溶解气体定性分析虽然简单，但也不能粗心大意，试验人员应做到以下两点：

1）熟识本仪器色谱图形。

2）经常用标准物质进行校对。

二、油中气体组分的定量方法

1. 油中气体色谱分析的计算原理

目前，对变压器油中气体定量分析采用的是外标法（多数用单点外标法），它是用含有被测定试样组分且浓度已知的混合标准气体对色谱进行标定，然后再对油试样脱出的气体进行分析，通过测量峰面积（或峰高），就可计算出油中气体组分浓度。

在一定的浓度范围内，物质浓度与相应的峰面积（或峰高）成线性关系，因此在相同的色谱仪操作条件下，标准气体浓度 c_s、峰面积 A_s（或峰高 h）与油样气体浓度 c_i、峰面积 A_i 的关系是

$$c_i/c_s = A_i/A_s$$

进行公式变形得出

$$c_i = A_i c_s/A_s \tag{3-3}$$

油样气体浓度 c_i、峰高 h_i 的关系是

$$c_i/c_s = h_i/h_s$$

$$c_i = h_i c_s/h_s \tag{3-4}$$

2. 关于标定的技术问题

（1）标定方法。标定方法采用外标定量法。打开标准气钢瓶阀门，吹扫减压阀中的残气，用1mL玻璃注射器D准确抽取已知各组分浓度 c_{is} 的标准混合气0.5mL（或1mL）进样标定。

标定仪器应在仪器运行工况稳定且相同的条件下进行，并在分析的当天，用外标气样进行两次标定，取其平均值。两次标定的误差应符合重复性和再现性的要求。

（2）关于标准物。

1）GB/T 17623中，要求采用混合标准气。各实验室可采用同一部门配制的标准气，以减少分析数据的误差。

2）标气浓度。标气浓度不宜过大，也不宜过小，应尽量与样品的浓度相接近。

3）在有效期内使用（1年）。

（3）其他。

1）标定与样品测定最好由同一人操作，这样可以消除不同操作习惯所带来的误差。

2）仪器标定必须在仪器稳定之后进行，否则会带来很大的误差。

三、样品分析

样品分析步骤应按GB/T 17623的规定进行。

1. 样品分析方法

用1mL玻璃注射器从注射器A（机械振荡法）或注射器B（真空-变径活塞泵全脱气法）或气体继电器的气体样品中准确抽取样品气0.5mL（或1mL），进样分析。从所得色谱图上计量各组分的峰面积 A_i（或峰高 h_i）。

重复脱气操作一次，取其平均值 $\overline{A_i}$（或峰高 $\overline{h_i}$）。

样品分析应与仪器标定使用同一支进样注射器，取相同进样体积，以减少误差。

2. 进样方法

影响进样重复性的因素是多方面的。为提高重复性，应选择较好的注射器。注射器应能在进样系统中承受2kg/cm^{2}压力，其针头需事先改成旁边开口，以防硅橡胶阻塞。对注射器须严格检查气密性，检查方法有两种：一是将针头用硅橡胶封死，拉动芯塞放松后应复归原位，而不应有气进入；二是用手抵住芯塞，将针头刺入进样口，不应发生基线波动，否则就是存在漏气，不能

使用。其漏气部位大多为管壁研磨部位和针头连接处。可在注射器芯塞上涂适当的润滑脂，来提高密封性。因此，选择注射器一定要严格，而且选好的注射器不能随意更换和挪用，以保证进样的良好重复性。选择柱前压较低的操作条件是有利的，同时还应加强进样基本功的练习。

进样操作包括取样、进针、推针、取针操作过程的一系列连贯动作。操作时必须注意以下五点：

（1）取样应保证正压取样，不能使气样成负压，一般先多取，再推回到所需位置（即取出针头），及时进注色谱仪。

（2）进样要快、要准。有时因进针手势不正确，会使针尖卡在进样口而插不进去，此时如果载气已被压进注射器，即使很少量，也应重新取样再进样。

（3）推针要快。针头一插到底，紧接着要快速压芯塞进气，中间不能停顿，也不能在针头才插入进样口或插进一半时就进气。

（4）取针要快。

（5）须防止仪器气路系统的压力将芯塞冲回。

“三防一快”（防漏出气样、防气样失真、防操作条件变化和进样速度快）是进样必须具备的基本条件，整个过程要连贯、迅速，不能对系统形成大的基线波动。

普通用的注射器都有一定的死体积，注射器越小，其死体积所占的比例就越大。即使用同一注射器，若进样量不同，则尽管死体积的数值未变，但其所占的比例都会随着进样量的减少而增加。由于这种死体积和柱前压的存在，实际进样量往往要小于操作时所给出的进样量。柱前压越高，这种差别越大。由于这种差别是无法避免的，因此应设法把这个差异固定下来，并在相对测量中将其消除。消除方法有采用同一的进样量、取样时目测取样量尽量准确、在注射器上装定量卡来消除视差的影响、选择柱前压较低的操作条件等。

进样口硅橡胶的密封性会影响进样的重复性。进样后发生基线漂移，流量计浮子冲击后回不到原位，就是由进样时硅橡胶发生泄漏引起的。每块硅橡胶不能进针过多，要经常更换。

注射器由于存在死体积，故进样时可先用样品气样清洗多次，以利得到较准确的结果，但此法消耗样品气较多。当样品气较少时，清洗不够充分，反而影响分析结果。因此，也可在每次取气前，将注射器反复用空气清洗，让空气充满死体积，然后取样。只要对样品和外标气取样前都按同样方法用空气清洗针管，则死体积内的空气对两种气体的稀释作用就是完全一样的，相对测量中互相间可以抵消，因此不影响定量分析的结果。

3. 其他

注射器抽样品气进样以后，要注意注射器反复用空气冲洗后才能用于抽取下一个样品，否则前一个样品的余气会污染下一个样品。

应在色谱峰全部出完后，再进样分析下一个样品，否则会发生两个样品色谱峰形重叠或交叉现象，给定量带来困难甚至误差。

四、结果计算

1. 采用机械振荡法的计算

（1）气样和油样体积的校正。按式（3-5）和式（3-6）将在室温 t、试验压力下平衡的气样体积 V_g 和油样体积 V_l 分别校正为50℃、试验压力下的体积，即

$$V'_g = V_g \times \frac{323}{273+t} \tag{3-5}$$

$$V'_1 = V_1[1+0.0008(50-t)] \tag{3-6}$$

式中 V'_g——50℃、试验压力下平衡气体体积，mL；

V_g——室温 t、试验压力下平衡气体体积，mL；

V'_1——50℃时油样体积，mL；

V_1——室温 t 时所取油样体积，mL；

t——试验时的室温，℃；

0.000 8——油的热膨胀系数，1/℃。

（2）油中溶解气体各组分浓度的计算。按式（3-7）计算油中溶解气体各组分的体积分数，即

$$x_i = 0.929 \times \frac{p}{101.3} \times c_{is} \times \frac{\overline{A}_i}{\overline{A}_{is}} \times \left(K_i + \frac{V'_g}{V'_1}\right) \tag{3-7}$$

式中 x_i——油中溶解气体 i 组分体积分数，μL/L；

c_{is}——标准气中 i 组分体积分数，μL/L；

$\overline{A}_i$——样品气中 i 组分的平均峰面积，mm^2；

$\overline{A}_{is}$——标准气中 i 组分的平均峰面积，mm^2；

V'_g——50℃、试验压力下平衡气体体积，mL；

V'_1——50℃时的油样体积，mL；

p——试验时的大气压力，kPa；

0.929——油样中溶解气体体积分数从50℃校正到20℃时的温度校正系数。

式中的$\overline{A}_i$、$\overline{A}_{is}$也可用平均峰高$\overline{h}_i$、$\overline{h}_{is}$代替。

50℃时国产矿物绝缘油中溶解气体各组分分配系数见表3-5。其测定方法见GB/T 17623—2017附录B的规定。

对牌号或油种不明的油样，其溶解气体的分配系数不能确定时，可采用二次溶解平衡测定法，见GB/T 17623—2017附录C的规定。

表3-5　50℃时国产矿物绝缘油中溶解气体各组分分配系数 K_i

气　体	K_i	气　体	K_i	气　体	K_i
氢（H_2）	0.06	一氧化碳（CO）	0.12	乙炔（C_2H_2）	1.02
氧（O_2）	0.17	二氧化碳（CO_2）	0.92	乙烯（C_2H_4）	1.46
氮（N_2）	0.09	甲烷（CH_4）	0.39	乙烷（C_2H_6）	2.30

2. 采用变径活塞泵全脱气法的结果计算

（1）气样和油样体积的校正。按式（3-8）和式（3-9）将在室温 t、试验压力下的气体体积 V_g和油样体积 V_1分别校正为规定状况（20℃、101.3kPa）下的体积，即

$$V''_g = V_g \times \frac{p}{101.3} \times \frac{293}{273+t} \tag{3-8}$$

$$V''_1 = V_1[1+0.0008(20-t)] \tag{3-9}$$

式中　V''_g——20℃、101.3kPa 状况下气体体积，mL；

V_g——室温 t、压力 p 时气体体积，mL；

p——试验时的大气压力，kPa；

V''_1——20℃下油样体积，mL；

V_1——室温 t 时油样体积，mL；

t——试验时的室温，℃。

（2）油中溶解气体各组分体积分数的计算。按式（3-10）计算油中溶解气体各组分的体积分数，即

$$c_i = c_{is} \times \frac{\overline{A}_i}{\overline{A}_{is}} \times \frac{V''_g}{V''_1} \tag{3-10}$$

式中　c_i——油中溶解气体 i 组分体积分数，μL/L；

c_{is}——标准气中 i 组分体积分数，μL/L；

$\overline{A}_i$——样品气中 i 组分的平均峰面积，mm^2；

$\overline{A}_{is}$——标准气中 i 组分的平均峰面积，mm^2；

V''_g——20℃、101.3kPa 时气样体积，mL；

V''_1——20℃时油样体积，mL。

式中$\overline{A}_i$、$\overline{A}_{is}$也可用平均峰高$\overline{gh}_i$、$\overline{h}_{is}$代替。

3. 自由气体各组分体积分数的计算

按式（3-11）计算自由气体各组分的体积分数，即

$$X_{ig} = c_{is} \times \frac{\overline{A}_{ig}}{\overline{A}_{is}} \tag{3-11}$$

式中　X_{ig}——自由气体中 i 组分体积分数，μL/L；

c_{is}——标准气中 i 组分体积分数，μL/L；

$\overline{A}_{ig}$——自由气体中 i 组分的平均峰面积，mm^2；

$\overline{A}_{is}$——标准气中 i 组分的平均峰面积，mm^2。

其中$\overline{A}_{ig}$、$\overline{A}_{is}$也可用平均峰高$\overline{h}_{ig}$、$\overline{h}_{is}$代替。

五、精密度

1. 重复性

对同一气样多次进样的分析结果，应在其平均值的±1.5%以内（可以 C_2H_4 为代表）。

应检验配气装置及操作方法的重复性，要求配气结果的重复性在平均值的±2.5%以内。

对分析结果的重复性要求是：同一实验室的两个平行试验结果，当 C_2H_2 含量在 5μL/L 以下时，相差不应大于 0.5μL/L；对于其他气体，当含量在 10μL/L 以下时，相差不应大于 1μL/L；

当含量在 10μL/L 以上时，相差不应大于平均值的 10%。

2. 再现性

两个实验室测定值之差的相对偏差：在油中溶解气体体积分数大于 10μL/L 时，小于 15%；体积分数小于或等于 10μL/L 时，小于 30%。

3. 准确度

该方法准确度采用对标准油样的回收率试验（方法参见 GB/T 17623—2017 附录 B）来验证。回收率应不低于 90%，否则应查明原因。

第四章　充油电气设备故障诊断及注意事项

早期预测充油电气设备故障，对于安全发供电、防止设备出现故障和事故是极为重要的。目前，利用油中溶解气体分析技术是发现充油电气设备内部潜伏性故障非常有效的一种手段。充油设备在运行过程中，油/纸绝缘材料在温度、电场和催化剂等多种因素作用下，会分解产生某些特定的气体（或称特征气体）。溶解于油中的这些特征气体含量的变化，与电气设备内部的故障发展程度、故障类型有着密切关系。正基于此，使溶解气体分析法用于充油电气设备内部故障的诊断得以实现。利用油中溶解气体分析技术诊断充油电气设备故障的方法在国内外已经普遍开展起来，并已制定了相应的标准。国际电工委员会制定了专门的油中溶解气体分析导则IEC 60567和IEC 60599，我国也制定了GB/T 7252和DL/T 722《变压器油中溶解气体分析和判断导则》等相关标准。

第一节　油中溶解气体的产生

油中溶解气体是指以分子状态溶解在油中的气体，油中含气量为油中所有溶解气体含量的总和。在正常情况下，充油电气设备内部的油/纸绝缘材料在热和电的作用下，会逐渐老化和分解，产生少量的各种低分子烃类及一氧化碳、二氧化碳等气体。若存在过热或放电缺陷，就会加快这些气体的产生速度，当产气速度慢、产气量少时，气体大部分溶解于油中，随着故障的进一步发展，当产气速度大于溶解速度时，便有一部分气态分子以气体的形式释放出来。油中溶解气体产生的原理，是利用油中溶解气体分析判断充油电气设备内部故障类型和发展趋势的技术基础。

一、绝缘油的分解

绝缘油（也称矿物绝缘油）是天然石油经过蒸馏、精炼、调和得到的一种矿物油，是由各种不同分子量的碳氢化合物所组成的混合物，其中碳、氢两元素占其全部质量的95%～99%，其他为氮、氧、硫及极少量的金属元素等。绝缘油的产气过程即为碳氢化合物的热解过程，这一过程与油的化学结构及热动力学有关。分子中含有CH_3—(甲基)、CH_2—（亚甲基）和≡CH(次甲基)，并由C—C键结合在一起。由于电应力或热故障的结果可以使某些C—H键和C—C键断裂，伴随生成少量活泼的氢原子和不稳定的碳氢化合物的自由基，如$CH_3\cdot$（其中包括许多更复杂的形式）。这些氢原子或自由基通过复杂的化学反应迅速重新化合，形成氢气和低分子烃类气体，如甲烷、乙烷、乙烯、乙炔等，也可能生成碳的固体颗粒及碳氢聚合物。故障初期，气体分子产生得少且慢，主要溶解于油中；当故障发展到一定程度后，气体分子产生得多且快，大部分气体分子来不及溶解，便以游离气体的形式从油中逸出；而碳的固体颗粒及碳氢聚合物可沉积在设备的内部。日本的山冈道彦将绝缘油在无氧条件下局部加热到230～600℃，10min后其分解产气结果如表4-1所示。

表4-1　　230～600℃局部加热时绝缘油分解产气结果　　mL/g

气体	230℃	300℃	400℃	500℃	600℃
H_2				0.152	0.320
CH_4			0.042	4.258	5.848
C_2H_6				0.045	2.601
C_2H_4				0.017	3.247
C_3H_8			0.042	0.118	0.208
C_4H_{10}			0.055	0.326	0.097
CO_2	0.017	0.022	0.219	0.067	0.028
其他				0.096	0.225

当油承受较大的电应力（如电弧）时，绝缘油裂解产生的气体见表4-2。在矿物绝缘油中含有2800多种碳氢化合物，但在此情况下主要产生这几种气体。绝缘油在不同的热和电的作用下产生不同含量的特征气体，这就是利用油中溶解气体分析和判断充油电气设备内部故障的基础。

表4-2　　电应力下绝缘油油裂解产物

成分	H_2	C_2H_2	CH_4	C_2H_4
含量（%）	60～80	10～25	1.5～3.5	1.0～2.9

变压器油的产气特征与分子结构有关，因为不同的分子结构有不同类型的化学键，从而具有不同的键能，表4-3给出了部分化学键的键能。键能反映了化学键原子间结合的强度，即在标准状态下，1mol气态分子某一化学键断开和合成需要的能量。变压器油热解时的产气种类取决于具有不同化学键结构的碳氢化合物分子热裂解时所需要的能量，一般规律是：产生烃类气体的不饱和度随裂解能量密度（温度）的增大而增加；例如，随着热解温度的上升，烃类裂解产物出现的顺序是烷烃、烯烃、炔烃、碳，这是由于C—C、C＝C、C≡C化学键具有不同键能的缘故。

表4-3　　有关化学键键能数据　　kJ/mol

化学键	键能	化学键	键能
H—H	436	C≡C	837
C—H	414	C—O	326
C—C	332	C＝O	727
C＝C	611	O—H	464

变压器油的热解实质上是以自由基链式反应的形式进行的，一个链式反应由链的引发、链的转移和链的终止组成。通过链式反应过程，油分子的长链发生断裂，最终产生低分子烃类和氢等气体及其他一些分解产物。链式反应过程的开始，即链的引发与自由基的产生总是需要一定能量的，这种能量就叫活化能。不同分子具有不同的活化能，一种分子在不同温度下的活化能也不相同，变压器油热解时的平均活化能约为210kJ/mol。低能量故障，如局部放电，通过自由基反应促使C—H和C—C键断裂，大部分氢自由基（H·）将重新化合成氢气或与甲基自由基

($CH_3\cdot$) 形成甲烷，其余的碳自由基则重新聚合成新的碳链。随着故障点温度的升高，使同一个分子中有更多 C—H 键和 C—C 键断裂，长碳链分子逐渐被裂解为小碳链，处于碳链末端的两个碳原子则容易形成乙烯，温度高达 800℃便可以生成乙炔。甲烷在 1500℃电弧中经过极短的时间（0.1～0.01s）加热，便会裂解成乙炔（$2CH_4 \longrightarrow C_2H_2+3H_2$），而乙炔在高温下也很快分解为碳，以辛烷为例的热裂解示意图见图 4-1。

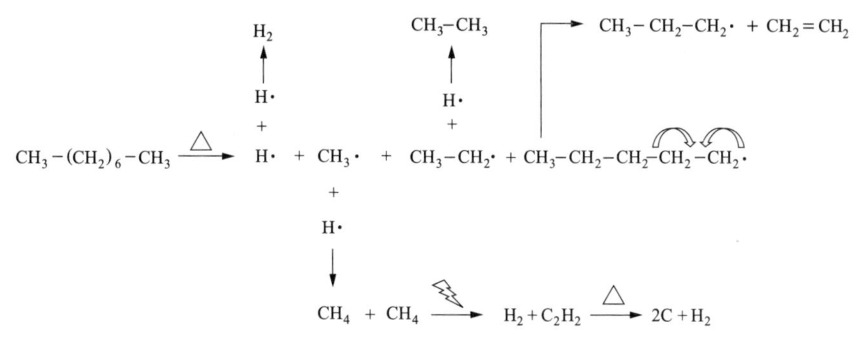

图 4-1　以辛烷为例的热裂解示意图

变压器油裂解时，任何一种特征气体的产气速率都依赖于故障热点温度。随着热解温度的变化，所产生气体组分的比例是不同的。一般来说，当故障点温度较低时，油分解的气体组分主要是 CH_4，随着温度升高，出现最大产气率的气体依次是 CH_4、C_2H_6、C_2H_4、C_2H_2。由于 C_2H_6 不稳定，在一定的温度下容易进一步分解为 C_2H_4 和 C_2H_2，因此通常油中的 C_2H_6 含量小于 C_2H_4 和 C_2H_2。乙烯是在约 500℃（高于甲烷和乙烷的生成温度）温度下生成的，在较低的温度时仅有少量生成。乙炔的生成一般在 800～1200℃，而且当温度降低时，反应迅速被抑制，作为重新化合的稳定产物而积累。因此，大量乙炔是在电弧的弧道中产生的。当然在较低的温度（低于 800℃）下，也会有少量的乙炔生成。另外油发生氧化反应时，会伴随生成少量的 CO 和 CO_2。CO 和 CO_2 能长期积累，成为数量显著的特征气体。油碳化生成碳粒的温度为 500～800℃。

当充油电气设备存在故障时，会产生烃类气体及其他产物。烃类气体的产气速率和油裂解的程度依赖于故障温度（故障所释放出的能量）。哈斯特（Halsterd）根据热动力学原理，对矿物绝缘油在故障下裂解产气的规律进行了模拟试验研究。在模拟试验中，假定每种生成物与其他产物处于平衡状态，应用相关分解反应的平衡常数，用热动力学模拟可计算出每种气体产物的分压与温度函数的关系，见图 4-2。

从图 4-2 中可见：

（1）氢生成的量较多，但与温度的相关性不太明显。

（2）明显可见的乙炔仅在接近 1000℃时才生成。

（3）甲烷、乙烷和乙烯有各自唯一的依赖温度。

应该说明的是，热动力学建立的是一种理想化的极限情况，即平衡状态。在实际故障情况下，故障周围并不存在等温线式的平衡，而是存在着很大的温度梯度。然而它揭示了设备故障与热动力学模拟的某些相关性，对利用某些气体组分或某些组分的比值作为某种故障的特征来估计设备内部故障的温度是有价值的。

另外，还可以根据热动力学原理，得出油热解时产气速率与温度的关系式，可用于诊断变压

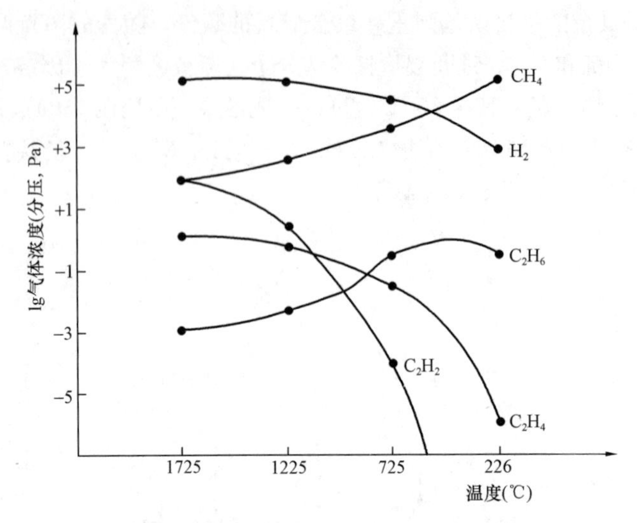

图 4-2 哈斯特气体分压-温度关系图

器产气故障的严重程度，即

$$\lg K = \alpha - \beta / T$$

式中 K——油热解时的总产气速率常数，mL/(cm^2·h)；

T——绝对温度，K；

α、β——常数（与温度有关，由试验求出）。

其实测数据为：

T= 200～300℃，$\lg K$=1.20−2460/T

T= 400～500℃，$\lg K$=5. 50−4930/T

T= 500～600℃，$\lg K$=14.40−11 800/T

二、固体绝缘材料的分解

固体绝缘材料指的是纸、层压纸板、木块等，属于纤维素绝缘材料。纤维素是由很多葡萄糖单体组成的长链状高聚合碳氢化物（$C_6H_{10}O_5$）$_n$，结构式如图 4-3 所示。n 表示长链并连的个数，称为聚合度。一般新纸 n 为 1300 个左右，极度老化、寿命终止的绝缘纸 n 为 150～200 个。纤维素分子呈链状，是主链中含有六节环的线型高分子化合物，每个链节中含有 3 个羟基（—OH），每根长链间由羟基生成氢键。氢原子与电负性大的原子 X 以共价键结合，若与电负性大、半径小的原子 Y（O、F、N 等）接近，在 X 与 Y 之间以氢为媒介，生成 X—H…Y 形式的一种特殊的分子间或分子内的相互作用，称为氢键。由于受氢键长期相互之间的引力和摩擦力作用，纤维素有很大的强度和弹性，因此机械性能良好。

纸、层压纸板或木块等固体绝缘材料分子内含有大量的无水右旋糖环和弱的 C—O 键及葡萄糖甙键，它们的热稳定性比油中的碳氢键要弱，并能在较低的温度下重新化合。当受到电、热和机械应力及氧、水分等作用时，聚合物发生氧化分解、裂解（解聚）、水解化学反应，使 C—O、C—H、C—C 键断裂，生成 CO、CO_2、少量的烃类气体和水、醛类（糖醛等）。一般情况下，聚合物裂解的有效温度高于 105℃，完全裂解和碳化的温度高于 300℃，在生成水的同时生成大量的 CO、CO_2 和少量的低分子烃类气体，以及糠醛及其系列化合物。CO 和 CO_2 的形成不仅随温

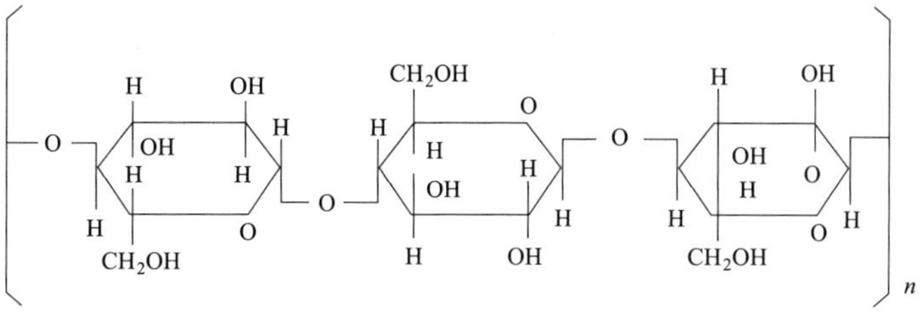

图 4-3　纤维素分子结构

度升高而增加，而且随油中氧的含量和纸的湿度增加而增加。表 4-4 是纤维素热分解的模拟试验结果。表 4-5 是固体绝缘材料热解气体组成。由表 4-4 分析可知，纤维素热分解的气体主要成分是 CO 和 CO_2。

表 4-4　　纤维素热分解产物（470℃）　　%

热分解产物	质量分数	热分解产物	质量分数
水	35.5	CO	4.20
醋酸	1.40	CO_2	10.40
丙酮	0.07	CH_4	0.27
焦油	4.20	C_2H_4	0.17
其他有机物质	5.20	焦炭	39.59

表 4-5　　固体绝缘材料热解气体组成　　%

气体组成	绝缘漆			胶木（L-131）	层压板
	Ω-10	Ω-25	环氧树脂		
H_2	0.10	0.50	0.85	0.06	0.02
CO	83.40	69.00	72.10	95.00	97.40
CO_2	1.20	0.80	4.40	—	0.05
CH_4	14.20	20.10	17.70	3.70	2.20
C_2H_6	0.80	2.00	0.20	0.20	0.03
C_2H_4	0.10	0.60	0.02	0.02	0.05
C_2H_2	0.04	1.70	1.20	0.10	—
C_4H_{10}	0.10	0.06	2.10	0.01	—
C_4H_8	0.04	0.20	1.00	0.01	—
其他	0.02	0.05	0.04	0.91	0.15

三、气体的其他来源

正常运行的变压器，某些原因也会导致油中有一定数量的故障特征气体，在某些情况下，有些气体可能不是设备故障造成的。例如油中含有水，可以与铁作用生成 H_2。过热的铁芯层间油膜裂解也可生成氢。不锈钢与油的催化反应也可生成大量的 H_2。新的不锈钢部件中也可能在加工过程中吸附 H_2 或焊接时产生 H_2。特别是在温度较高，油中有溶解氧时，设备中某些油漆

（醇酸树脂）在某些不锈钢的催化下，甚至可能生成大量的 H_2。某些改性的聚酰亚胺型绝缘材料也可生成某些气体而溶解于油中。油在阳光照射下也可以生成某些气体。设备检修时，暴露在空气中的油可吸收空气中的 CO_2 等。这时，如果未进行真空注油，则油中 CO_2 的含量与周围环境的空气有关，约为 300μL/L。

气体的来源还来自于某些操作，也可生成故障气体。例如：注入的油本身就含有某些气体。有载调压变压器中切换开关油室的油向变压器主油箱渗漏。选择开关在某个位置动作时（如极性转换时）形成电火花，会造成变压器本体油中出现乙炔。设备曾经有过故障，而故障排除后绝缘油未经彻底脱气，部分残余气体仍留在油中，或留在经油浸渍的固体绝缘材料中。冷却系统附属设备（如潜油泵）故障产生的气体也会进入变压器本体油中。设备油箱带油补焊会导致油分解产气等。

这些非故障气体与故障气体一样溶解于油中，这些气体的存在一般不会影响设备的正常运行，但当利用气体分析结果确定内部是否存在故障及其严重程度时，应特别注意这些非故障产气的干扰可能引起的误判断。

四、气体在油中的溶解和扩散

油、纸绝缘材料分解产生的气体在油里经对流和扩散，不断地溶解在油中，包括气体分子的扩散、对流、交换、释放与向外逸散过程。当气体在油中的溶解速度等于气体从油中析出的速度时，则气、油液两相处于动态平衡，此时一定量的油中溶解的气体即为气体在油中的溶解度。当产气速率大于溶解速率时，会有一部分聚集成游离气体进入气体继电器或储油柜中。

1. 气体在油中的溶解与平衡

各种气体在矿物绝缘油中的溶解能力（或溶解度）是不同的，油中气体溶解度常用奥斯特瓦尔德系数（也称分配系数）K_i 来表示。K_i 值大的组分在油中的溶解力要大于 K_i 值小的组分。各种气体在变压器油中的近似溶解度见表 4-6。

表 4-6　各种气体在变压器油中的近似溶解度（25℃、101.3kPa）　%

气体种类	溶解度	气体种类	溶解度	气体种类	溶解度
H_2	7	C_2H_2	400	N_2	8.6
CO	9	C_3H_6	1200	Ar	15
CH_4	30	C_2H_8	1000	O_2	16
C_2H_6	230	C_4H_{10}	72 000	CO_2	120
C_2H_4	280	C_4H_8	72 000	空气	10

各种气体在油中的溶解度服从亨利（Henry）定律。由亨利定律可知，气体组分在油中的浓度与该气体的平衡分压及亨利常数成正比，而亨利常数又与温度、该气体的性质及液体的性质有关。由此可见，气体在变压器油中的溶解能力与该气体的性质、油的化学组成以及温度、压力等因素有密切关系。如烃类气体的溶解度随分子量的增加而增加。溶解度较低的气体（如 K_i 值小的氢、氮、一氧化碳等），其溶解度随温度上升而增大，低分子烃类气体及二氧化碳在油中的溶解度则随温度升高而减小。各种气体对绝缘油饱和溶解度与温度的关系如图 4-4 所示（1atm）。

充油电力设备内部的油、纸等绝缘材料在正常情况下分解所产生的气体，一般都能在油中达到溶解平衡。对于开放式变压器，空气中的氧气和氮气就会溶解于油中，最终将达到溶解饱和或接近饱和状态，此时油中溶解的空气量约占油体积的10%。当变压器内部存在潜伏性故障时，热分解产生的气体是气体分子的形态，如果产气速率很慢，则仍以分子的形态扩散并溶解于周围的油中。所以即使油中气体含量很高，只要尚未过饱和，就不会有游离气体释放出来。如果故障存在的时间较长，油中溶解气体已接近或达饱和状态，就会释放出游离气体，进入气体继电器中。当变压器发生突发性故障，由于气泡大，上升快，与油接触时间短，溶解和置换过程来不及充分进行时，分解气体就以气泡的形态进入气体继电器中，导致气体继电器中积存的故障特征气体往往比油中含量高很多。

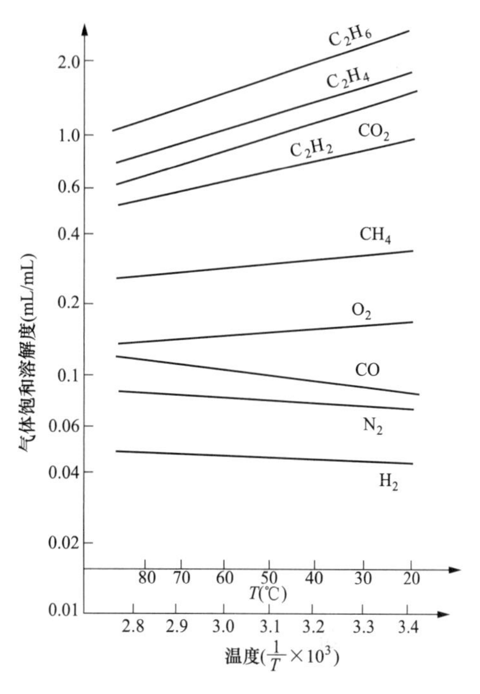

图 4-4　各种气体对绝缘油饱和溶解度与温度关系

气体在油中的溶解度与压力和温度相关。在一定的压力和温度下，气体在油中的溶解达到饱和后，如果压力或温度发生变化，气体组分在油中的溶解度也会发生变化。例如对于空气溶解饱和的油，若温度降低，将会有空气释放出来；当设备负荷或环境温度突然下降时，油中溶解的空气也会释放出来。此外，其他一些因素也会影响气体在油中的溶解或释放，例如机械振动将使饱和溶解度降低而释放出气体；强迫油循环系统常会产生湍流而引起空穴，并析出气泡。

2. 气体在变压器中的扩散与损失

充油电气设备内部故障产气是通过扩散和对流而达到均匀溶解于油中的。气体在单位时间内和单位表面上的扩散量是与浓度成正比的，其比例系数即为扩散系数。扩散系数是浓度和压力的函数，并且随温度的增加和黏度的降低而增大。

充油电气设备各部位油温的差别导致油的连续自然循环，即对流。通过对流，溶解于油中的气体可转移到充油电气设备的各个部位，对于强迫油循环的变压器，这种对流的速度更快。因此，故障点周围高浓度的气体仅仅是瞬间存在。同样，由于储油柜的温度低于变压器本体油箱的温度，这也会引起两者间油的对流。这种对流速率取决于变压器油箱与连接储柜管道的尺寸以及环境温度。对流促使气体从变压器本体向储油箱及油面气相连续转移，从而造成气体损失。此外，变压器的油温会随负载和环境温度变化而变化，从而引起油的体积发生膨胀或收缩，从而造成油在油枕与本体油箱之间来回流动，这就是变压器的呼吸作用，若在开放式变压器中，呼吸过程中油与空气的接触就会造成油溶解气体的损失。

充油电气设备内部固体材料的吸附作用也会造成油中溶解气体减少，这是因为固体材料表面的原子和分子能够吸附外界分子。吸附的容量取决于被吸附物质的化学组成和表面结构。某些故障气体，特别是碳的氧化物，如CO、CO_2，结构类似于纤维素，易被绝缘纸吸附；某些金属材料，如碳素钢和奥氏体不锈钢易吸附氢气。因此，对于新投入运行的充油设备中的某些气体，如CO、CO_2或H_2的含量较高，应考虑制造过程中干燥工艺或电气和温升试验时所产生的气体被固体绝缘材料吸附或不锈钢吸附，在运行中可能重新释放于油中的情况。另一种情况是对于运行中充油电气设备在故障初期，油中某些气体浓度的绝对值仍然很低，甚至计算得到的产气速率也不太高，其原因也应考虑可能是固体绝缘材料吸附作用导致油中气体含量的降低。

第二节　充油电气设备内部故障的判据

一、概述

正常运行下，充油电气设备内部的绝缘油和有机绝缘材料，在热和电的作用下会逐渐老化和分解，产生少量的各种低分子烃类气体及一氧化碳、二氧化碳等气体。在热和电故障的情况下，也会产生这些气体，这两种气体来源在技术上不能区分，在数值上也没有严格的界限，而且依赖于负荷、温度、油中的含水量、油的保护系统和循环系统，以及与取样和测试的许多可变因素有关。因此在判断设备是否存在故障及其故障的严重程度时，要根据设备运行的历史状况和设备的结构特点以及外部环境等因素进行综合判断。有时设备内并不存在故障，而由于其他原因在油中也会出现上述气体，要注意这些可能引起误判断的气体来源。

此外，还应注意油冷却系统附属设备（如潜油泵）故障产生的气体也会进入变压器本体的油中。

二、故障类型及产气特征

造成充油电气设备故障的因素有很多，如变压器长期过载运行；绕组中油流被阻塞；铁轭夹件漏磁；引线与套管连接不良；磁屏蔽焊接不良或不良接地导致形成环流；铁芯多点接地；矽钢片之间短路；维护管理不善，造成本体受潮；运行中过电压、近区短路冲击，造成部件松动和绝缘损伤。充油电气设备的故障主要有热故障和电故障两大类。在对国内变压器故障类型的不完全统计分析中，过热性故障占63%，高能量放电故障占18%，过热兼高能量放电故障占10%，火花放电占7%，其余2%为受潮或局部放电故障。

（一）过热性故障

过热性故障按过热的材料主要分为裸金属过热和固体绝缘材料过热两类，按照过热的严重程度可分为低温过热（$t<300℃$）、中温过热（$300℃<t<700℃$）、高温过热（$t>700℃$）三种类型。热故障一般为潜伏性故障，发展速度较慢，油色谱试验和在线监测装置能及时有效地发现该类型故障。

1. 低温过热

低温过热可分为150℃以下的低温过热和150～300℃的低温过热。低温过热时，油中烃类主要气体成分为CH_4和C_2H_6，甲烷在总烃中所占的比例较大，C_2H_4含量较低，不会产生C_2H_2。低温过热一般是由于纸包绝缘导线过热、油道堵塞、大电流低压绕组发出的热量不能及时散出等原因造成的。尽管油中总烃含量不高，短时间内不会造成设备损坏，但长期运行将加速绝缘材料的老化，产生较多的CO和CO_2，缩短设备寿命。

2. 中温过热

中温过热，油中H_2和总烃均会出现明显的增长，且含量很大，可能超过导则规定的气体含量注意值，当故障涉及固体绝缘材料时，CO和CO_2的含量也会出现较大增长。油中气体成分以C_2H_4、CH_4、CO_2为主，C_2H_6、H_2、CO含量次之，H_2通常占氢烃总量的27%以下，C_2H_4的产气速率明显要高于CH_4。造成中温过热的主要原因有分接开关接触不良、引线连接不良、导线接头焊接不良、铁芯多点接地等。

3. 高温过热

高温过热时，油急剧分解，其中烯烃和 H_2 增加的速度较快，C_2H_4 尤为明显，在温度更高（800℃以上）时，还会产生少量的 C_2H_2，当故障涉及固体绝缘时，CO 和 CO_2 也会明显增加。高温过热时，气体成分主要以 C_2H_4、CH_4、H_2 为主，C_2H_6、CO_2、CO 含量次之，总烃含量较高，CH_4 的含量小于 C_2H_4，C_2H_2 占总烃的 5.5%以下。高温过热和中温过热的故障原因类似，主要是由于矽钢片间局部短路、涡流引起铜过热等问题引起的。高温过热容易发展扩大，对充油电气设备的安全运行有较大的威胁。

（二）电故障

电故障按能量密度的不同，可分为高能量放电（约 10^{-6}C 即电弧放电）、低能量放电（<10^{-6}C 即火花放电和局部放电）。电故障会破坏充油电气设备的绝缘，放电能量越高，对设备的安全性威胁越大，严重时可引起气体继电器动作，设备跳闸。

1. 电弧放电

电弧放电故障特征气体主要是 C_2H_2 和 H_2，其次是大量的 CH_4 和 C_2H_4。由于电弧放电故障的速度很快，往往油分解产生的气体还来不及溶解到油中就聚集到气体继电器内，这类故障多是突发性的，从故障的产生到设备事故，时间较短，预兆不明显，难以分析预测。油中溶解气体组分含量往往与故障点位置、油流速度和故障持续时间有很大的关系。一般电弧放电油中总烃类含量较高，C_2H_2 占总烃的 18%～65%，H_2 占氢烃总量的 27%以下。电弧放电多以线圈匝间和层间放电、相间闪络、分接引线间油隙闪络、选择开关拉弧、引线对箱壳或其他接地体放电等为主要故障模式。

2. 火花放电

火花放电是一种间歇性放电故障，特征气体主要是 C_2H_2 和 H_2。由于故障能量较低，总烃含量不高，C_2H_2 含量大于 10μL/L，并且一般占总烃含量的 25%以上，H_2 一般占氢烃总量的 27%以上，C_2H_4 占总烃含量的 18%以下。火花放电常发生于不同电位的导体与导体、绝缘体与绝缘体之间以及不固定电位的悬浮体，在电场极不均匀或者畸变以及感应电位下，都可能引起火花放电。

3. 局部放电

局部放电时，油中的主要成分是 H_2，其次是 CH_4，总烃含量不高，H_2 含量大于 100μL/L，并且占氢烃总量的 90%以上，CH_4 占总烃含量的 75%以上。局部放电是油-纸绝缘结构中的气隙（泡）和尖端，因绝缘薄弱、电场集中而发生局部和重复性击穿现象，主要是绝缘受潮、油中含有气隙或气泡、金属毛刺、漆瘤、杂质等引起的一种低能量放电。

三、检测周期

1. 投运前的检测

对于新安装或大修后的设备，投运前应至少进行一次检测。如果在现场进行感应耐压和局部放电试验，则应在试验前后各做一次检测，试验后取油样时间至少应在试验完毕 24h 后。对于制造厂规定不取样的全密封互感器和套管可不做检测。

新安装或大修后的设备若存在缺陷或金属毛刺，在电气试验时将产生小的火花放电而使油中出现乙炔；注油时，在使用滤油机注油滤油过程中未正确使用滤油机，也可能使设备油中气体异常。投运前的检测必须开展，既可以找出设备内部存在的缺陷，也可以检验安装和大修的工作质量，同时可以建立色谱基准数据，对后期的设备运行具有很大的参考价值。

2. 新投运时的检测

新的或大修后的 66kV 及以上变压器和电抗器至少应在投运后 1、4、10、30d 各做一次检测。新的或大修后的 66kV 及以上互感器宜在投运后 3 个月内做一次检测。制造厂规定不取样的全密封互感器可不做检测。充油电气设备投运后的一段时间内须按规定开展检测，这因为不少设备的事故是在投运后不长时间内发生的。若检测结果无异常，可转为定期检测。

3. 运行中的定期检测

为了分析、监测充油电气设备内部油中各溶解气体组分的含量，各类型设备的油色谱检测周期见表 4-7。对于运行中的设备，确定定期检测周期主要是依据该设备的重要程度。对变压器来说，一般电压等级高的、容量大的，重要性更突出：对于同容量的变压器来说，一般发电厂主变压器的重要性高于变电站的，而且发电厂的变压器一般负荷较重，出现异常的可能性也高一些。考虑到这些因素，对不同电压等级、不同容量的电力变压器（电抗器）和互感器检测周期分别作了规定，既适宜大部分地区的实际工作能力，又保障了重大设备的安全运行。

表 4-7　　运行中设备的油色谱检测周期

设备名称	设备电压等级和容量	检测周期
变压器和电抗器	电压 330kV 及以上 容量 240MVA 及以上的发电厂升压变压器	3 个月
	电压 220kV 容量 120MVA 及以上	6 个月
	电压 66kV 及以上 容量 8MVA 及以上	1 年
互 感 器	电压 66kV 及以上	1～3 年
套　管	—	必要时

注　其他电压等级变压器、电抗器和互感器的检测周期自行规定。制造厂规定不取样的全密封互感器和套管，一般在保证期内可不做检测。在超过保证期后，可视情况而定，但不宜在负压情况下取样。

4. 特殊情况下的检测

特殊情况下应按以下要求进行检测：

（1）当设备出现异常情况时（如变压器气体继电器动作、差动保护动作、压力释放阀动作以及经受大电流冲击、过励磁或过负荷、互感器膨胀器动作等），应取油样进行检测。当气体继电器中有集气时，需要取气样进行检测。

（2）当怀疑设备内部有异常时，应根据情况缩短检测周期进行监测或退出运行。在监测过程中，若增长趋势明显，须采取其他相应措施；若在相近运行工况下，检测三次后含量稳定，可适当延长检测周期，直至恢复正常检测周期：

1）过热性故障，怀疑主磁回路或漏磁回路存在故障时，可缩短到每周一次；当怀疑导电回路存在故障时，宜缩短到至少每天一次。

2）放电性故障，怀疑存在低能量放电时，宜缩短到每天一次；当怀疑存在高能量放电时，应进一步检查或退出运行。

四、出厂和新投运设备的分析诊断

新设备出厂及投运前，油中溶解气体含量要求见表4-8。出厂试验前、后两次分析结果以及投运前、后两次检测结果不应有明显的区别。

表4-8　　新设备投运前油中溶解气体含量要求　　μL/L

设　备	气体组分	含　量	
		330kV及以上	220kV及以下
变压器和电抗器	氢气	＜10	＜30
	乙炔	＜0.1	＜0.1
	总烃	＜10	＜20
互感器	氢气	＜50	＜100
	乙炔	＜0.1	＜0.1
	总烃	＜10	＜10
套　管	氢气	＜50	＜150
	乙炔	＜0.1	＜0.1
	总烃	＜10	＜10

随着实践经验的积累，DL/T 722对出厂和新设备投运前的气体含量要求也进行了修订。表4-8对不同充油电气设备均按照电压等级进行了分类要求，330kV及以上设备按照超高压设备的对待，安全性要求更高。基于设备的现场运行情况，220kV及以下变压器和电抗器的H_2含量要求由原来的“＜10μL/L”放宽至“＜30μL/L”。由于超高压设备的高安全性要求，同时伴随着安装技术的进步，抽真空、热油循环技术的提升及滤油时间的延长，对油中总烃值要求更加严格，330kV及以上变压器和电抗器总烃含量由“20μL/L”修改为“＜10μL/L”。互感器的金属膨胀器吸附了一定量的H_2，经过扩散会造成互感器中H_2含量升高，220kV及以下互感器的H_2含量要求由“50μL/L”修改为“＜100μL/L”。330kV及以上套管的H_2注意值由“150μL/L”修改为“＜50μL/L”，是生产工艺和安装工艺不断进步，以及超高压设备安全可靠性要求不断提高共同推动的结果。在DL/T 722—2000的制定中，乙炔含量为“0”表示“未检出数据”，是因为当乙炔含量低于0.5μL/L时，基线不稳时很难判断。随着色谱测试技术的发展和色谱仪检测精度的不断提高，根据经验，在DL/T 722—2014的修订中将此类含量要求统一表示为“＜0.1μL/L”，不再采用“0”表示。

出厂和新投运设备经滤油机真空脱气注入新油，油中各溶解气体的含量都很小，甚至检测不出，应符合表4-8的要求。但在制造和安装过程中，进行带油焊接作业、使用不合格的滤油机、未按规程操作滤油机等外部原因，以及设备局部放电和耐压时发生放电的内部缺陷，都可能导致出厂和新设备油中溶解气体含量超过表4-8的规定值，对此类问题要综合分析，找到根源，消除故障。设备使用单位可通过出厂试验见证、现场安装注油前的残油试验、工程交接验收，完成出厂和新设备投运前的油质监督。

大修后的设备也应符合表4-8的要求。这是因为大修后的设备应达到新设备同样的水平，因此大修后设备的油中气体含量也应与新投运设备有同样的要求。这里存在的问题是，大修后的设备用的一般仍是原来的旧油（添加少量新油），油中的含气量可能比较高，甚至可能存在故障气体，因此要注意油的严格脱气，特别是对判断设备故障有重要意义的各气体组分。但也要考虑到固体绝缘材料和其吸附的残油存在一定的故障气体，在投运后会释放出来，在投运后检测中可能会发现故障气体增加明显，造成误判断。因此大修后的设备应对设备内部绝缘材料中残油溶解的残气进行估算，注意投运前、后的检测对比，以投运后气体稳定的检测值作为运行中连续检测的基数。

五、运行设备油中溶解气体含量注意值

固体绝缘材料和绝缘油受电场、电磁、温度、老化、故障作用，油中含有一定量的溶解气体组分。经过多年的设备运行经验和油中溶解气体含量的统计分析，统计出了充油电气设备油中溶解气体的正常允许含量，形成了“注意值”概念。运行设备油中溶解气体含量超过表 4-9 所列数值时，应引起注意。

表 4-9　运行设备油中溶解气体含量注意值　μL/L

设　备	气体组分	含　量	
		330kV 及以上	220kV 及以下
变压器和电抗器	氢气	150	150
	乙炔	1	5
	总烃	150	150
	一氧化碳	（见 DL/T 722—2014 的 10.2.3.1）	（见 DL/T 722—2014 的 10.2.3.1）
	二氧化碳	（见 DL/T 722—2014 的 10.2.3.1）	（见 DL/T 722—2014 的 10.2.3.1）
电流互感器	氢气	150	300
	乙炔	1	2
	总烃	100	100
电压互感器	氢气	150	150
	乙炔	2	3
	总烃	100	100
套管	氢气	500	500
	乙炔	1	2
	总烃	150	150

注　该表所列数值不适用于从气体继电器放气嘴取出的气样。

1. 油中溶解气体含量注意值的确定

利用色谱分析技术对设备的故障进行判断，要靠科学和经验的密切结合，两者缺一不可。在汇集了大量试验数据后，将统计数据汇总形成表 4-8、表 4-9。统计时所取的实际监视率：变压器为 5%～6%，互感器为 3%，套管为 4.7%。根据近十几年来的使用经验，对油中溶解气体含量注意值进行了部分增删和改进：

（1）电压互感器和电流互感器修改为 330kV 及以上和 220kV 及以下两个电压等级的气体含量注意值，与变压器、电抗器、套管保持一致。新投运的互感器油中溶解气体含量注意值统计结果见表 4-10，运行中的电流互感器和电压互感器油中溶解气体含量统计情况分别见表 4-11 和表

4-12，供参考。

表 4-10　　新投运的互感器（电压、电流）油中溶解气体含量注意值统计结果

气体组分	含量（μL/L）	台数	所占比例（%）	监视率（%）
H_2	＜50	252	63.8	36.2
	＜100	342	86.6	13.4
	＜150	370	93.7	6.3
	＜200	385	97.5	2.5
C_2H_2	0	379	95.7	4.3
总烃	＜10	279	70.6	29.4
	＜50	371	93.9	6.1
	＜100	386	97.7	2.3

表 4-11　　运行中的电流互感器油中溶解气体含量统计

电压等级	总台数	气体组分	含量（μL/L）	台数	所占比例（%）	监视率（%）
220kV	289	H_2	＜150	248	85.8	14.2
			＜200	272	94.1	5.9
			＜250	279	96.5	3.5
		C_2H_2	＜1	282	97.6	2.4
		总烃	＜100	286	99.0	1.0
110kV	851	H_2	＜150	751	88.2	11.8
			＜200	792	93.1	6.9
			＜250	810	95.2	4.8
		C_2H_2	＜2	832	97.8	2.2
		总烃	＜100	835	98.1	1.9

表 4-12　　运行中电压互感器油中溶解气体含量统计

电压等级	总台数	气体组分	含　量	台　数	所占比例（%）	监视率（%）
220kV	99	H_2	＜150	87	87.9	12.1
			＜200	92	92.9	7.1
			＜250	96	97.0	3.0
		C_2H_2	＜2	99	100	0
		总烃	＜100	90	90.9	9.1
			＜150	98	99.0	1.0
110kV	252	H_2	＜150	221	87.7	12.3
			＜200	230	91.3	8.7
			＜250	238	94.4	5.6
			＜300	243	96.4	3.6
		C_2H_2	＜3	236	93.6	6.4
		总烃	＜100	240	95.2	4.8

（2）330kV 及以上设备，由于其容量大，影响面广，一旦发生故障，就会造成严重的后果，因此把 330kV 及以上变压器和电抗器、套管、电流互感器油中的乙炔含量注意值规定为 1μL/L，330kV 及以上电压互感器油中的乙炔含量注意值规定为 2μL/L。

（3）220kV 及以下电流互感器的 H_2 注意值由“150μL/L”修改为“＜300μL/L”，主要是因为金属膨胀器导致 H_2 超过注意值的情况比较多，但是 H_2 稳定后不会大幅增长，电流互感器仍可以正常运行。

（4）在实际运行中套管也可能发生过热性故障，油除了分解产生CH_4外，还会产生C_2H_4等其他烃类气体，因此套管的CH_4注意值由“<100μL/L”改为总烃注意值“<150μL/L”，更符合运行中套管的故障判断要求。

（5）对220kV及以下套管中的乙炔含量注意值定为2μL/L，这是由于套管在正常运行中极少出现乙炔，而且乙炔是放电性故障的特征气体，应尽可能提前发出警报，一旦发现，必须给予足够重视。

IEC 60599对充油电气设备油中溶解气体组分含量也进行了大量数据统计分析工作，对不同设备中的气体含量注意值分别给予归纳总结，最常用的是在90%置信范围内的典型值，套管取95%。为方便使用者，现摘要如下：

1）所有型式变压器在90%置信范围内的典型值见表4-13。

表4-13　所有型式变压器在90%置信范围内的典型值　μL/L

变压器类型	C_2H_2	H_2	CH_4	C_2H_4	C_2H_6	CO	CO_2
无有载调压	2～20	50～150	30～130	60～280	20～90	400～600	3800～14 000
连接有载调压	60～280	50～150	30～130	60～280	20～90	400～600	3800～14 000

表4-13适用于开放式和密封式变压器，主要适用于芯式变压器，壳式变压器的值可能更高。在有些国家，C_2H_6的含量较高。在一个变压器低于额定负荷的国家，CH_4和CO，特别是C_2H_4的含量较低。在某些国家C_2H_2的典型值为0.5μL/L，对C_2H_4为10μL/L。在油和变压器部件（油漆、金属）之间发生反应的变压器中，H_2的值可能更高。经常脱气的变压器油中气体含量的典型值不适合参考表4-13。

2）不同类型变压器在90%置信范围内的典型值见表4-14。

表4-14　不同类型变压器在90%置信范围内的典型值　μL/L

变压器类型	H_2	CO	CO_2	CH_4	C_2H_6	C_2H_4	C_2H_2
电炉供能变压器	200	800	6000	150	150	200	①
配电变压器	100	200	5000	50	50	50	5
潜油电泵用变压器	86	628	6295	21	4	6	$<S$②

注　表中的数据来自个别电网，其他电网的数据可有所不同。

① 设计和安装有载调压的设备，对这些数据有影响。C_2H_2没有统计学意义上的数值提出。

② $<S$表示低于检测限，未能检测出。其中S表示能检出的最小浓度。

3）互感器在90%置信范围内的典型值见表4-15。

表4-15　互感器在90%置信范围内的典型值　μL/L

互感器类型	H_2	CO	CO_2	CH_4	C_2H_6	C_2H_4	C_2H
电流互感器	6～300	250～1100	800～4000	11～120	7～130	3～40	1～5
电压互感器	7～1000					20～30	4～16

注　1　表中的数值来自个别电网，其他电网的数值可有所不同。

2　这里H_2的数值来自橡胶密封的设备（±20μL/L），比金属密封的设备（±300μL/L）要低得多。

表 4-16 给出的是密封互感器允许的极大值，而且没有对互感器采取任何措施。

表 4-16　　密封互感器允许的极大值　　μL/L

气体组分	H_2	CO	CO_2	CH_4	C_2H_6	C_2H_4	C_2H_2
含量	300	300	900	30	50	10	2

4）套管中 95%置信范围内的典型值见表 4-17。

表 4-17　　套管中 95%置信范围内的典型值　　μL/L

气体组分	H_2	CO	CO_2	CH_4	C_2H_6	C_2H_4	C_2H_2
含量	140	1000	3400	40	70	30	2

（6）对 CO 和 CO_2 的气体含量注意值没有明确的规定值，推荐 CO_2/CO 的比值法。CO 和 CO_2 是绝缘过热的特征气体，不仅在老旧设备中普遍存在，而且受大气环境的影响大，不容易掌握，又必须给予足够的重视。用 CO_2 和 CO 的增量进行计算，当故障涉及固体绝缘材料时，可能 $CO_2/CO<3$；当固体绝缘材料老化时，一般 $CO_2/CO>7$。也有单位汇集了国内的使用经验，统计出油中 CO 和 CO_2 含量的注意值作为参考，见表 4-18。国外有关变压器油中 CO 和 CO_2 的统计资料见表 4-19。

表 4-18　　油中 CO 和 CO_2 含量的注意值　　μL/L

油保护方式	CO	CO_2（N 为运行年限）	
		运行 15 年以下	运行 15 年以上
开放式	400	4500	$200N+2000$
隔膜式	1100	7000	$300N+3000$
充氮式	800	10 000	$400N+4500$

表 4-19　　国外有关变压器油中 CO 和 CO_2 的统计资料　　μL/L

	90%置信范围内的典型值		说明	
IEC 60599	CO	CO_2	故障涉及固体绝缘	固体绝缘材料过度老化
	400～600	3800～14 000	CO 高达 1000 和 $CO_2/CO<3$	CO_2 高达 10 000 和 $CO_2/CO>10$

2. 利用油中溶解气体含量注意值判断设备故障的注意事项

“注意值”表示当油中溶解气体含量达到这一注意值水平时应引起注意，也是对设备正常或有怀疑的一个粗略的筛选指标。IEC 60599 中将注意值称为典型值，并认为它取决于设备的类型、运行情况、制造商、气候等条件。因此注意值并不作为确定故障的界限，也不是评定设备等级的唯一标准。当气体含量超过注意值时，应注意监视气体的增长情况，并查找气体来源，因为这种情况下故障概率很高。同时应按本章第二节有关检测周期中特殊情况下的检测缩短检测周期，结合产气速率进行判断。若气体含量超过注意值但长期稳定，可在超过注意值的情况下运行。当油中首次检测到 C_2H_2（≥ 0.1μL/L）时应引起注意，跟踪乙炔的增长情况。影响油中 H_2 含量的因素较多，若仅 H_2 含量超过注意值，但无明显增长趋势，也可判断为正常。注意区别非故障情况下的气体来源，结合其他手段进行综合分析。

气体含量的绝对值与变压器的容量、电压等级、调压方式、绝缘材料、结构特点、运行年限和运行条件等密切相关。当油中溶解气体含量超过“注意值”时，应怀疑设备有异常。当气体含量低于“注意值”，但增长急剧时，也应怀疑设备有异常。因此最终判断设备有无故障，主要应在气体含量绝对值的基础上，追踪分析、考察特征气体的增长速度。

六、运行设备油中溶解气体增长率注意值

计算气体增长率（产气速率）是故障判断的重要内容。仅仅根据油中溶解气体含量的绝对值很难对故障的严重性做出正确判断，因为故障常常以低能量的潜伏性故障开始，若不及时采取相应的措施，可能会发展成较严重的高能量故障。产气速率与故障能量大小、故障点的温度以及故障涉及的范围等情况有直接关系，另外还与设备类型、负荷情况和所用绝缘材料的体积及其老化程度有关。因此，故障点的产气速率是判断故障的又一重要依据。判断设备故障为严重状况时，还应考虑到气体的逸散损失。值得注意的是，气体的产生时间可能仅在两次检测周期内的某一时间段，因此产气速率的计算值可能小于实际值。

1．产气速率的计算方式

（1）绝对产气速率。绝对产气速率即每运行日产生某种气体的平均值，按下式计算：

$$\gamma_{a}=\frac{C_{i,2}-C_{i,1}}{\Delta t}\times\frac{m}{\rho} \tag{4-1}$$

式中 γ_{a}——绝对产气速率，mL/d；

$C_{i,2}$——第二次取样测得油中某气体浓度，μL/L；

$C_{i,1}$——第一次取样测得油中某气体浓度，μL/L；

Δt——两次取样时间间隔中的实际运行时间，d；

m——设备总油量，t；

ρ——油的密度，t/m^3。

变压器和电抗器的绝对产气速率注意值如表4-20所示。

表4-20　运行设备油中溶解气体绝对产气速率注意值　mL/d

气体组分	密封式	开放式
总烃	12	6
乙炔	0.2	0.1
氢气	10	5
一氧化碳	100	50
二氧化碳	200	100

注 1 当乙炔含量小于0.1μL/L、总烃含量小于新设备投运要求时，对总烃的绝对产气速率可不作分析（判断）。

2 新设备投运初期，一氧化碳和二氧化碳的产气速率可能会超过表中的注意值。

（2）相对产气速率。相对产气速率即每运行月（或折算到月）某种气体含量增加值相对于原有值的百分数，按下式计算：

$$\gamma_{r}=\frac{C_{i2}-C_{i1}}{C_{i1}}\times\frac{1}{\Delta t}\times100\% \tag{4-2}$$

式中　γ_r——相对产气速率，%/月；

$C_{i,2}$——第二次取样测得油中某气体浓度，μL/L；

$C_{i,1}$——第一次取样测得油中某气体浓度，μL/L；

Δt——二次取样时间间隔中的实际运行时间，月。

当总烃的相对产气速率大于10%/月时，应引起注意（对总烃起始含量很低的设备，不宜采用此判据）。

2. 利用产气速率判断设备故障的注意事项

上述所推荐的计算公式中，未考虑变压器通过呼吸作用由扩散和对流所造成的气体损失。考虑到变压器的密封情况对产气速率测试值的影响，开放式与隔膜式在气体逸出、扩散上有很大的差别，统计数据见表4-21。考虑到乙炔对判断故障的重要性，特别对乙炔的产气速率进行了统计，见表4-22。

电力变压器在90%置信范围内的气体典型增长率见表4-23。

表4-21　变压器总烃产气速率统计值　mL/d

变压器油的保护方式	省　区	总烃绝对产气速率的最小值
开放式	贵州	5.52
	东北	7.2
	安徽	5.52
	湖南	7.2
	湖北	6
隔膜式	贵州	14.88
	内蒙古	9.84
	湖北	12

表4-22　变压器乙炔产气速率经验值　mL/d

变压器油的保护方式	省　区	乙炔产气速率的注意值
开放式	湖南	0.24
	湖北	0.24
隔膜式	山东	0.48
	湖北	0.48

表4-23　电力变压器在90%置信范围内的气体典型增长率（IEC 60599）　μL/(L·年)

变压器类型	C_2H_2	H_2	CH_4	C_2H_4	C_2H_6	CO	CO_2
无有载调压	0～4	35～132	10～120	32～146	5～90	260～1060	1700～10 000
连接有载调压	21～37	35～132	10～120	32～146	5～90	260～1060	1700～10 000

标准只推荐了各组分绝对产气速率的注意值，没有规定故障值。这是因为故障的情况是多种多样的，其危害性也依故障的部位不同而异，不可能简单地划一个界限。对于超过注意值的设备，一方面应继续考察产气速率的增长趋势；另一方面应分析该设备运行的历史状况、负荷情况及附属设备运行情况，查找气体来源。根据一些单位的经验，认为总烃绝对产气速率达到注意值

2倍以上时，一般可以明确判定设备存在内部故障。

相对产气速率也可以用来判断充油电气设备内部状况，总烃的相对产气速率大于10%时应引起注意。相对产气速率比较直观，使用方便，但它只是一个比较粗略的衡量手段，没有考虑到油量的影响。在设备运行的初期，气体含量的基值较低，相对产气速率计算值就比较大，随着基值的增大，如果存在同样的产气源，相对增量就会减少。也就是说，油量少或气体浓度基值较低的设备，反应比较敏感；对于大油量设备，同样的故障，相对产气量就要小得多。但由于这个判据使用比较方便，仍可作为大型变压器或气体浓度基值很高的设备的辅助判据。而总烃起始含量很低的设备，则不宜采用此判据。

产气速率在很大程度上依赖于设备类型、负荷情况、故障类型和所用绝缘材料的老化程度，应结合这些情况进行综合分析。判断设备状况时，还应考虑到呼吸系统对气体的逸散作用。对于发现气体含量有缓慢增长趋势的设备，应适当缩短检测周期，考察产气速率，便于监视故障发展趋势。也可使用气体在线监测装置随时监视设备的气体增长情况。

考察产气速率时必须注意：

(1) 产气速率与测试误差有一定的关系。如果两次测试结果的测试误差不小于10%，增长也在同样的数量级，则以这样的测试结果来考察产气速率是没有意义的，计算出的绝对产气速率也不可能反映出真实的故障情况。只有当气体含量增长的量超过测试误差1倍以上时，才能认为“增长”是可信的。因此在追踪分析和计算产气速率时，更应注意减少测试误差，提高整个操作过程和试验系统的重复性，必要时应重复取样分析，取平均值来减少误差，这样求得的产气速率才是有意义的。

(2) 由于在产气速率的计算中没有考虑气体损失，而这种损失又与设备的温度、负荷大小及变化的幅度、变压器的结构形式等因素有关，因此在考察产气速率期间，负荷应尽可能保持稳定。如欲考察产气速率与负荷的相互关系，则可以有计划地改变负荷，同时取样进行分析。

(3) 考察绝对产气速率时，追踪的时间间隔应适中。时间间隔太长，计算值为这一长时间内的平均值，如该故障是在发展中，该平均值会比实际的最大值偏低；反之，时间间隔太短，增长量就不明显，计算值受测试误差的影响较大。另外，故障发展往往并不是均匀的，而多为加速的。考察产气速率的时间间隔，应根据所观察到的故障发展趋势而定。经验证明，起初以1～3个月的时间间隔为宜；当故障逐渐加剧时，就要缩短测试周期；当故障平稳或消失时，可逐渐减少取样次数或转入正常定期监测。

(4) 对于油中气体浓度很高的开放式变压器，由于随着油中气体浓度的增加，油与油面上空间的气体组分分压差越来越大，气体的损失也越来越大，这时考察产气速率会有降低的趋势，或明显出现越来越低的现象。因此对于气体浓度很高的变压器，为可靠地判断其产气状况，可将油进行脱气处理。但要注意，由于残油及油浸纤维材料所吸附的故障特征气体会逐渐向已脱气的油中释放，在脱气后的投运初期，特征气体增长明显不一定是故障的象征，应待这种释放达到平衡后（有时可能长达两三个月），才能考察出真正的产气速率。

对设备内部残油中所溶解的残气可以进行估算，估算公式和步骤如下：

1) 估算绝缘纸中浸渍的油量 V_1(L) 为

$$V_1 = V_p\left(1 - \frac{d_1}{d}\right) \tag{4-3}$$

2）估算绝缘纸板中浸渍的油量 V_2(L) 为

$$V_2 = V_b\left(1-\frac{d_2}{d}\right) \tag{4-4}$$

式中　d_1——绝缘纸的密度，取 0.8g/cm^3；

d_2——纸板的密度，取 1.3g/cm^3；

d——纤维素的密度，取 1.5g/cm^3；

V_p——设备中绝缘纸的体积，L；

V_b——设备中纸板的体积，L。

3）计算设备内部绝缘纸和纸板中浸渍的总油量 V_0(L) 为

$$V_0 = V_1 + V_2 \tag{4-5}$$

4）设脱气前设备油中 r 组分的浓度为 c_i(μL/L)，则纸和纸板中残油所残存的 i 组分气体量为

$$G_i = V_0 c_i \times 10^{-6}\text{(L)} \tag{4-6}$$

5）设设备的总油量为 V(L)，则脱气并运行一段时间后，上述残气均匀扩散至体积为 V 的油中，此时 i 组分的体积分数为

$$c'_i = \frac{G_i}{V} \times 10^6 = \frac{V_0 c_i}{V} \tag{4-7}$$

因此，此时分析所得的气体 i 组分体积分数减去 c'_i 值，才是设备油中新产生的气体 i 的真实值。其他各组分依此类推，然后求得总烃含量及总烃的增长率。

第三节　充油电气设备故障类型判断方法

采用油中溶解气体分析法分析诊断变压器的内部状况，根据油中溶解气体成分、特征气体含量和变化趋势判断故障的性质、状态时，常用的判断方法有特征气体法、三比值法等。

一、特征气体法

正常情况下，变压器内部的绝缘油及固定绝缘材料，在热和电的作用下逐渐老化和受热分解，会缓慢地产生少量的氢和低分子烃类，以及 CO 和 CO_2 气体。当变压器内部存在潜伏性的局部过热和局部放电故障时，这种分解作用就会显著加强。一般来说，对于不同性质的故障，绝缘材料和绝缘油分解产生的气体不同；而对于同一性质的故障，由于程度不同，所产生的气体性质和数量也不同。所以，根据变压器油中气体的组分和含量可以判断故障的性质和严重程度。利用油中特征气体诊断故障的方法，又称特征气体法。

从大量统计数据中可以看出，变压器内部故障发生时产生的总烃中，各种气体的比例在不断变化，随着故障点温度的升高，CH_4 所占比例逐渐减少，而 C_2H_4、C_2H_6 所占比例逐渐增加，严重过热时将产生适量数量的 C_2H_2。当达到电弧温度时，C_2H_2 将成为主要成分。其特点是故障点局部能量密度越高，产生碳氢化合物的不饱和度越高，即故障点产生烃类气体的不饱和度与故障源的能量密度之间有密切关系。因此，可以根据以下特征气体特点并结合表 4-24 来判断故障的性质。该诊断法对故障性质有较强的针对性，比较直观、方便，不足是没有明确量化。

表 4-24　　不同故障类型产生的气体

故障类型	主要气体组分	次要气体组分
油过热	CH_4、C_2H_4	H_2、C_2H_6
油和纸过热	CH_4、C_2H_4、CO	H_2、C_2H_6、CO_2
油纸绝缘中局部放电	H_2、CH_4、CO	C_2H_4、C_2H_6、C_2H_2
油中火花放电	H_2、C_2H_2	
油中电弧放电	H_2、C_2H_2、C_2H_4	CH_4、C_2H_6
油和纸中电弧放电	H_2、C_2H_2、C_2H_4、CO	CH_4、C_2H_6、CO_2

（1）油过热：至少分为两种情况，即中低温过热（低于 700℃）和高温（高于 700℃）以上过热。如温度较低，烃类气体组分中 CH_4、C_2H_6 含量较多，C_2H_4 较 C_2H_6 少甚至没有；随着温度增高，C_2H_4 含量增加明显。

（2）油和纸过热：固体绝缘材料过热会生成大量的 CO、CO_2，过热部位达到一定温度后，纤维素逐渐炭化，并使过热部位油温升高，才使 CH_4、C_2H_6 和 C_2H_4 等气体增加。因此，涉及固体绝缘材料的低温过热在初期烃类气体组分的增加并不明显。

（3）油纸绝缘中局部放电：主要产生 H_2、CH_4。当涉及固体绝缘时产生 CO，并与油中原有 CO、CO_2 含量有关，没有或极少产生 C_2H_4 为主要特征。

（4）油中火花放电：一般是间歇性的，C_2H_2 含量的增长相对于其他组分较快，而总烃不高是其明显特征。

（5）电弧放电：是高能量放电，产生大量的 H_2 和 C_2H_2 以及相当数量的 CH_4 和 C_2H_4。涉及固体绝缘时，CO 显著增加，纸和油可能被炭化。

二、三比值法

1. 三比值法（改良三比值法）的原理

在热动力学和实践的基础上，IEC 相继推荐了三比值法和改良三比值法，GB/T 7252 和 DL/T 722 推荐的是改良三比值法，本书下文中的三比值法均指的是改良三比值法。充油电气设备故障诊断不能只依赖于油中溶解气体的组分含量，还应取决于气体的相对含量。根据充油设备内油、绝缘纸在故障下裂解产生气体组分含量的相对浓度与温度的依赖关系，利用五种气体（CH_4、C_2H_4、C_2H_6、C_2H_2、H_2）的三对比值（C_2H_2/C_2H_4、CH_4/H_2、C_2H_4/C_2H_6）的编码组合来进行故障类型判断的方法，一般在特征气体含量超过注意值后使用。三比值法是判断充油电气设备故障类型的主要方法，可以得出对故障状态较为可靠的诊断，编码规则和故障类型判断方法见表 4-25 和表 4-26。

表 4-25　　三比值法编码规则

气体 比值范围	比值范围的编码		
	C_2H_2/C_2H_4	CH_4/H_2	C_2H_4/C_2H_6
<0.1	0	1	0
$\geqslant 0.1\sim<1$	1	0	0
$\geqslant 1\sim<3$	1	2	1
$\geqslant 3$	2	2	2

表 4-26　故障类型判断方法

<table>
<tr><th colspan="3">编码组合</th><th rowspan="2">故障类型
判断</th><th rowspan="2">典型故障
（参考）</th></tr>
<tr><th>C_2H_2/C_2H_4</th><th>CH_4/H_2</th><th>C_2H_4/C_2H_6</th></tr>
<tr><td rowspan="5">0</td><td>0</td><td>0</td><td>低温过热（低于 150℃）</td><td>纸包绝缘导线过热，注意 CO 和 CO_2 的增量及 CO_2/CO 值</td></tr>
<tr><td>2</td><td>0</td><td>低温过热（150～300)℃</td><td rowspan="3">分接开关接触不良；引线连接不良；导线接头焊接不良，股间短路引起过热；铁芯多点接地，矽钢片间局部短路等</td></tr>
<tr><td>2</td><td>1</td><td>中温过热（300～700)℃</td></tr>
<tr><td>0、1、2</td><td>2</td><td>高温过热（高于 700℃）</td></tr>
<tr><td>1</td><td>0</td><td>局部放电</td><td>高湿、气隙、毛刺、漆瘤、杂质等所引起的低能量密度的放电</td></tr>
<tr><td rowspan="2">2</td><td>0、1</td><td>0、1、2</td><td>低能放电</td><td rowspan="2">不同电位之间的火花放电，引线与穿缆套管（或引线屏蔽管）之间的环流</td></tr>
<tr><td>2</td><td>0、1、2</td><td>低能放电兼过热</td></tr>
<tr><td rowspan="2">1</td><td>0、1</td><td>0、1、2</td><td>电弧放电</td><td rowspan="2">线圈匝间、层间放电，相间闪络；分接引线间油隙闪络，选择开关拉弧；引线对箱壳或其他接地体放电</td></tr>
<tr><td>2</td><td>0、1、2</td><td>电弧放电兼过热</td></tr>
</table>

这里需要说明的是：当发生电弧放电时，由于电弧周围的温度很高，在产生 C_2H_2 的同时，还会产生大量的 C_2H_4，因此 C_2H_2/ C_2H_4 反而比低能量放电要小一些。

利用三对比值的另一种判断故障类型的方法是溶解气体分析解释表和解释简表。在应用三比值法不能给出确切诊断结论时，推荐采用表 4-27 和表 4-28 来进行故障诊断。表 4-27 是将所有故障类型分为六种情况，这六种情况适合于所有类型的充油电气设备，气体比值的极限根据设备的具体类型，可稍有不同。表 4-27 中显示了 D1 和 D2 两种故障类型之间的某些重叠，而又有区别，这说明放电的能量有所不同，因而必须对设备采取不同的措施。表 4-28 给出了粗略的解释，对局部放电、低能量或高能量放电以及热故障可有一个简便、粗略的区别。

表 4-27　溶解气体分析解释表

代码	故障类型	C_2H_2/C_2H_4	CH_4/H_2	C_2H_4/C_2H_6
PD	局部放电①②	NS③	<0.1	<0.2
D1	低能量放电	>1	0.1～0.5	>1
D2	高能量放电	0.6～2.5	0.1～1	>2
T1	热故障 $t<300$℃	NS③	>1 但 NS③	<1
T2	热故障 $300℃<t<700$℃	<0.1	>1	1～4
T3	热故障 $t>700$℃	$<0.2$④	>1	>4

注　1　在某些国家，使用比值 C_2H_2/C_2H_6 而不是 CH_4/H_2。而其他一些国家，使用的比值极限值会有所不同。

2　以上比值在至少有一种特征气体超过正常值并超过正常增长率时计算才有意义。

① 在互感器中 $CH_4/H_2<0.2$ 为局部放电，在套管中 $CH_4/H_2<0.7$ 为局部放电。

② 有报告称，过热的铁芯叠片中的薄油膜在 140℃及以上发生分解产生气体的组分类似于局部放电所产生的气体。

③ NS=无论什么数值均不重要。

④ C_2H_2 含量的增加，表明热点温度超过了 1000℃。

表 4-28　　溶解气体分析解释简表

代码	故障类型	C_2H_2/C_2H_4	CH_4/H_2	C_2H_4/C_2H_6
PD	局部放电		<0.2	
D	放电	>0.2		
T	热故障	<0.2		

2. 三比值法诊断故障的步骤

出厂和新投运的设备油中气体含量应满足出厂和投运前的要求，当根据试验结果怀疑有故障时，应结合其他检查性试验进行综合诊断。对运行中的设备首先要根据试验结果判断油中各溶解气体含量是否超过注意值，同时计算产气速率。短期内各种气体含量迅速增加，虽然溶解气体含量未超过注意值，也可诊断为内部有异常状况；有的设备因某种原因使气体含量超过注意值，但产气速率较小，仍可认为是正常设备。当认为设备内部存在故障时，可用三比值法对故障的类型进行进一步诊断。

3. 三比值法的应用原则

(1) 只有根据气体各组分含量的注意值或气体增长率的注意值判断设备可能存在故障时，用三比值法进行判断才是有效的。对气体含量正常，且无增长趋势的设备，三比值法没有意义。

(2) 假如气体的比值与以前的不同，可能有新的故障重叠在老故障或正常老化上。为了得到仅仅相应于新故障的气体比值，要从最后一次的检测结果中减去上一次的检测数据，并重新计算比值。

(3) 应注意由于检测本身存在的试验误差，导致气体比值也存在某些不确定性。例如，按GB/T 17623要求对气体浓度大于10μL/L的气体，两次的测试误差不应大于平均值的10%，这样气体比值计算时误差将达到20%。当气体浓度低于10μL/L时，误差会更大，使比值的精确度迅速降低。因此在使用三比值法判断设备故障性质时，应注意各种可能降低精确度的因素。

4. 三比值法的不足

(1) 由于充油电气设备内部故障非常复杂，部分故障利用三比值法可能会做出错误的判断，例如有载调压变压器切换开关油室和变压器本体油箱之间发生串油时，生搬硬套三比值法可能误判断变压器内部存在低能量放电故障。

(2) 在实际应用中，当有多种故障联合作用时，可能出现在三比值编码边界模糊的比值区间内的故障，在表4-26中找不到相对应的比值组合，往往易误判。

(3) 三比值法不适用于气体继电器里收集到的气体分析诊断故障类型。

(4) 当故障涉及固体绝缘的正常老化过程与故障情况下的劣化分解时，将引起CO和CO_2含量明显增长，三比值法无此编码组合，此时要利用比值CO_2/CO配合诊断。

三、判断故障类型的其他方法

1. CO_2/CO值

当故障涉及固体绝缘时，会引起CO和CO_2的明显增长。固体绝缘的正常老化过程与故障情况下的劣化分解，表现在油中CO和CO_2含量上，一般没有严格的界限，规律也不明显。这主要是由于从空气中吸收的CO_2、固体绝缘老化及油的长期氧化形成CO和CO_2的基值过高造成的。开放式变压器溶解空气的饱和量为10%，设备里可以含有来自空气中的300μL/L的CO_2。在密封设备里，空气也可能经泄漏而进入设备油中，这样油中的CO_2浓度将以空气的比率存在。经验表明，当怀疑设备固体绝缘材料老化时，一般$CO_2/CO>7$。当怀疑故障涉及固体绝缘材料时（高于200℃），可能$CO_2/CO<3$。但要注意，CO_2/CO值在判断中存在较大的不确定性，对CO_2的判断还要考虑到设备在注油、运行及油样采集或试验过程中来自空气中CO_2的影响。必要时，应从最后一次的测试结果中减去上一次的测试数据，重新计算比值，以确定故障是否涉及固体绝缘。

对运行中的设备，随着油和固体绝缘材料的老化，CO和CO_2会呈现有规律的增长。当这一增长趋势发生突变时，应与其他气体（CH_4、C_2H_2及总烃）的变化情况进行综合分析，以判断故障是否涉及固体绝缘。

一氧化碳和二氧化碳的产生速率还与固体材料的含湿量有关。温度一定，含湿量越高，分解出的二氧化碳就越多：反之，含湿量越低，分解出的一氧化碳就越多。因而，固体材料含湿量不同时，CO_2/CO值也有差异。因此在判断固体材料热分解时，应结合CO和CO_2的绝对值、CO_2/CO值以及固体材料的含湿量（可由油中含水量推测或直接测量）进行判断。同时由于CO容易逸散，有时当设备出现涉及固体材料分解的突发性故障时，油中溶解气体中CO的绝对值并不高，从CO_2/CO值上得不到反映。但此时如果轻瓦斯气体继电器动作，收集的气体中CO的含量就会较高，这是判断故障的重要线索。

对CO和CO_2与变压器运行年限、油的保护之间的关系做了大量的统计工作，结果表明：

（1）CO的含量按隔膜式、充氮式和开放式的顺序依次递减，而且CO的含量随变压器运行年限的延长而增长，增长的速率也随油的保护方式不同而异。一般大约运行10年以后，CO的含量趋于稳定，见图4-5（a）。这是由于CO容易扩散造成的。当CO浓度增加时，油中CO的扩散也就越来越明显了。

（2）CO_2的含量按充氮式、隔膜式和开放式的顺序也依次递减，并随运行年限的延长而增长，且无稳定趋势，见图4-5（b）。

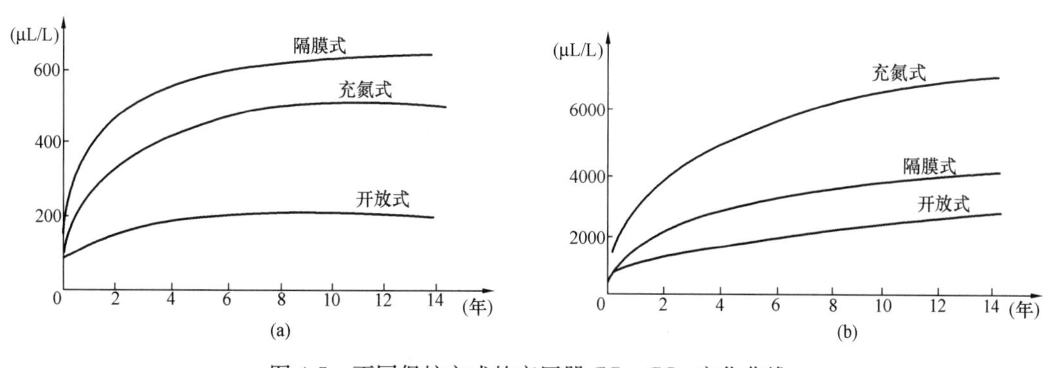

图4-5　不同保护方式的变压器CO、CO_2变化曲线

（a）CO随运行年限的变化；（b）CO_2随运行年限的变化

（3）根据统计结果，对不同的油保护方式和不同运行年限的变压器，推荐表4-29所列的参考比值。

（4）CO_2/CO的变化规律。在投运初期无论哪种保护方式的变压器，CO_2/CO都比较小（这和 IEC 60599 所述的相同），运行 2～3 年以后，不同的油保护方式表现出不同的变化趋势。若出现如表 4-29 所列的情况，则应引起注意。

表 4-29　　CO 和 CO_2 的参考比值

油保护方式	CO_2/CO 值
隔膜式	<2
充氮式	<5
开放式	<3

对隔膜密封变压器中的 CO、CO_2 含量与绝缘老化、运行年限之间的关系也进行了数据统计工作，分析结果认为：

（1）CO 的含量随运行年限的增长而增长，其增长率随运行年限呈减缓倾向。这是由于随着 CO 浓度增加，逸散量也增加造成的。

（2）CO_2 含量也随运行年限的增长而增长，其增长速率基本上是呈线性关系。如果油中 CO、CO_2 是以正常速率缓慢增长，则表明运行中变压器的绝缘是以正常速度在逐渐老化。

（3）一旦发生长期低温过热，CO、CO_2 含量的增长速率曲线会呈指数关系上升，如图 4-6 所示。这种曲线变化表明变压器内部存在大面积的低温过热性故障，而且故障部位的温度会随着运行时间延长而逐渐升高，也就是说 CO、CO_2 的生成速率会越来越大，即故障趋于严重化。因此，油中 CO、CO_2 随运行年限增长的这种关系曲线可以作为绝缘老化倾向及低温过热的一种判断方法。

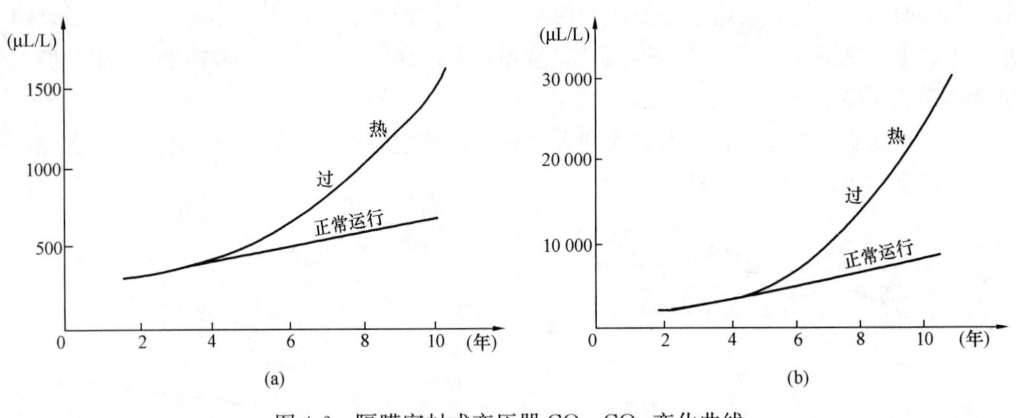

图 4-6　隔膜密封式变压器 CO、CO_2 变化曲线

（a）CO 随运行年限的变化；（b）CO_2 随运行年限的变化

总之，以上所介绍的不同单位、不同时期的资料表明了相同的统计规律。这里还应该说明，这些判断方法仅适用于慢性故障。由于 CO、CO_2 分析结果的分散性较大，以一年测试几次的平均值为基础进行统计分析，可以消除一些测试误差和其他一些外界的影响因素，有助于找出 CO、CO_2 含量与运行年限的关系。

2. C_2H_2/H_2 值

在电力变压器中，有载分接开关操作时产生的气体与低能量放电的情况相似，假如某些油或气体在有载分接开关油箱与主油箱之间相通，或各自的储油柜之间相通，这些气体可能污染主油箱的油，并导致误判断。测定 C_2H_2/H_2 值有助于对这种情况的判断。

当特征气体超过注意值时，若 $C_2H_2/H_2>2$（最好用增量进行计算），认为是有载分接开关油（气）污染造成的。这种情况可利用比较主油箱和储油柜的油中气体含量来确定。由于氢气容易逸散，乙炔则容易溶于油中而不易散掉，这时会造成乙炔的含量大于氢气的含量。气体比值和 C_2H_2 含量取决于有载分接开关的操作次数和产生污染的方式（通过油或气）。

3. O_2/N_2 值

通常油中溶解一定量的空气，空气的含量与油的保护方式有关。在开放式变压器中，油被空气所饱和，含气量约占油总体积的10%。由于溶解度的影响，其中氧的含量约为30%，氮的含量约为70%。经真空滤油的新密封式变压器中，一般含气量为1%～3%，也以这个比例存在于油中。在设备内，考虑到 O_2 和 N_2 的相对溶解度，空气溶解在油中，O_2/N_2 值接近0.5。运行中由于油的氧化或纸的老化会造成 O_2 的消耗，这个比值可能降低，因为 O_2 的消耗比扩散更迅速。负荷和保护系统也可影响这个比值。对开放式设备，当 $O_2/N_2<0.3$ 时，一般认为是氧被极度消耗的迹象。对密封良好的设备，由于 O_2 的消耗，O_2/N_2 值会低于0.05或更低。运行中可能发生：

（1）总含气量增长，氧的含量也随之升高。如果不是取样或分析过程中引进的误差，则可能是隔膜或附件泄漏所致。一段时间后有可能导致油中溶解空气过饱和，当负荷、温度变化时，就会释放出气体，有可能引起气体继电器动作而报警。

（2）如果总含气量增长，而氧的含量却很低，甚至有时因氩气的影响而出现负峰时，则设备内部可能存在故障。

对充氮式变压器，当负荷和环境温度变化而使油温变化时，不会使油中氧的含量有明显的变化。当总含气量和氧含量明显增加时，可能是充氮系统密封不良或防爆膜龟裂，应查明原因。

无论哪种保护方式，当设备内部存在热点时，分解气体都会使油中总含气量增加，而且由于氧化作用加速消耗氧，使油中氧的含量不断降低。随着故障的严重化，高浓度的故障特征气体还会将油中的部分氧置换出来，氧很难通过油来得到补充，就会导致油中的氧不断降低。实践证明，故障持续的时间越长，油中总含气量就越高，氧的含量就会越低。

4. 气体比值图示法

利用气体的三对比值，在立体坐标图上建立立体图，可方便、直观地看出不同类型故障的发展趋势，见图4-7。利用 CH_4、C_2H_2 和 C_2H_4 的相对含量，在三角形坐标图上判断故障类型的方法也可辅助这种判断，见图4-8。图示法对在三比值法或溶解气体解释表中给不出诊断的情况下是很有用的，因为它们在气体比值的极限之外。使用图4-7的最接近未诊断情况的区域，容易直观地注意这种情况的变化趋势，而且在这种情况下，大卫三角法总能提供一种诊断，如图4-8所示。

5. 油中糠醛含量检测分析法

当怀疑绝缘纸或纸板过度老化时，应参照DL/T 984《油浸式变压器绝缘老化判断导则》适当测试油中糠醛的含量，或在可能的情况下测试纸的聚合度。研究表明，纤维素纸或纸板热降解时，纤维素分子链断裂，其聚合度降低。测试纸聚合度降低的程度，可以判断纤维素材料的老化程度，这是从20世纪60年代就开始应用的经典方法。然而取纸或纸板样品并不总是可能的。从80年代初开始，进一步研究表明，当纤维素分子链断裂时，除了生成CO和 CO_2 并使其聚合度降低以外，同时还生成呋喃及其衍生物。糠醛即呋喃甲醛，是其衍生物之一。根据国内外近几年来的研究表明，油中的糠醛含量与代表绝缘纸老化的聚合度之间有较好的线性关系，关系式为

$\lg F_a = 1.51 - 0.0035D$（公式中 F_a 为糠醛含量，mg/L；D 为纸的聚合度）。油中糠醛含量随着变压器运行时间的增加而上升，存在以下关系式：$\lg F_a = -1.31 + 0.05T$，（公式中 T 为运行年限）。油中糠醛含量超过此关系式的极限值为非正常值，应引起注意。

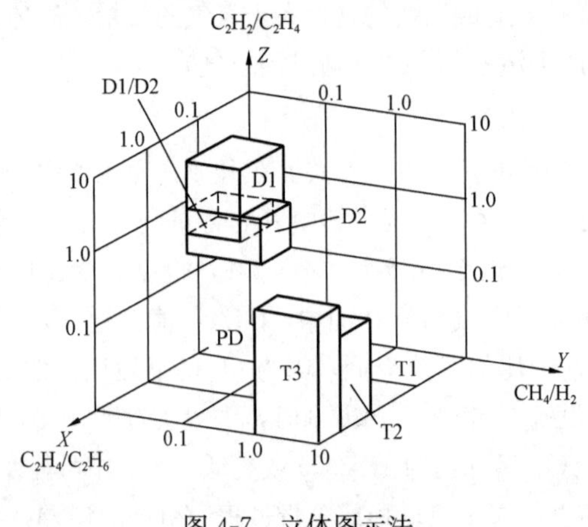

图 4-7　立体图示法

PD—局部放电；D1—低能量放电；D2—高能量放电；T1—热故障，$t<300℃$；T2—热故障，$300℃<t<700℃$；T3—热故障，$t>700℃$

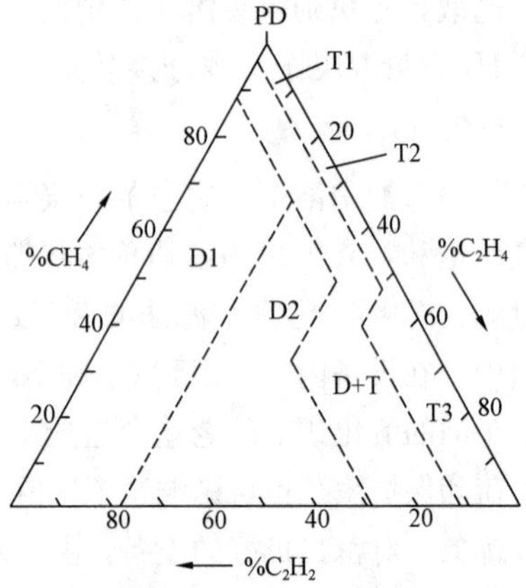

图 4-8　大卫三角形法

糠醛含量结合气相色谱分析，可以在已知变压器内部故障时进一步判断是否涉及固体绝缘。油中糠醛含量虽能反映绝缘老化状况，但是测试结果会受多种因素影响。因此，设备在运行过程中可能出现糠醛含量波动。主要有以下影响因素：

（1）糠醛在油和纸之间的平衡关系受温度影响。变压器运行温度变化时，油中糠醛含量会随之波动。

（2）变压器进行真空滤油处理时，随着脱气系统真空度的提高、滤油温度的升高、脱气时间的增加，油中糠醛含量相应下降。变压器油经过某些吸附剂处理后，油中糠醛全部消失。

（3）变压器油中放置硅胶（或其他吸附剂）后，由于硅胶的吸附作用，油中糠醛含量明显下降。装有净油器的变压器，油中糠醛含量随吸附剂量和吸附剂更换时间的不同而有不同程度的下降，每次更换吸附剂后都可能出现一个较大降幅。

（4）变压器更换新油或油经处理后，纸绝缘中仍然吸附有原变压器油。这时，油中糠醛含量先大幅度降低，然后由于纸绝缘中的糠醛向油中扩散，油中糠醛含量逐渐回升，最后达到平衡。

针对上述情况，为了弥补由于更换新油或油处理造成变压器油中糠醛含量降低，影响连续监测变压器绝缘老化状况，应当在更换新油或油处理前以及之后数周各取 6 个油样品，以便获得油中糠醛的变化数据。对于非强油循环冷却的变压器，油处理后可适当推迟取样时间，以便使糠醛在油纸之间达到充分的平衡，并将换油或油处理前后的糠醛变化差值计算进去。对于需要重点监视的变压器，应当定期测定糠醛含量，观察变化趋势，一旦发现糠醛含量高，就应引起重视。在连续监测中，若测到糠醛含量高而后又降低，往往是受干扰所致。

四、故障状况的评估

油中溶解气体分析的目的是了解设备的现状，了解发生异常的原因，预测设备未来的状态。如能做到这些，就可以将设备维修方式由传统的定期预防性维修改变为针对设备状态的有目的的检修。因此在判断出有故障之后，进一步的工作是对设备状况进行评估，提供故障严重程度和发展趋势的信息。根据产气速率可以初步了解故障的严重程度，更进一步的判断还可以进行热点的温度、故障的功率以及油中气体饱和程度的估算等。这些信息可作为制定合理维护措施的重要依据，以便综合考虑安全和经济两方面的因素，做到既防患于未然，又不致盲目停电检修或盲目地对油进行脱气，造成人力、物力的浪费。

1. 故障源热点温度的估算

油裂解后的产物与温度有关，温度不同，产生的特征气体也不同，反之，知道了故障下油中产生的有关各组分气体的浓度，就可估算故障源的温度。关于热点的推定，国内外已有不少研究报道，但要准确判定热点温度是困难的。对于有绝缘纸存在的绝缘油，当热点温度高于400℃时，日本月冈淑郎等人推荐了下述经验公式来估算热点温度 t(℃)，即

$$t = 322\lg \frac{c_{C_2H_4}}{c_{C_2H_6}} + 525 \tag{4-8}$$

式中　$c_{C_2H_4}$、$c_{C_2H_6}$——C_2H_4、C_2H_6的体积分数，μL/L。

当涉及固体绝缘时，按照以下经验公式来估算固体绝缘受热温度：

300℃及以下时为

$$t = -241\lg \frac{c_{CO_2}}{c_{CO}} + 373$$

300℃以上时为

$$t = -1196\lg \frac{c_{CO_2}}{c_{CO}} + 660$$

式中　c_{CO_2}、c_{CO}——CO_2、CO的体积分数，μL/L。

2. 故障功率的估算

绝缘油热裂解需要的平均活化能约为210kJ/mol，即油热解产生1mol体积（标准状态下为22.4L）的气体需要吸收热能210kJ，则每升热解气体所需要的能量理论为

$$Q = 210/22.4 = 9.38(\text{kJ})$$

由于温度不同，油裂解实际消耗的热量一般大于理论值。若裂解时需要吸收的理论热量为 Q，实际需要吸收的热量为 Q_p，则热解效率系数为

$$\varepsilon = \frac{Q}{Q_p}$$

若已知单位故障时间的产气量，故障功率 P 可以应用由热解效率概念导出的式（4-9）估算，即

$$P = \frac{Q\upsilon}{\varepsilon H}(\text{kW}) \tag{4-9}$$

式中　Q——理论热量，9.33kJ/L；

υ——故障时间内产气量，L；

ε——热解效率系数；

H——故障持续时间，s。

ε 可以查热解效率系数与温度关系的曲线得出，如图4-9所示。为计算方便，也可采用根据该曲线推定出的近似式（4-10）和式（4-11）计算：

铁芯局部过热为

$$\varepsilon = 10^{0.00988t-9.7} \tag{4-10}$$

线圈层间短路为

$$\varepsilon = 10^{0.00686t-5.88} \tag{4-11}$$

式中 t——故障点热源温度,℃。

值得注意的是，由于实际故障产气速率的计算误差较大，特别是对于开放式变压器，又由于故障气体不断地逸出，因此故障能量估算可能偏低。

3. 油中气体饱和水平和达到饱和释放所需时间的估算

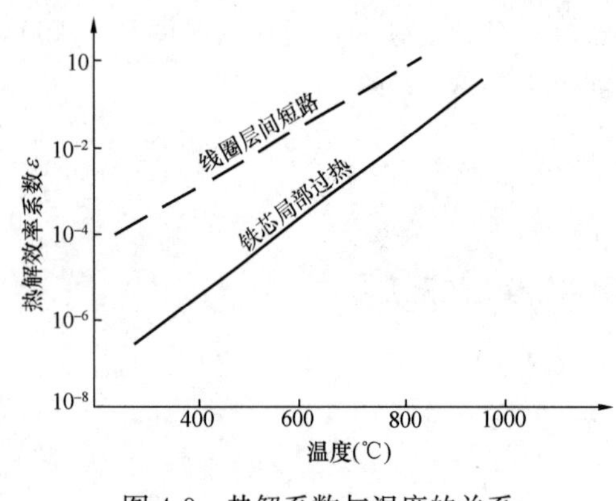

图 4-9 热解系数与温度的关系

一般情况下，气体溶于油中并不妨碍变压器的正常运行。但是如果油被气体所饱和，就会有某些游离气体以气泡形态释放出来，存在安全隐患。特别是在超高压设备中，可能在气泡中发生局部放电，甚至导致绝缘闪络。因此，即使对故障不太严重且正在产气的变压器，为了避免发生气体饱和释放，也应根据油中气体分析结果，估算溶解气体的饱和水平。当油中全部溶解气体（包括 O_2、N_2）的分压力总和与外部气体压力相当时，气体将达到饱和状态。一般饱和压力相当于 1 个标准大气压，即 101.3kPa。根据此理论估算气体进入继电器所需的时间。当设备外部压力为 101.3kPa 时，油中溶解气体的饱和值可由式（4-12）近似计算，即

$$S_{at}(\%) = 10^{-4} \sum \frac{c_i}{K_i} \tag{4-12}$$

式中 K_i、c_i——包括 O_2、N_2 在内的各气体组分的奥斯特瓦尔德系数和该组分在油中的体积分数，μL/L；

$S_{at}(\%)$——溶解气体的饱和程度。

当 $S_{at}(\%)$ 接近 100%，即油中气体近于饱和状态时，可按式（4-13）估算达到饱和时所需的时间

$$t = -\frac{1 - \sum \frac{c_{i2}}{K_i}}{\sum \frac{c_{i2} - c_{i1}}{K_i \Delta t}} \tag{4-13}$$

式中 t——达到饱和所需的时间，月；

c_{i1}——组分 i 第一次分析体积分数值，μL/L；

c_{i2}——组分 i 第二次分析体积分数值，μL/L；

Δt——两次分析间隔的时间，月；

K_i——i 组分的奥斯特瓦尔德系数。

为了可靠地估算油中气体达到饱和的时间，准确测定油中氧、氮的含量是很重要的。如果没有测定氮的含量，则可近似地取氮的饱和分压为 0.8 个标准大气压。这时，总可燃气和二氧化碳的饱和分压为 1～0.8，则式（4-13）可改写为

$$t=\frac{0.2-\sum\frac{c_{i2}}{K_i}}{\sum\frac{c_{i2}-c_{i1}}{K_i\Delta t}} \tag{4-14}$$

必须注意：

（1）严格讲，式（4-12）～式（4-14）仅适用于静态平衡状态，而运行中的变压器，由于铁芯振动和油泵运转等因素的影响，变压器都处于动态平衡状态，因此油中气体释放往往出现在溶解气体总分压略低于1个标准大气压的情况下。

（2）由于实际上故障的发展往往是非匀速的，因此在故障发展的情况下，估算出的时间可能比实际油中气体达到饱和的时间要长。所以在追踪分析期间，应随时根据最大产气速率重新进行估算，并根据新的分析结果修正报警。

4. 故障部位的判断

从油色谱数据本身不能准确判断故障点的准确部位，只能根据经验及产气特征的某些差异，并结合其他电气试验结果来综合分析，不同的故障部位在数据结构上将体现出某些差异。

（1）当故障在导电回路时，往往有C_2H_2，且含量较高，C_2H_4/C_2H_6的比值也较高，C_2H_4的产气速率往往高于CH_4的产气速率。磁路故障一般不产生C_2H_2，即使产生C_2H_2，其浓度一般也在4μL/L以下，占总烃含量的0.5%～1%，而且C_2H_4/C_2H_6值也较小，绝大多数情况下该比值在6以下。

（2）对故障点部位，需要结合运行、检修和其他试验结果进行综合判断。当油色谱试验判断设备内部存在放电故障时，可以用局部放电试验的定位技术来确定故障部位。对于过热故障，可以结合直流电阻测试、变比测试和单相空载试验等来进行综合判断，具体可参考表4-30来进行。对于设备附件过热，如潜油泵磨损发热，可以通过故障延缩期间从声音辨别以及从出口端取油样分析比较。

表4-30　判断故障时推荐的其他试验项目

变压器的试验项目	油中溶解气体分析结果	
	过热性故障	放电性故障
绕组直流电阻	√	√
铁芯绝缘电阻和接地电流	√	√
空载损耗和空载电流测量或长时间空载	√	√
改变负载（或用短路法）试验	√	
油泵及水冷却器检查试验	√	√
有载分接开关油箱渗漏检查		√
绝缘特性（绝缘电阻、吸收比、极化指数、tanδ、泄漏电流）		√
绝缘油的击穿电压、tanδ、含水量		√
局部放电（可在变压器停运或运行中测量）		√
绝缘油中糠醛含量	√	
工频耐压		√
油箱表面温度分布和套管端部接头温度	√	

注　tanδ为油介损值。

(3) 充分利用设备各部位的取油阀，从不同部位取样，进行油色谱试验，比较各样品油中气体浓度的差异，作为故障部位判断的一个参考。例如变压器有上、中、下三个部位的取油阀，虽然故障气体在油中不断进行着溶解扩散运动，但每个部位的取油阀所取的油样溶解气体含量仍存在着一定的差异性，离故障点部位最近的取油阀，其故障气体的含量最高。

五、判断故障的步骤

判断充油电气设备内部故障一般有以下几个步骤：通过对油中溶解气体组分含量的测试结果进行分析，判断设备是否有故障；在确定设备确有故障后，判断故障的类型；判断故障的发展趋势和严重程度；提出处理措施和建议。具体流程见图 4-10。

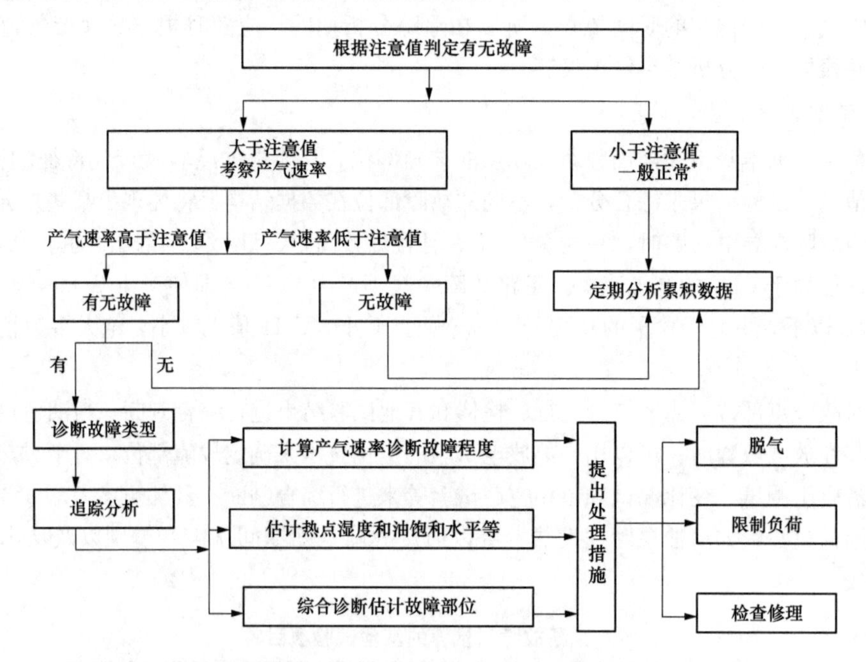

注：*表示对于新投入运行或重新注油的设备，短期内各气体含量迅速增长，但尚未超过注意值，也可判断为内部有异常。

图 4-10　故障判断流程图

1. 设备有无故障的判断

(1) 出厂和新投运的设备。按规定进行测试，并与表 4-8 比较，设备油中各气体含量应符合要求，并注意积累数据。当根据试验结果怀疑设备有故障时，应结合其他检查性试验进行综合判断，查找出试验异常的原因并消除后，方可出厂或投运。

(2) 运行中的设备。将试验结果的几项主要指标（总烃、甲烷、乙炔、氢）与表 4-9 列出的油中溶解气体含量注意值作比较，同时注意产气速率与表 4-20 列出的产气速率注意值作比较。短期内各种气体含量迅速增加，但尚未超过表 4-9 中的数值，也可判断为内部有异常状况；有的设备因某种原因使气体含量基值较高，超过表 4-9 的注意值，但长期稳定，仍可认为是正常设备。

2. 判断故障的类型

当认为设备内部存在故障时，可用特征气体法、三比值法以及上述的其他方法对故障类型进行判断。对一氧化碳和二氧化碳的判断按 CO_2/CO 的比值法进行，以确定故障是否涉及固体绝缘材料。

3. 判断故障的发展趋势和严重程度

（1）利用平衡判据法确定故障的发展趋势。当气体继电器内出现气体时，使用平衡判据，具体方法见本章第四节。

（2）利用产气速率法确定故障的发展趋势。产气速率与故障消耗的能量大小、故障部位和故障点的温度等情况有直接关系，计算产气速率可以对故障的严重性做进一步的评估。绝对产气速率和相对产气速率的计算方法见前文。

（3）故障状况评估。故障类型确定后，通过估算热点温度、故障功率、油中气体饱和水平和达到饱和释放所需时间，进一步判断故障的发展趋势和严重程度，估算方法见本节第四部分相关内容。根据油中溶解气体分析结果以及其他检查性试验（如测量绕组直流电阻、空载特性试验、绝缘试验、局部放电试验和测量微量水分等）的结果，并结合该设备的结构、运行、检修等情况，综合分析，判断故障的性质及部位。

4. 提出处理措施

根据具体情况对设备采取不同的处理措施（如缩短试验周期、加强监视、限制负荷、近期安排内部检查、立即停止运行等）。确诊设备内部存在故障时，提出的建议要根据故障的危险性、设备的重要性及负荷需求等情况，并同时考虑安全性和经济性来制定合理的故障处理意见。设备故障处理意见包括油脱气处理、限制负荷和内部检查检修等。在根据油中气体分析结果，对设备进行诊断时，从安全性和经济性考虑，对于某些热故障，一般不应盲目地建议进行吊罩内部检修。首先考虑通过缩短试验周期来监测油中气体含量的变化，具体见本章第二节有关检测周期中的特殊检测部分。其次应考虑这种故障是否可以采取油脱气处理或改善冷却条件，或限制负荷等措施来予以缓和或控制其发展。事实上，有些热性故障是设计结构上的原因，根本无法修理，还有的故障即使吊罩吊芯检查也难以找到故障源。不少实例说明，某些存在热故障的设备，采取改善冷却条件、限制负荷等措施，只要油中溶解气体未达到饱和，即使不吊罩检修，也能达到安全运行，避免造成热性损坏的目的。采取的措施不当，会造成人力和物力的浪费。判断出设备故障严重和发展速度快的，如高能量放电故障，要求立即停运检查，查找出故障点并完成检修后，方可继续投入运行。

充油电气设备典型故障举例见表 4-31～表 4-33，供参考。

表 4-31　变压器（电抗器）的典型故障

故障性质	典型故障
局部放电	（1）纸浸渍不完全，纸湿度高。 （2）油中溶解气体过饱和或气泡。 （3）油流静电导致的放电
低能量放电	（1）不同电位间连接不良或电位悬浮造成的火花放电。如磁屏蔽（静电屏蔽）连接不良、绕组中相邻的线饼间或匝间以及连线开焊处或铁芯的闭合回路中的放电。 （2）木质绝缘块、绝缘构件胶合处，以及绕组垫块的沿面放电，绝缘纸（板）表面爬电。 （3）环绕主磁通或漏磁通的两个邻近导体之间的放电。 （4）选择开关极性开关的切断容性电流。 （5）穿缆套管中穿缆和导管之间的放电

续表

故障性质	典型故障
高能量放电	局部高能量的或有电流通过的闪络、沿面放电或电弧。如绕组对地、绕组之间、引线对箱体、分接头之间的放电
过热（<300℃）	（1）变压器在短期急救负载状态下运行。 （2）绕组中油流被阻塞。 （3）铁轭夹件中的漏磁
过热（300～700℃）	（1）连接不良导致的过热。如螺栓连接处（特别是低压铝排）、选择开关动静触头接触面，以及引线与套管的连接不良导致的过热。 （2）环流导致的过热。如铁轭夹件和螺栓之间、夹件和矽钢片之间、铁芯多点接地形成的环流导致的过热，以及磁屏蔽的不良焊接或不良接地导致的过热。 （3）绕组中多股并绕的相邻导线之间绝缘磨损导致的过热
过热（>700℃）	（1）油箱和铁芯上的大的环流。 （2）矽钢片之间短路

表 4-32　套管的典型故障

故障类型	举　例
局部放电	（1）纸受潮、不完全浸渍。 （2）油的过饱和或污染，或 X-蜡沉积物污染。 （3）纸有皱褶造成的充气空腔中的放电
低能量放电	（1）电容末屏连接不良引起的火花放电。 （2）静电屏蔽连接不良引起的电弧。 （3）纸沿面放电
高能量放电	（1）电容屏局部击穿短路。局部高电流密度可使铝箔局部熔化，但不会导致套管爆炸。 （2）电容屏贯穿性击穿具有很大的破坏性，会造成设备损坏或爆炸，而在事故之后进行油中溶解气体分析一般是不可能的
热故障（300～700℃）	（1）由于污染或不合理地选择绝缘材料、引线与高压料引起的高介损，从而造成纸绝缘中的环流，并造成热崩溃。 （2）引线和穿缆套管导管之间的环流引线接触不良引起的过热

表 4-33　互感器的典型故障

故障类型	举　例
局部放电	（1）纸受潮、不完全浸渍，油的过饱和或污染，或纸有皱褶造成的充气空腔中的放电；会生成 X-蜡沉积，并导致介损增加。 （2）附近变电站开关操作导致局部放电（电流互感器）。 （3）电容元件边缘上的过电压引起的局部放电（电容型电压互感器）
低能量放电	（1）电容末屏连接不良引起的火花放电。 （2）连接松动或悬浮电位引起的火花放电。 （3）纸沿面放电。 （4）静电屏蔽连接不良导致的电弧

续表

故障类型	举　例
高能量放电	（1）电容屏局部击穿短路。局部高电流密度可使铝箔局部熔化。 （2）电容屏贯穿性击穿具有很大的破坏性，会造成设备损坏或爆炸，而在事故之后进行油中溶解气体分析一般是不可能的
过　热	（1）X-蜡的污染、受潮或错误地选择绝缘材料，都可引起纸的介损过高，从而导致纸绝缘中产生环流，并造成绝缘过热和热崩溃。 （2）连接点接触不良或焊接不良。 （3）铁磁谐振造成电磁互感器过热
过　热	在矽钢片边缘上的环流

第四节　油中溶解气体分析方法在气体继电器中的应用

由油中气体溶解、扩散和释放的基本规律可知，溶解于油中的无论是空气，还是内部故障产生的气体，达到过饱和状态或临界饱和状态时，在温度或压力变化的情况下，都会以气泡的形态释放出来进入气体继电器。或者是当充油设备内部存在突发故障时，产生大量故障气体，若产气速率大于溶解速率，气体就会聚集成游离气体进入气体继电器，严重的甚至会引起气体继电器动作。表 4-34 列出了气体继电器动作的部分原因和故障推断。

表 4-34　　气体继电器的动作原因及故障推断

序号	动作类别	油中气体	自由气体	动作原因	故障推断
1	重瓦斯气体继电器动作	有空气成分，CO、CO_2 稍有增加	无游离气体	260～400℃时油的汽化	大量金属加热到 260～400℃，即接地事故、短路事故绝缘受损伤时
2	轻瓦斯气体继电器动作	有空气成分，CO、CO_2 和 H_2 较高	有游离气体、有少量 CO 和 H_2	铁芯强烈振动，导体短时过热	过励磁（如系统振荡）时
3	重瓦斯气体继电器动作	有空气成分	无游离气体	继电器安装坡度校正不当，或油枕与防爆筒无连通管的设备防爆膜安放位置不正确	无故障
4	轻、重瓦斯气体继电器同时动作	有空气成分，氧含量较高	有游离气体、空气成分	补油时导管引入空气，或安装时油箱死角空气未排尽	无故障
5	重瓦斯气体继电器动作	有空气成分	无游离气体	地面强烈震动，如地震或继电器结构不良	无故障
6	轻、重瓦斯气体继电器同时动作	有空气成分	无游离气体	气体继电器进出油管直径不一致，造成压差或强油循环变压器散热器阀门关闭	无故障

续表

序号	动作类别	油中气体	自由气体	动作原因	故障推断
7	轻瓦斯气体继电器动作	有空气成分	无游离气体	继电器接点短路	继电器外壳密封不良，进水造成接点短路
8	轻瓦斯气体继电器动作，放气后立即动作，越来越频繁	总气量增高，有空气成分，氧含量高，H_2略增，有时可见油中有气泡	大量气体，有空气成分，有时 H_2 略高	附件泄漏引入大气（严重故障）	变压器外壳、管道、气体继电器、潜油泵等漏气
9	轻瓦斯气体继电器动作，放气后每隔几小时动作			附件泄漏引入大气（中等故障）	
10	轻瓦斯气体继电器动作，放气后较长时间动作			附件泄漏引入大气（轻微故障）	
11	轻瓦斯气体继电器动作，投运初期次数较多，有时持续达半月之久	总气量很高，氧含量很高，有时 H_2 略增	有游离气体，空气成分，有时有少许 H_2	油中气体饱和温度和压力变化释放气体（常发生在深夜）	安装工艺不良，油未脱气和未真空注油
12	轻瓦斯气体继电器动作	有空气成分，氧含量正常	无游离气体	负压下油位过低（在温度和负荷降低或深夜时）	隔膜不能活动自如，或油位太低
13		有空气成分，氧含量很低，总气量很低			变压器呼吸器堵塞不畅
14	轻瓦斯气体继电器动作，几小时或十几小时动作一次	总含气量高，含氧量低，总烃高，C_2H_2 和 CO 不高	有游离气体，无 C_2H_2，CO 少和 CH_4 高	油热分解（300℃以上）产气，溶解达到饱和	过热性（慢性）故障，存在时间较长
15		总含气量高，含氧量低，总烃高，CO_2 和 CO 也高	有游离气体，无 C_2H_2，CO_2、H_2 较高，CO 很高	油纸绝缘分解产气，饱和释放	过热性故障热点涉及固体绝缘，存在时间较长
16	轻、重瓦斯气体继电器同时动作	总含气量高，含氧量低，总烃和 CO_2 高，C_2H_2 很高，有时 CO 并不突出	有大量游离气体，CO、H_2、CH_4 均高	油纸绝缘分解产气，不饱和释放	电弧放电（匝、层间击穿，对地闪络等）
17		总含气量高，含氧量低，总烃和 CO_2 高，但 CO 不高	有大量游离气体，H_2、CH_4、C_2H_2 高，但 CO 不高	油热分解产气，不饱和释放	电弧放电未涉及固体绝缘（多见于分接开关飞弧）

所有故障的产气速率均与故障的能量释放紧密相关。大致可分为以下三种情况：

（1）对于能量较低、气体释放缓慢的故障（如低温热点或局部放电），所生成的气体大部分溶解于油中，就整体而言，基本处于平衡状态。

（2）对于能量较大（如高温过热或火花放电等）、产气速率发展较快的故障，当产气速率大于溶解速率时，可能形成气泡。在气泡上升的过程中，一部分气体溶解于油中，并与已溶解于油中的气体进行交换，改变了所生成气体的组分和含量，未溶解的气体和油中被置换出来的气体最终进入气体继电器而积累下来，当气体积累到一定程度后，气体继电器将动作发出信号。

（3）对于有高能量的电弧性放电故障，迅速生成大量气体，所形成的大量气泡迅速上升，并聚集在气体继电器内，引起气体继电器动作。这时生成的气体几乎没有机会与油中溶解气体进行交换，因而远没有达到平衡。

如果气体长时间留在继电器中，某些组分，特别是油中溶解度大的组分（如电弧性故障产生的乙炔），很容易溶解于油中，从而改变继电器里的自由气体组分，进而导致错误的判断结果。因此当气体继电器发出信号时，除应立即取气体继电器中自由气体进行色谱分析外，还应同时取油样进行溶解气体分析，并比较油中溶解气体和继电器中自由气体的组分浓度，根据平衡判据原理诊断自由气体与溶解气体是否处于平衡状态，进而可以判断故障的发展速度与趋势。比较气体体积分数的方法是：首先把游离气体中各组分的浓度值利用各组分的奥斯特瓦尔德系数 K_i 计算出平衡状况下油中溶解气体的理论值，再与从油样分析中得到的溶解气体组分的浓度实测值进行比较。计算式为

$$C_{i1} = K_i C_{ig}$$

式中　C_{i1}—— 油中溶解气体组分 i 浓度的理论值，μL/L；

C_{ig}—— 继电器内部油中溶解气体组分 i 浓度的理论值，μL/L；

K_i—— 气体组分 i 的奥斯特瓦尔德系数。

（1）如果理论值和油中溶解气体的实测值相近，可认为气体是在平衡条件下释放出来的。IEC 文件提出理论值与实测值比值为 0.5～2.0，可视为达到平衡状态。这里有两种可能：一是特征气体各组分浓度均很低，说明设备是正常的，应查明这些非故障气体的来源及继电器动作的原因；二是溶解气体浓度实测值略高于理论值，则说明设备存在产生气体较缓慢的潜伏性故障。

（2）如果理论值明显超过油中溶解气体的实测值，说明释放气体较多，设备内部存在产生气体较快的故障，应进一步根据产气量与产气速率评估故障的严重程度与危害性。

（3）判断故障类型的方法原则上与油中溶解气体相同，但是应将游离气体浓度换算为平衡状况下的溶解气体浓度，然后计算比值。

应用气液平衡判据法判断设备是否存在故障时，应注意：

1）在判断变压器内部是否存在故障时，仍需结合油中溶解气体浓度实测值或游离气体换算到油中浓度的理论值是否出现异常进行判断。

2）变压器重瓦斯气体继电器动作发生跳闸后，绝缘油将停止循环，故障点附近油中的高浓度故障气体向四周扩散的速度就变得很慢。若故障持续时间很短，故障点距离取样部位较远，则取样与跳闸的间隔时间越短，油样中故障气体含量就越低，而此时气体继电器中的故障气体因回溶较少其组分浓度会越高；反之，随着时间推移，油样中故障气体含量会慢慢变高，瓦斯气体中的故障气体组分由于向油中回溶而使其在气体中的浓度变低，气体换算到油中的理论值与油样实测值的差距就会缩小。

3）现场的大量统计结果表明，若根据色谱分析和平衡判据判明变压器内部无故障，则气体继电器动作绝大多数是由于变压器进入空气所致。造成进气的原因主要有密封垫破裂、法兰结合面变形、强迫油循环冷却系统进气、油泵堵塞等。其中油泵滤网堵塞所造成的轻瓦斯气体继电器动作是近年来较为常见的故障。因此，为了防止无故障情况下变压器气体继电器的频繁动作，在变压器运行中，必须保持潜油泵的入口处于微正压，以免产生负压而吸入空气；同时应对变压器油系统进行定期检查和维护，清除滤网的杂质，更换胶垫，保证油系统通道的顺畅和系统的严密性。

4）在变压器安装检修时，吊罩中注油和抽真空的工艺要求不严，投运后也可能因油中空气含量大而引起轻瓦斯气体继电器频繁动作。

实例：某热电厂一台主变压器（型号为 S9-20000/110）在投运后不久，就发生轻瓦斯气体继电器保护动作，且动作次数随运行时间的增长逐渐变得频繁。针对该情况，运行人员曾对气体继电器采取放气措施，但并未解决问题。为进一步判断异常原因，取油样、气样进行了气相色谱分析，结果如表 4-35 所示。

表 4-35　主变油、气试验结果　μL/L

样品	H_2	CH_4	C_2H_6	C_2H_4	C_2H_2	总烃	CO	CO_2
本体油样	1400	7550	5120	19 370	124	32 164	340	9790
瓦斯气	28 800	44 700	2900	25 800	1500	74 900	6200	85 300
瓦斯气折算到油中的理论值	1728	17 400	6670	37668	1530	63 268	744	78 476

从表 4-35 可知，该变压器油中 H_2、C_2H_2 和总烃含量均大幅超过注意值，特别是总烃含量接近注意值的 214 倍，且瓦斯气中的 H_2 和烃类气体浓度折算到油中的理论值大于油中实测值，表明变压器内部已存在较严重故障。应用三比值法判断，得到编码组合为 022，对应于 700℃以上的高温过热故障。随后，厂家对该变压器进行检查，在直流电阻测量时，发现其中一相分接头接触电阻很大。据检查结果，认为故障是由该分接头接触不良导致过热引起，在运行过程中，故障持续发展，造成分接头严重烧伤。

第五章　变压器油中溶解气体在线监测

第一节　变压器油中溶解气体在线监测基本知识

一、概述

如前章所述，绝缘油在热和电的作用下，分解出氢、一氧化碳、二氧化碳，以及多种小分子烃类气体，设备内部故障的类型及严重程度与这些气体分子的组成及产气速率有着密切关系。目前，利用这一关系判断设备内部故障和监视设备的运行，已成为充油电气设备安全运行不可缺少的手段。但是实验室气相色谱法检测油中溶解气体，需要取油样、油气分离、色谱检测等多个环节，存在着环节多、操作手续烦琐、试验周期长等弊端，不可避免会引进较大的试验误差。另外定期的实验室色谱检测，由于受到检测周期的影响，对于发展较快的故障反应不够及时，难以充分发挥监视作用。20 世纪 80 年代末，电力系统开始尝试油中溶解气体在线监测设备的研究工作，利用变压器故障都会产生氢气组分的特征，研制了单一氢报警设备。氢报警设备采用渗透膜法进行采集分析，并对其进行分析判断。近年来，随着科学技术的不断发展进步，无论是单一氢报警设备，还是多组分、多功能的在线油中溶解气体在线监测装置，其分析数据的准确性和整机的可靠性都不断提高，其整机性能也越来越稳定，油中溶解气体在线监测装置在电力系统中已获得了用户的逐步认可。截至 2017 年，全国电网系统共安装 20 000 多套各种类型的油中溶解气体在线监测装置，油中溶解气体在线监测装置在及时发现变压器故障，减少变压器突发事故的发生方面发挥着重要作用。

二、油中溶解气体在线监测基本术语

（1）油中溶解气体在线监测装置：当变电设备带电运行时，可用于对变电设备的油中溶解气体状态参数进行连续监测，也可按要求以较短的周期进行定时在线检测。该装置一般由气体监测单元、通信控制单元和主站单元等组成。

（2）少组分在线监测装置：监测变压器油中溶解气体组分少于 6 种的监测装置。监测量为特征气体中的一种或多种，应至少包括氢气（H_2）或者乙炔（C_2H_2）气体组分。

（3）多组分在线监测装置：监测变压器油中溶解气体组分为 6 种及以上的监测装置，应包括氢气（H_2）、一氧化碳（CO）、甲烷（CH_4）、乙烷（C_2H_6）、乙烯（C_2H_4）、乙炔（C_2H_2）6 种气体组分的定量检测功能，宜包括二氧化碳（CO_2）气体组分的定量检测功能，可包括氧气（O_2）和氮气（N_2）气体组分的定量检测功能。

（4）气体监测单元：一般是通过传感器将变电设备的油中气体组分的浓度参数转换为可测的电压或电流量，然后进行信号采集、调理、模数转换和预处理等，形成油中溶解气体测量数据，并可将数据上传。该单元一般安装在变电设备的运行现场。

（5）通信控制单元：完成主站单元对气体监测单元的通信及控制，采用现场工业总线方式，将气体监测单元采集和经处理的监测数据通过可靠的通信介质，正确无误地传送到计算机数据处理系统。通信和控制单元是专用的通信和控制程序，该程序可运行在专用通信和控制计算机中，也可运行在主站单元的主计算机中。

（6）主站单元：即计算机数据处理系统。主站单元可以是由一台或多台计算机组成，可实现对气体监测数据的同步测量、通信和远传管理、存储管理、查询显示、数据分析和报警管理。主站单元数据处理服务器一般安装在主控制室，可接入局域网。

（7）电磁环境：存在于给定场所的所有电磁现象的综合。

（8）电磁干扰：会引起设备、传输通道或系统性能下降的电磁骚扰。

（9）电磁兼容性：设备或系统在其电磁环境中能正常工作，且不对该环境中的任何事物构成不能承受的电磁骚扰。

（10）油中气体组分数据重复性或精度：可以反映多组分监测装置在短时间（如 1d）内对同一油源多次采样所得数据的差异性。

（11）油中气体组分数据再现性：对于多组分监测装置，指由同一油源取的多个油样进行试验时的差异性。如在多个装置中试验称为装置之间的再现性；如以同一装置在较长时间（如在连续几个月中每周测试或每月测试）中数据的比较，称为该装置的再现性。

（12）油中气体组分在线监测数据准确度：是指实验室里根据标准程序所准备的油中气体标准样品与该装置测量值间的差异。对于准确度，厂内检测检查时，应对比于标准程序所准备的油中气体标准样品的差异来标定；现场可暂以同一油样与实验室用精密色谱仪测值间的差异作为现场校核，即以此暂作为现场准确度的校核及标定。

三、油中溶解气体在线监测装置的功能特点

油中溶解气体在线监测装置与实验室的气相色谱分析设备相比有很大不同，油中溶解气体在线监测装置主要有以下几个特点：

（1）在线监测装置要求可靠性高，能长期稳定运行，原则上不允许出现误报警或漏报警。

在线监测装置必须有足够长的标定周期和数年以上的使用寿命，这比对室内的或便携式的仪器要求要严格得多。例如，安装在变压器上的在线监测仪不可能要求有人经常去维护，不能经常调节仪器的零位。这种监测装置通常安装在户外，运行环境比室内要恶劣得多，这给仪器的设计增加了难度。为保障仪器的正常运行，一般仪器设计有自检功能，一旦仪器本身出现故障，即可发出信号，因而大大提高了仪器的可靠性。

（2）在线监测装置位置必须尽可能接近油流动处。

为保证变压器内部因故障产生的气体尽快到达监测器，在线监测装置位置的进油口应尽可能接近油流动处，否则故障气体可能会延迟几天后才能被监测器检测到，使测试结果失去及时性和准确性。但是，靠近流动油安装并不总是能够实现的，特别是对电流互感器而言更是如此。德国的 H. Borsi 等人将传感器装在气体继电器上，并设想取代气体继电器，使未溶解的故障气体在进入储油柜过程中流入传感器被检测，信号处理单元则安装在变压器附近。这种安装方式可以达到快速检测出故障气体的目的，但它直接涉及设备的瓦斯继电保护，必须慎之又慎。因为大多数的变压器在正常使用和维护下可以安全运行 25 年以上，检测仪器则要差得多，一旦这种检测仪器失控，就会引起重瓦斯气体继电器跳闸，造成非事故的跳闸。

（3）在线监测装置应具有报警功能。在线监测装置在运行中检测到气体含量异常，应能够立

即自动发出报警信息，以便试验人员马上取油样进行色谱分析，及时确认故障是否存在和进一步判断故障的类型及其严重程度。另外，变压器在一开始运行就或多或少地含有一定量的可燃气体。例如在铁和不锈钢的作用下，会产生较多的氢气。随着运行时间的增长，可燃气体含量会不同程度地逐渐增加，监测设备内部故障的主要依据是气体增长速率而非气体含量的绝对值，故对于运行年限不同的变压器，因初期可燃气体含量不同，可有不同的报警水平值，为此要求在线监测装置设计成报警水平可调的，以适用于不同的变压器。

（4）在线监测装置要求具有较高的自动化程度。

随着自动控制技术的提高，各类专家系统投入运行，更要求在线监测装置的信号处理技术小型化、智能化。一般结合电厂、变电站的自动化管理，要求在线监测装置应能与计算机联网，存储测试数据，计算气体增长率，依据综合其他测试项目的测试结果，综合判断设备的运行状况。

（5）在线监测装置的造价要低。在线监测的最终目的是保障电气设备的安全运行，取得经济实效。对于应用在线监测这一技术的潜在效益要有充分估计。高效益的在线监测在长期运行中能降低一些设备的不可用率，减少维修费用，提高供电部门的经济效益。如果在线监测装置的造价过高，将难以得到大面积的推广使用。

四、油中溶解气体在线监测装置结构组成

1. 在线监测装置的监测单元

监测单元包括油气分离系统、气体组分分离系统和检测信号处理系统等。

（1）油气分离。

油气分离是一个关键过程，无论采取何种方式进行气体组分的检测分析，油气分离效率的好坏都直接影响测试结果的准确与否。一般采用膜渗透法、真空脱气法和顶空脱气法等将油中溶解气体从油中分离脱出。

（2）气体组分的分离。油中溶解的气体脱出后，一般经过色谱柱将各种组分按一定的样品保留时间分离开来，为后面的检测器检测各组分提供条件。

（3）检测单元。依据脱出气体组分的特性，选择使用色谱检测器法、阵列式传感器法、红外光谱检测器、光声光谱检测器等，将气体组分的浓度转换为电子信号被检测。

（4）外围部件。一般外围部件包括载气钢瓶、排油桶、进/出油管路等。

2. 在线监测装置的主站单元

主站单元就是计算机数据处理系统。主站单元可以是由一台或多台计算机组成，可实现对监测数据的同步测量、通信和远传管理、存储管理、查询显示和分析。主站单元数据处理服务器一般安装在主控制室，可接入局域网。

主站单元一般位于变电站主控室，通过通信和控制单元及工业控制总线完成对现场监测数据的采集和传输，并具备本站的监测数据库。

主站单元硬件上一般包括一台或多台工业控制计算机及外围设备，与通信和控制单元的接口，以及与其他数据网络的接口。主站系统是全系统的核心，它的安全性和可靠性直接影响全系统的稳定运行，因此电源应采用UPS独立供电，通信模板应采用良好的隔离措施，以防止由于异常干扰电压损坏主机，并且应有防止主机死机的良好措施。

主站的核心部分在于其软件系统，它负责整个系统的运行控制，接收监测数据，并对数据进行处理、计算、分析、存储、打印和显示，以实现对监测到的设备状态数据的综合诊断分析和处理。另外可通过电力公司的内部局域网进行与变电站主机的网络连接与数据上传。一般要求后

台的数据接入应具备以下功能：

（1）接入 CAG 能力。支持配置 CAG 的主 IP 地址和备用 IP 地址，支持 CAG 指令下发，通过 CAG 下发的设备，实现 URI 码与被监测设备映射。

（2）工程化组态功能。后台工作站组态工具可以根据在线监测装置厂家提供装置的 ICD 文件生成配置文件，并下装到 CAC 装置（全站在线监测后台），通过可视化组态功能映射设备；也可以将多个 ICD 文件合并为一个 SCD 配置文件。

（3）测点配置功能。可以根据在线监测装置厂家提供装置的测点配置文件进行测点配置，实现现场在线监测设备测点与有关规范定义的测点准确映射。

（4）备份/恢复功能。具备对运行程序和相关配置文件的备份和恢复功能。

（5）显示及查询功能。支持实时显示监测装置的通信工况、运行工况、通信接口状态和硬件状态等，可以选择日期，查看历史工况。

3. 信号传输单元

监测单元应配置 RS-232 就地数据通信接口、USB 接口或其他专用接口，并安装相应驱动程序，能将历史数据、实时数据及录波文件传送给装置外部的存储介质。

（1）光纤数据线。

1）如选用 Ethernet 总线接口，监测装置应配置标准以太网接口卡，并安装 TCP/IP 标准网络通信程序，实现信号数据的传输。

2）如选用 CAN 总线接口，监测装置应配置通用 CAN 网芯片，并编写安装应用层网络通信程序与 CAN 网芯片的驱动程序，实现信号数据的传输。

3）如选用 RS-485 接口，监测装置应配置通用 RS-485 总线收发芯片，并编写安装自定义网络层协议和链路层协议，公布协议文本等，实现信号数据的传输。

（2）无线（GPRS）传输使用无线网络方式，安装相应的软件，实现数据的传输。

油中溶解气体在线监测装置结构组成见图 5-1。

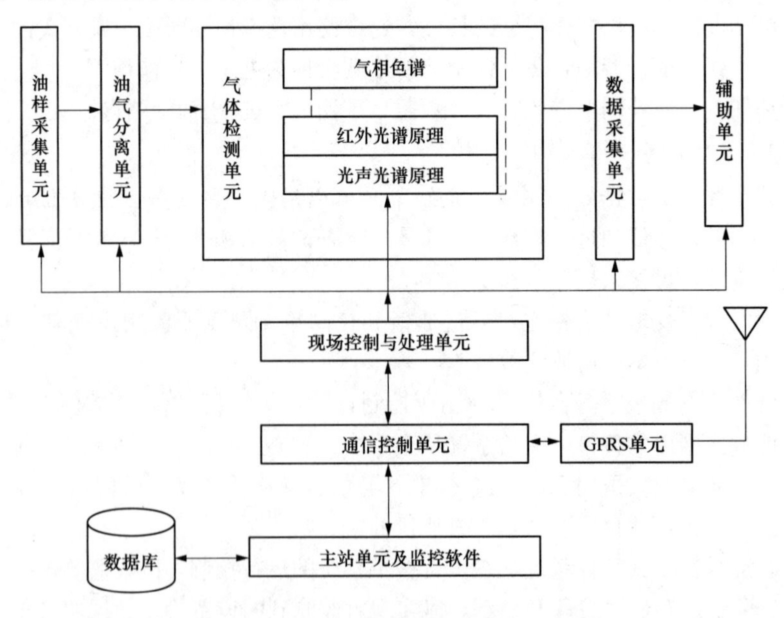

图 5-1　油中溶解气体在线监测装置结构组成

第二节　变压器油中溶解气体在线监测装置类型

油中溶解气体在线监测作为在线监测方面的一个重要内容，在国内外都是研究热点，发展很快，主要发展动向可以从测试对象、取气方法和所使用的检测器三个方面来分类。

一、以测试对象来分类

按测试对象不同，油中溶解气体在线监测装置分为以下三类。

1. 测单一组分氢气

从绝缘油的分子结构上可以看出，当设备内部出现故障时，油分子遭到破坏，无论是电的还是热的故障，均会在油分子破坏的过程中产生大量氢气，因此氢气的增加是绝缘劣化的征兆。而且氢最活泼易测，可以使在线监测仪器简化，适于故障的初期监测。

2. 测可燃气体总量

在每台变压器中都会或多或少地含有一定量的氢气、一氧化碳和各种气态烃等可燃气体，就是新投入运行的变压器也不例外。在新投运的最初几年里，可燃气浓度一直呈上升趋势，直到气体产生与气体逸散达到平衡为止。当出现异常增长时，一定有产气源，即故障存在。总可燃气含量增加与单一组分氢气增加一样，不能明确故障的性质，但选择适当的检测器作为故障的初期警报，也是简便易行的。

3. 测多种气体组分单独含量

有的在线监测装置测量氢气、甲烷和一氧化碳三个组分的含量；有的在线监测装置测量甲烷、乙烷、乙烯、乙炔四个组分的含量；有的在线监测装置测量包括氢气、一氧化碳及四个烃类的六种可燃气组分含量，甚至包括二氧化碳在内的七个组分的含量。这与实验室色谱仪相同，故又称为在线色谱仪。

二、按油气分离方法来分类

按油气分离方法不同，油中溶解气体在线监测装置采用的主要分离技术可分为以下四类。

1. 高分子聚合物分离膜透气技术

自克兹（Kurz）研制成用高分子塑料分离膜，渗透出油中气体供气相色谱仪使用，并装于变压器上实现在线监测后，人们对渗透膜进行了大量研究，相继研制成功了聚酰亚胺、聚六氟乙烯、聚四氟乙烯等各种高分子聚合物分离膜，并研制出了各种在线监测装置。日本日立株式会社试制了一种聚四氟亚乙基全氟烷基乙烯基醚膜，利用高分子膜透气，通过三根色谱柱对各组分进行分离，电磁阀控制载气流量，并用催化燃烧型传感器制成了能测六个组分的在线色谱监测装置。这种装置的PFA膜可以渗透 H_2、CO、CH_4、C_2H_2、C_2H_4 和 C_2H_6 等各种烃类气体，但膜较柔软，并且不容易固定在容器上，必须把它贴在一个微熔化的、烧结而成的不锈钢盘上，运行中更换不方便；同时，因所选用传感器的原因，必须采用三根色谱柱把混合气体分开，所以色谱柱的更换也很困难。由于早先采用的聚酰亚胺等透气性能和耐老化性能差，而聚四氟乙烯的透气性能好，又有良好的机械性能和耐油等诸多优点，因此国内外普遍选用它作为油中溶解气体监测仪上的透气膜。

2. 真空分离法

用于变压器油中溶解气体在线监测装置的真空油气分离法主要有波纹管法和真空泵脱气法。

(1) 波纹管法是利用波纹管的不断往复运动，将变压器油中的气体快速脱出。日本三菱株式会社生产的油中总可燃气在线监测仪是利用小型电动机带动波纹管反复压缩，多次抽真空，将油中溶解气体抽出来，废油仍回到变压器中。每次测试需要 40min，测试周期可在 1～99h 或 1～99d 自由调整。其流程见图 5-2。

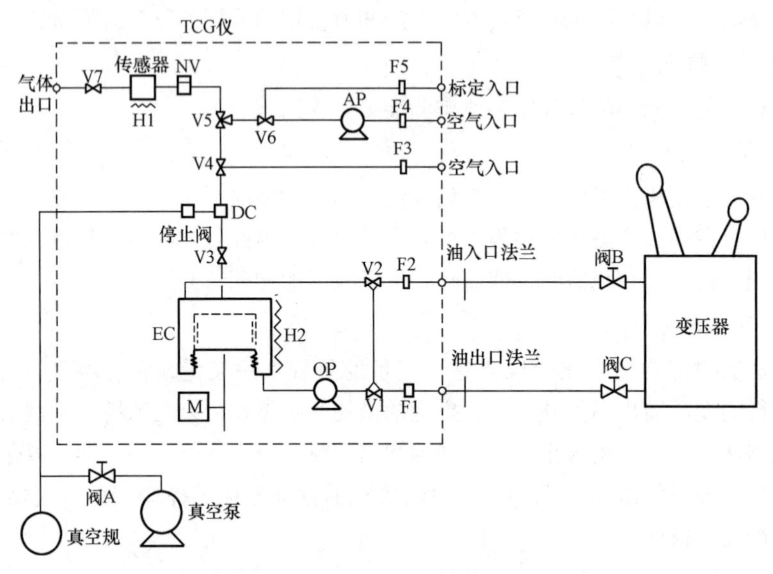

图 5-2　TCG 检测仪流程图

M—波纹管驱动电动机；EC—波纹管取气口；DC—油阱；AP—空气泵；OP—油泵；H1、H2—加热器；F1、F2—油过滤器；F3～F5—空气过滤器；V1～V7—电磁阀；NV—针形阀

这种油气分离方法用于同一台设备的在线监测是可行的，而用于离线色谱分析则不可行。这是由于积存在波纹管空隙里的残油很难完全排出，因而会造成对下一个油样的污染。特别是对含量低、在油中溶解度大的乙炔，残油中乙炔的影响不能忽视。同时，由于整个装置结构复杂，难以大量推广应用。

(2) 真空泵脱气法是利用真空泵形成负压环境，从而分离出油中溶解气体。该法脱气率较高，但结构复杂，对装置密封性要求较高，并要注意真空泵的磨损。随着使用时间的增长，真空泵的抽气效率降低，不能保证脱气容器内的真空度，以至油的脱气率降低，造成测试结果偏低和有残油污染等问题。

3. 顶空脱气分离技术

这种方法采用一种专门用的分馏柱，利用载气在色谱柱之前往油中通气，使油中溶解气体析出来，进入到检测器检测。分馏柱设在层析室的恒温箱中，利用定量管注入固定体积的油样，再根据油中各组分气体的排出率调整气体的响应系数来定量。这种方式脱气速度较快，分析一个油样需要 40min，用油量为 2mL，测试误差在 20%以内，有的可达 10%以内，消除了温度等因素对脱气率的影响，提高了测试结果的重复性和不同实验室之间的可比性。

4. 空气循环油气分离法

日本日新电机株式会社研制了一种采用空气循环油气分离法的油中氢气在线监测仪，其流程见图 5-3。该空气循环法是采用闭合管路系统，利用循环泵向油中吹入定量的空气，在油中氢气浓度和空气空间的氢气浓度达到平衡之前，空气一直是循环的，循环时间约 3min。然后，将含有氢气的空气送入回收容器中检测。测试完毕将回收容器内所剩气体全部排出，并通入新鲜的空气，洗净配气管及容器。该装置能迅速有效地抽出油中溶解的氢气，并用对氢选择性高的半导体传感器检测。

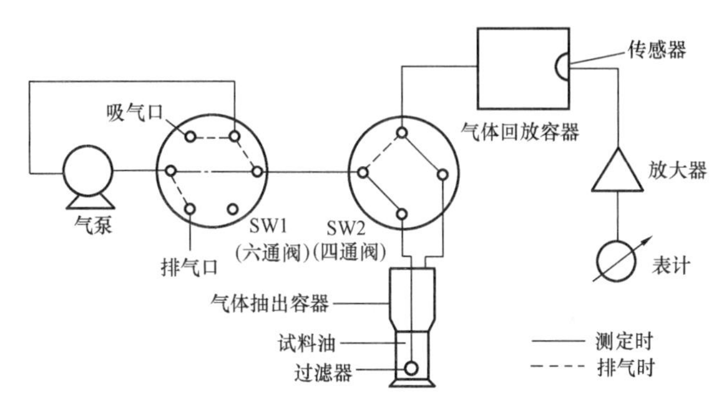

图 5-3　空气循环油气分离法流程图

三、按使用的检测器来分类

按所使用的检测器不同，油中溶解气体在线监测装置可分为以下八类。

1. 钯栅场效应管型检测器

钯栅场效应管主要用于氢气组分的检测，其机理是：当氢分子吸附在催化金属钯上时，氢分子在钯的外表面发生分解，生成氢原子，氢原子通过钯膜，再迅速通过钯栅，并吸附在金属钯一绝缘介质界面上，形成偶极层，使金属钯的电子功函数减少。这种现象表现为 MOSFET 的阈值电压（又称为开启电压）U_{DS} 降低，其降低值 ΔU 与 H_2 浓度有定量关系。ΔU 经放大和线性化处理后，显示氢气浓度值。该元件对氢具有独特的选择性，基本不受其他气体组分的干扰。开启电压 U_{DS} 与氢气浓度的关系见图 5-4。

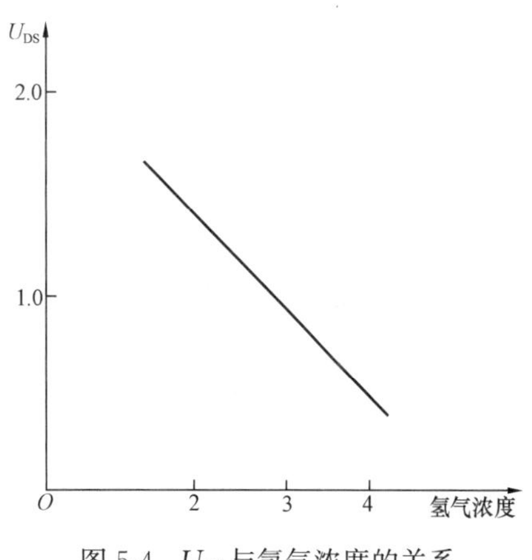

图 5-4　U_{DS} 与氢气浓度的关系

钯栅场效应管测氢仪的整体结构是：利用固定在气室上的聚四氟乙烯膜透过氢气，把钯栅场效应管直接插入气室进行测量，钯栅场效应管本身同时具有恒温和控温的功能。当氢气浓度超过设定值时，会有声光报警，实现了连续在线监测。这是我国最先研制的变压器在线监测仪。

钯栅场效应管存在严重的缺点：一是寿命不够长，一般为一年多；二是零漂严重。在使用中，不仅维护工作量大，而且经常出现误报警。分析其直接原因是：这种钯栅场效应管随氢气浓度不同引起相应的开启电压降低 ΔU，而 ΔU 与浓度并非线性关系，必须经过电气回路进行线性化处理。这里线性化处理后的“直线”实则为一近似直线的曲线，并非真正的直线。随着钯栅场效应管的老化，管子本身的开启电压降低，改变了原来的曲线和零位，自然也改变了线性化处理后的“直线”，这就必须通过经常调节零位和用外标氢气标定，才能准确地反映氢气的体积分数，否则往往出现误报警。

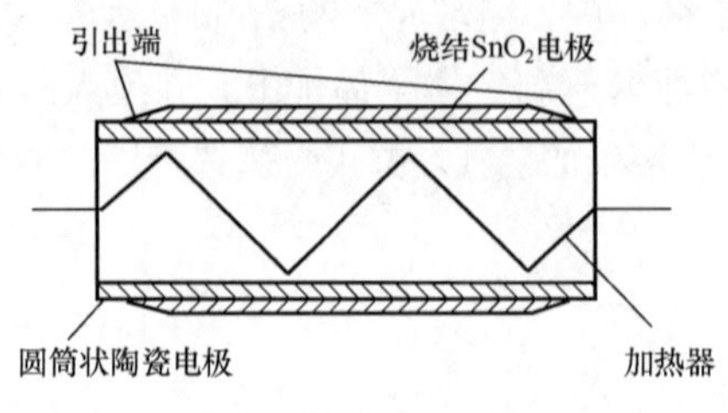

图 5-5 半导体传感器结构示意图

2. 半导体型传感器

半导体传感器又称阻性传感器或金属氧化物传感器，是研究开发较早的一种传感器，普遍用于可燃气报警。其结构见图 5-5。其工作机理是：氢气和氧气发生反应时，释放出电子，导致氧化锡的电导率增大，电导率的变化引起电压的变化，经试验证明，该传感器的峰值读数和气体浓度成线性关系。气体具体测量种类的选择由加入到氧化锡内的催化剂控制。南非和日本东芝株式会社均是将表面的氧化锡经过特殊处理后用于测氢。南非利用高分子薄膜透氢，将传感器安装在气室内进行连续监测。日本则利用空气循环法取气，研制了用于现场检测的便携式油中溶解气体检测器。美国电力研究院（EPRI）开发的变电站诊断系统也采用这种金属氧化物传感器。

这种传感器造价低廉，而且在油气中，以及高湿度和温度变化的环境中能够保持长期的稳定性，便于在要求低造价的在线检测中使用，但必须注意校准和精度。

3. 催化燃烧型传感器

催化燃烧型传感器的应用很多，日本三菱株式会社生产的在线监测仪就是利用这种传感器检测可燃气总量的。英国 TROLX 公司生产的 TX-3259、TX-3267 型传感器，爱尔兰 PANAMETRICS 公司生产的燃气分析仪使用的铂催化剂燃气传感器都属于这一类。国产的 LX-1、LX-2、LX-3 等，JD-2、MQ-C 型传感器也属于这类产品。

催化燃烧型传感器的基本原理是在一根铂丝上涂上燃烧型催化剂，在另一根铂丝上涂上惰性层，组成阻值相等的一对元件，由这一对元件和外加两个固定电阻组成桥式检测回路，如图 5-6 所示。在一定的桥流（温度）下，当与可燃气接触时，一根铂丝发生无烟燃烧反应，发热，阻值发生改变，另一根铂丝不燃烧，阻值不变，使原来平衡的电桥失去平衡，输出一个电信号，经放大后显示出结果。这一信号与可燃气浓度呈线性关系。

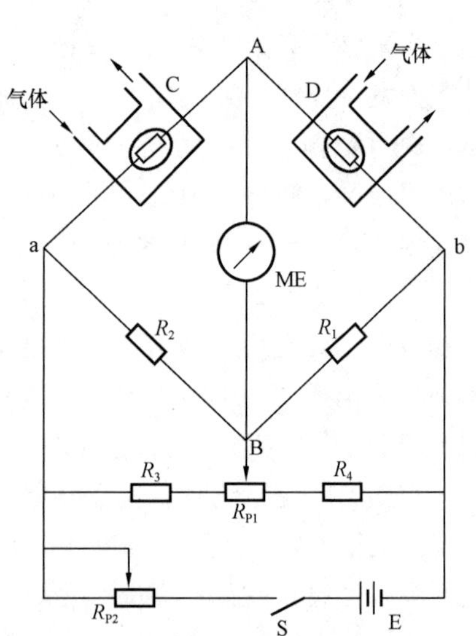

图 5-6 催化敏感元件电路原理图

C—无活化的铂丝；D—活化的铂丝；$R_1 \sim R_4$—电阻；R_{p1}、R_{p2}—可变电阻；S—开关；E—电源；ME—检流计

就利用薄膜法测氢而言，催化燃烧元件的输出与色谱分析有一定的误差，这是由于薄膜对氢气以外的其他气体有一定的透过率，即使是选择性较好的聚芳杂环膜也是如此。特别是 CO 的透过量对总的测试结果有一定的影响，使氢的测试值偏高。对总可燃气检测器来说，首先影响测试结果的是取气方法，不同的取气方法对油中溶解的各气体组分的脱出率不同，故测试值也不同。另外，不同的气体组分在催化燃烧元件上燃烧时，产生的热能不同，造成元件对各气体组分的灵敏度也不同。特别是当这些混合气体的组分变化较大时，使检测元件的输出也发生变化。一般来说，在油中溶解度较大的组分，如 C_2、C_3 各组分，对催化元件有较高的灵敏度；在油中溶解度较小的组分，虽然对催化元件的灵敏度较低，但取气容易取得比较彻底。所以，总可燃气检测器的测试结果是上

述各种因素综合效应的体现。

4. 燃料电池型传感器

燃烧电池型传感器的工作原理是：阳极和阴极被电解液隔开，溶解在阳极的气体被化学氧化，空气中的氧气在阴极上被催化还原，最终燃烧电池输出电流，电流值与气体浓度成正比关系，从而实现对气体浓度的定量检测。

早在 20 世纪 70 年代，加拿大就开始了利用燃料电池作为检测氢气的传感器的研究，现已批量生产携带式 103B 型和在线式 201R 型两种氢气检测器，其燃料电池传感器的剖面如图 5-7 所示。测试的过程是：变压器油充满聚四氟乙烯薄膜靠变压器侧的腔体，溶解在油中的氢气透过聚四氟乙烯薄膜迅速扩散至另一侧，并在多孔的透气铂黑电极上被电氧化。与此同时，周围有空气的另一个电极上的氧被还原，两个电极间的电解质是胶状浓度为 50% 的硫酸溶液。由燃料电池所产生的电流，通过一个 100Ω 的电阻显示电压值，这个电压值被放大，并显示出油中氢气的浓度。

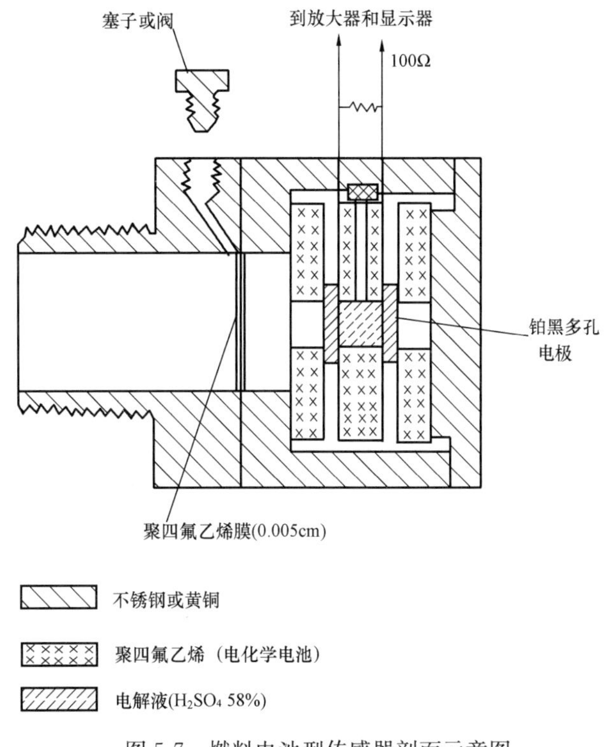

图 5-7　燃料电池型传感器剖面示意图

尽管燃料电池型监测仪的检测精度高、重复性好，但由于燃料电池的寿命有限、造价高，因而限制了它们在在线监测中的广泛应用。另外燃料电池中的电化学反应实际为氧化-还原反应。在油中溶解有较大量的 CO 气体，如前所述，CO 会透过聚四氟乙烯薄膜，不可避免地会参与反应，因此测试结果应为 H_2 和 CO 的总和，其中 CO 约占 12%。

5. 热导检测器

热导检测器主要用于变压器油中溶解的七种气体组分的在线检测，其检测灵敏度接近实验室色谱分析的水平。由于不同物质的热导系数各不相同，其在发热电阻丝上的热量损失比也不尽相同，因此可通过测量发热电阻丝的热量损失比，分析气体的组分和浓度。依据被测物的不同热导系数和惠斯顿电桥的工作原理设计的热导检测器检测原理如图 5-8 所示，其工作测量流程为：首先用恒定的电流加热测量臂和参比臂，使其处于相同状态；然后将载气分别注入参比池、测量池，稳定一定时间后，热导池内达到热平衡状态，电桥也处于平衡状态，此时记录器上显示数据作为测量基线；然后将样品和载气组成的混合气体注入测量池，因混合气体的导热系数不同于载气的导热系数，故引起测量池中热敏电阻丝温度的变化，进而改变其电阻值，破坏原有的电桥平衡，记录器上出现色谱峰，可计算出气体的含量。该检测器具有结构简单、性能稳定、线性范围宽、对所有物质均有响应等优点，但对载气纯度要求较高。

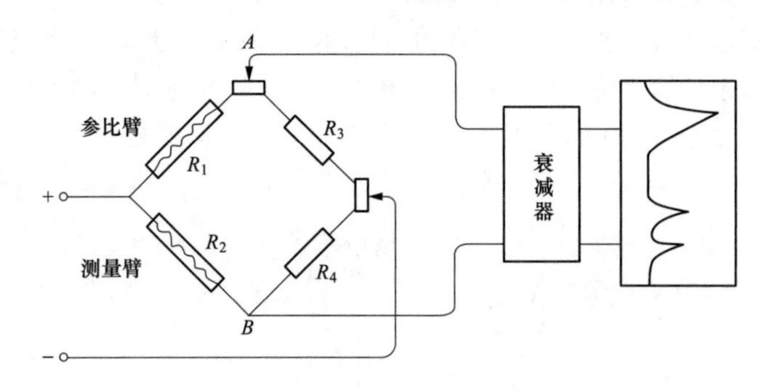

图 5-8　热导检测器检测原理图

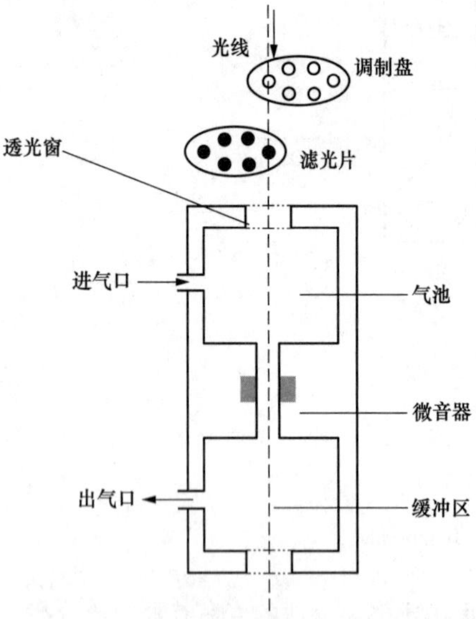

图 5-9　光声光谱检测器结构示意图

6. 光声光谱检测器

光声光谱检测器是利用光声光谱效应实现变压器油中气体和微水的检测，主要用于在线监测装置或便携式装置，其结构如图 5-9 所示。光声光谱效应原理是用一束强度可调制的单色光照射到密封于光声池中的样品上，样品吸收光能后，以释放热能的方式退激，释放的热能使样品和周围介质按光的调制频率产生周期性加热，从而导致介质产生周期性压力波动，压力波的强度与气体的浓度成比例关系，这种压力波动可用灵敏的微音器或压电陶瓷传声器检测，并通过放大得到光声信号；若入射单色光波长可变，则可测到随波长而变的光声信号图谱，这就是光声光谱。该检测器需要的气体样品量较少，但灵敏度不高、抗干扰能力差。

7. 傅里叶红外光谱检测器

傅里叶红外光谱检测器是基于光的干涉原理，分别将载气和被测气体置于迈克尔逊干涉光路中，移动动镜时，探测器将得到强度不断变换的干涉波谱图；接着，将干涉光谱图进行傅里叶变换、除法和对数处理后，得到被测气体的吸收光谱，进而判断被测气体的成分和含量，其测量原理如图 5-10 所示。该检测器测量灵敏度高，但红外光谱检测器价格昂贵、所需气体样品量较多，因此不适合大范围内推广应用。

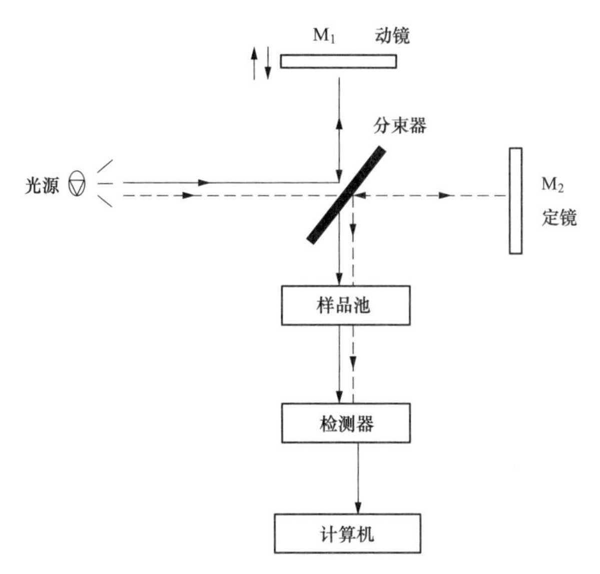

图 5-10 傅里叶红外光谱检测器示意图

8. 阵列式气敏传感器

采用由多个气敏传感器组成的阵列（见图 5-11），利用不同传感器对不同气体的敏感度不同，采用神经网络结构对传感器进行反复的离线训练，建立各气体组分浓度与传感器阵列响应的对应关系，消除交叉敏感的影响，从而不需要将混合气体分离，就能实现对各种气体浓度的在线监测。其主要缺点是：传感器漂移的累积误差对测量结果有很大的影响；标定过程相当复杂，一般需要几十到几百个样本。

图 5-11 阵列式气敏传感器

根据不同的测试对象，选择不同的传感器，并配合使用不同的取气方法，可以组合成多种多样的油中溶解气体在线监测装置。

第三节 变压器油中溶解气体在线监测装置技术规范

为规范变压器油中溶解气体在线监测装置的设计、生产和检验，统一技术标准，促进变压器油中溶解气体在线监测技术的应用，提高电网的运行可靠性，电力行业制定了 DL/T 1498.1《变电设备在线监测装置技术规范 第 1 部分：通则》和 DL/T 1498.2《变电设备在线监测装置技术规范 第 2 部分：变压器油中溶解气体在线监测装置》对变压器油中溶解气体在线监测装置的技术条件进行规范，对在线监测装置在以下几个方面做了要求。

一、技术要求

1. 通用技术要求

变压器油中溶解气体在线监测装置的基本功能、绝缘性能、电磁兼容性能、环境适应性能、机械性能、外壳防护性能、可靠性及外观和结构等通用技术要求应符合 DL/T 1498.1 的规定。

2. 接入安全性要求

变压器油中溶解气体在线监测装置的接入不应使被监测设备或邻近设备出现安全隐患，如绝缘性能降低、密封破坏等；油样采集与油气分离部件应能承受油箱的正常压力，对变压器油进行处理时产生的正压与负压不应引起油渗漏；应不破坏被监测设备的密封性，采样部分不应引起外界水分和空气的渗入。

3. 油样采集部分要求

（1）循环油工作方式：油气采集部分需进行严格控制，应满足不污染油、循环取样不消耗油等条件。所取油样应能代表变压器中油的真实情况，取样方式和回油不影响被监测设备的安全运行。

（2）非循环油工作方式：分析完的油样不允许回注主油箱，应单独收集处理，一次排放油量不应大于 100mL。所取油样应能代表变压器中油的真实情况，取样方式不应影响被监测设备的安全运行。

4. 取样管路要求

油管应采用不锈钢或紫铜等材料，油管外可加装管路伴热带、保温管等保温部件及防护部件，以保证变压器油在管路中流动顺畅。

二、功能要求

变压器油中溶解气体在线监测装置应满足的基本功能如下：

（1）在线监测装置应具备长期稳定工作的能力，装置应具备油样校验接口和气样校验接口，装置生产厂家应提供校验用连接管路及校验方法。

（2）在线监测装置的最小检测周期不应大于规定值，且检测周期可通过现场或远程方式进行设定。

（3）具有故障报警功能（如数据超标报警、装置功能异常报警等）。

（4）多组分在线监测装置分析软件应能对检测结果进行分析，并具有相应的常规综合辅助诊断功能。

（5）多组分在线监测装置应具有独立的油路循环功能，用于清洗管路。

（6）多组分在线监测装置应具有恒温、除湿等功能。

（7）少组分在线监测装置至少应监测氢气（H_2）或乙炔（C_2H_2）等关键组分含量。

三、准确度要求

宜根据在线监测装置测量误差限值要求的严苛程度不同，从高到低将测量误差性能定义为 A、B、C 级，合格产品的要求应不低于 C 级。具体各级测量误差限值的要求见表 5-1、表 5-2。若产品说明书中标称的检测范围超出表 5-1、表 5-2 的规定值，应以说明书的指标来检验。

表 5-1 多组分在线监测装置测量误差限值要求

检测参量	检测范围（μL/L）	测量误差限值（A 级）	测量误差限值（B 级）	测量误差限值（C 级）
氢气（H_2）	2～20	±2μL/L 或±30%	±6μL/L	±8μL/L
	20～2000	±30%	±30%	±40%
乙炔（C_2H_2）	0.5～5	±0.5μL/L 或±30%	±1.5μL/L	±3μL/L
	5～1000	±30%	±30%	±40%
甲烷（CH_4）、乙烯（C_2H_4）、乙烷（C_2H_6）	0.5～10	±0.5μL/L 或±30%	±3μL/L	±4μL/L
	10～1000	±30%	±30%	±40%
一氧化碳（CO）	25～100	±25μL/L 或±30%	±30μL/L	±40μL/L
	100～5000	±30%	±30%	±40%
二氧化碳（CO_2）	25～100	±25μL/L 或±30%	±30μL/L	±40μL/L
	100～15 000	±30%	±30%	±40%
总烃	2～20	±2μL/L 或±30%	±6μL/L	±8μL/L
	20～4000	±30%	±30%	±40%

表 5-2 少组分在线监测装置测量误差要求

检测参量	检测范围（μL/L）	测量误差限值（A 级）	测量误差限值（B 级）	测量误差限值（C 级）
氢气（H_2）	5～50	±5μL/L 或±30%	±20μL/L	±25μL/L
	50～2000	±30%	±30%	±40%
乙炔（C_2H_2）	1～5	±1μL/L 或±30%	±3μL/L	±4μL/L
	5～200	±30%	±30%	±40%
一氧化碳（CO）	25～100	±25μL/L 或±30%	±30μL/L	±40μL/L
	100～2000	±30%	±30%	±40%
复合气体（H_2、CO、C_2H_4、C_2H_2）	5～50	±5μL/L 或±30%	±20μL/L	±25μL/L
	50～2000	±30%	±30%	±40%

四、其他指标要求

多组分在线监测装置、少组分在线监测装置的其他技术指标见表 5-3 和表 5-4。

表 5-3 多组分在线监测装置其他技术指标要求

参 量	要 求
最小检测周期	≤4h
取油口耐受压力	≥0.6MPa
载气瓶使用时间	≥400 次
测量重复性	在重复性条件下，6 次测试结果的相对标准偏差 σ_R≤5%

表 5-4　少组分在线监测装置其他技术指标要求

参　量	要　求
最小检测周期	≤36h
取油口耐受压力	≥0.6MPa
测量重复性	在重复性条件下，6 次测试结果的相对标准偏差 $\sigma_R \leqslant 5\%$

五、试验项目及要求

1. 通用技术条件试验

通用技术条件试验项目包括基本功能检验、绝缘性能试验、电磁兼容性能试验、环境适应性能试验、机械性能试验、外壳防护性能试验、可靠性评定以及结构和外观检查。这些项目的试验方法、试验后监测装置应满足的性能要求应符合 DL/T 1498.1 的相关规定。

2. 测量误差试验

受试装置处于正常工作状态，试验期间不允许进行任何设置。试验采集的油样按所含气体组分含量划分，应满足下列要求：

(1) 多组分在线监测装置检验：

1) 总烃含量小于 10μL/L 的油样 1 个，其中乙炔（C_2H_2）接近最低检测限值（允许偏差≤0.5μL/L）；

2) 总烃含量为 10～150μL/L 的油样不少于 3 个；

3) 总烃含量介于 150μL/L 和最高检测限值之间的油样不少于 3 个。

(2) 少组分在线监测装置检验：介于最低检测限值和最高检测限值之间的油样不少于 3 个。

油中溶解气体组分含量由实验室气相色谱仪确定，试验方法应符合 GB/T 17623 的规定，试验时应配制含多组分气体油样，必要时也可配制含单一气体组分的油样。各油样中气体组分的测量误差均需符合表 5-1、表 5-2 中测量误差要求。

3. 测量重复性试验

(1) 对于多组分在线监测装置，针对总烃不小于 50μL/L 的混合油样，在线监测装置连续进行 6 次油中溶解气体检测，重复性以总烃测量结果的 σ_R 表示，σ_R 应不大于 5%。

(2) 对于少组分在线监测装置，针对氢气或乙炔不小于 50μL/L 的油样，在线监测装置连续进行 6 次油中溶解气体分析，σ_R 应不大于 5%。

σ_R 的计算公式为

$$\sigma_R = \sqrt{\frac{\sum_{i=1}^{n}(C_i - \overline{C})^2}{n-1}} \times \frac{1}{\overline{C}} \times 100\% \tag{5-1}$$

式中　n——测量次数；

C_i——第 i 次测量结果；

$\overline{C}$——6 次测量结果的算术平均值；

i——测量序号。

4. 最小检测周期试验

最小检测周期是指正常工作条件下，在线监测装置从本次检测进样到下次检测进样所需的最短时间。最小检测周期应满足表 5-3 和表 5-4 的要求。

5. 数据传输试验

将在线监测装置与计算机进行通信连接，应能够进行数据就地导出。

6. 数据分析功能检查

将在线监测装置与计算机进行通信连接，检查上传的数据和谱图应满足以下要求：

(1) 多组分监测装置应提供组分含量，能计算绝对产气速率、相对产气速率，并可采用报表、趋势图、单一组分显示、多组分同时显示等多种显示方式，且具有预警和故障诊断功能。

(2) 少组分监测装置应至少可以监测氢气（H_2）或乙炔（C_2H_2）等关键气体组分含量，并具有故障预警功能。

六、检验规则

1. 检验类别

装置检验分为型式试验、出厂试验、交接试验和现场试验四类。变压器油中溶解气体在线监测装置的检验项目按表5-5中的规定进行。

表5-5　变压器油中溶解气体在线监测装置检验项目

序号	检验项目	依据标准	条款	型式试验	出厂试验	交接试验	现场试验
1	结构和外观检查	DL/T 1498.1—2016	5.3	●	●	●	●
2	基本功能检验	DL/T 1498.1—2016	5.4	●	●	●	●
3	绝缘电阻试验	DL/T 1498.1—2016	5.6.1	●	●	●	☆
4	介质强度试验	DL/T 1498.1—2016	5.6.2	●	●	☆	☆
5	冲击电压试验	DL/T 1498.1—2016	5.6.3	●	●	☆	○
6	电磁兼容性能试验	DL/T 1498.1—2016	5.7	●	○	○	○
7	低温试验	DL/T 1498.1—2016	5.8.2	●	○	○	○
8	高温试验	DL/T 1498.1—2016	5.8.3	●	○	○	○
9	恒定湿热试验	DL/T 1498.1—2016	5.8.4	●	○	○	○
10	交变湿热试验	DL/T 1498.1—2016	5.8.5	●	○	○	○
11	振动试验	DL/T 1498.1—2016	5.9.1	●	○	○	○
12	冲击试验	DL/T 1498.1—2016	5.9.2	●	○	○	○
13	碰撞试验	DL/T 1498.1—2016	5.9.3	●	○	○	○
14	防尘试验	DL/T 1498.1—2016	5.10.1	●	○	○	○
15	防水试验	DL/T 1498.1—2016	5.10.2	●	○	○	○
16	测量误差试验	DL/T 1498.2—2016	7.2.2	●	●	☆	●
17	测量重复性试验	DL/T 1498.2—2016	7.2.3	●	●	●	●
18	最小检测周期试验	DL/T 1498.2—2016	7.2.4	●	●	●	○
19	数据传输试验	DL/T 1498.2—2016	7.2.5	●	☆	●	☆
20	数据分析功能检查	DL/T 1498.2—2016	7.2.6	●	☆	●	○

注　●表示规定必须做的项目；○表示规定可不做的项目；☆表示根据客户要求做的项目。

2. 型式试验

型式试验是制造厂将装置送交具有资质的检测单位，由检测单位依据试验条目完成试验，试验项目按表5-5中的检验项目逐项进行，并出具型式试验报告。

有以下情况之一时，应进行型式试验：

（1）新产品定型；

（2）连续批量生产的装置每4年进行一次型式试验；

（3）正式投产后，如设计、工艺材料、元器件有较大改变，可能影响产品性能时；

（4）产品停产一年以上又重新恢复生产时；

（5）出厂试验结果与型式试验有较大差异时；

（6）国家技术监督机构或受其委托的技术检验部门提出型式试验要求时；

（7）合同规定进行型式试验时。

3. 出厂试验

每台装置出厂前，应由制造厂的检验部门进行出厂试验，检验项目按表5-5中规定的检测项目逐项进行，全部检验合格并附有合格证后，方可出厂。

4. 交接试验

在装置安装完毕后、正式投运前，由运行单位开展试验，装置试验合格后，方可运行。测量误差试验方法与现场试验相同。

5. 现场试验

现场试验是现场运行单位或具有资质的检测单位对现场待测装置性能进行的测试。现场试验一般分为以下两种情况：

（1）定期例行校验，校验周期为1～2年；

（2）必要时。

检验项目按表5-5中规定的检测项目逐项进行。

现场试验时，测量误差试验有以下两种方式：

（1）采集被监测设备本体油样进行试验，与实验室气相色谱仪检测结果进行比对。

（2）配制一定气体组分含量的油样进行试验，与实验室气相色谱仪检测结果进行比对。测量误差试验一般测取1～3个测试点，检验结果应能满足表5-1和表5-2中测量误差限值的要求。

七、标志、包装、运输和贮存

1. 标志

（1）每台装置应有明晰的铭牌，且应包含以下内容：

1）装置型号；

2）装置全称；

3）制造厂全称及商标；

4）出厂年月及编号。

（2）2装置的包装、储运图示标志应符合GB/T 191《包装储运图示标志》的要求。包装箱上应有以下标记：

1）发货厂名、装置名称及型号；

2）包装箱外形及毛重；

3）包装箱外面书写“防潮”“小心轻放”“不可倒置”等字样。

2. 包装

（1）装置包装前的检查：

1）装置的合格证书、产品说明书、出厂检测报告、装箱清单、附件、备品备件齐全；

2）装置外观无损伤；

3）装置表面无灰尘。

（2）包装的一般要求：装置应有内包装和外包装，包装应有防尘、防两、防水、防潮、防振等措施。

3. 运输

装置应适用于陆运、空运、水（海）运，运输装卸应按包装箱上的标准进行操作。

4. 贮存

包装好的装置应贮存在环境温度为－25～＋55℃、湿度不大于85％的库房内，室内无酸、碱、盐腐蚀及腐蚀性、爆炸性气体，不受灰尘、雨雪的侵蚀。

第四节　几种常用变压器油中溶解气体在线监测装置简介

一、少组分在线监测装置

少组分在线监测装置是指变压器油中氢气、乙炔、可燃气体等少于6种的气体组分，经油气分离后，利用传感器对其进行分析，并将数据实时传送至监测后台，实现氢气、乙炔、可燃气体总量等气体的实时监测功能。以下根据所测得不同组分类型分别进行介绍。

1. 变压器油中 H_2 单组分在线监测装置

主变压器内发生的几乎所有故障都伴随有氢气产生，因此前期的在线监测技术将氢气作为主要的监测对象。变压器油中 H_2 在线监测装置是采用选择性半透膜将变压器油中的氢气分离出来，用传感器对 H_2 含量进行检测。其传感器主要有燃料电池型、电化学型、热电型和光纤型等几类，其中金属氧化物电化学型传感器应用较为广泛。变压器油中 H_2 在线监测装置主要由油样采集单元、油气分离单元、H_2 检测单元、数据采集和通信单元、上位机控制单元等组成，如图5-12所示。该装置具有以下功能：实时接收、保存和显示监测仪状态及检测结果；显示、确认监测仪报警；自动或快速下载监测仪历史监测记录，并保存在监测数据库中；读取或设置监测仪报警条件和运行参数；自动校准监测仪的系统时钟；强制触发传感器自我测试；展示和浏览保存在监测数据库中的监测记录等。

H_2 在线监测装置的原理较简单，因此早期现场运用较多，但该监测装置有一定局限性，如监测组分较少、最小监测周期长、误报警较多、对故障诊断可靠性低等缺点。

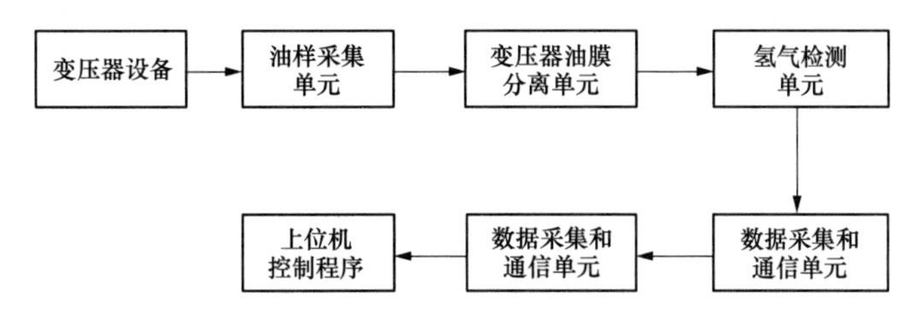

图5-12　变压器油中 H_2 在线监测装置构成

2. 变压器油中 C_2H_2 在线监测装置

变压器油中 C_2H_2 在线监测装置构造与单氢在线监测装置构造类似，也是采用选择性半透膜将变压器油中的 C_2H_2 分离后，用燃料电池型传感器对 C_2H_2 含量进行检测。由于该类型监测装置只能监测一种气体，无法准确地检测到其他故障类型，因此逐渐被多组分在线监测技术所取代。

3. 变压器油中可燃气体总量在线监测装置

变压器油中可燃气体总量在线监测装置是采用高分子聚合物半透膜或其他油气分离装置，将油中溶解气体从油中分离出来后，借助传感器对可燃气体的选择性来检测可燃气体总量。当前使用较多的传感器主要分为场效应管型传感器、半导体型传感器、燃料电池型传感器、催化燃烧型传感器等。

图 5-13 是一种油中四组分可燃气体（H_2、CO、C_2H_2、C_2H_4）总量在线监测装置构造图，该装置主要由取油单元、油气分离单元、检测单元、通信单元、软件控制终端等组成。取油单元分为静态适配器和强制对流型阀门适配器，强制对流阀门适配器的进油管可以根据变压器阀门的长度来决定开闭，能够确保测后油样进入变压器主体，从而得到真实的油样；油气分离单元采用高分子聚合物半透膜，能有效地分离变压器油中溶解气体；检测单元采用燃料电池型传感器对混合气体进行检测，也可选配微水传感器，实现油中水分的在线监测功能；通信单元可根据变电站的实际情况，采用 RS485 电缆、光纤、无线 GPRS 等方式；软件控制终端具有装置设置、数据库管理、数据图示显示、报警信息、日志管理、用户管理、数据的数学模型分析等功能。

变压器油中可燃气体总量在线监测技术仅能获知气体总量，无法准确判断变压器内部的故障，因此当前应用较少。

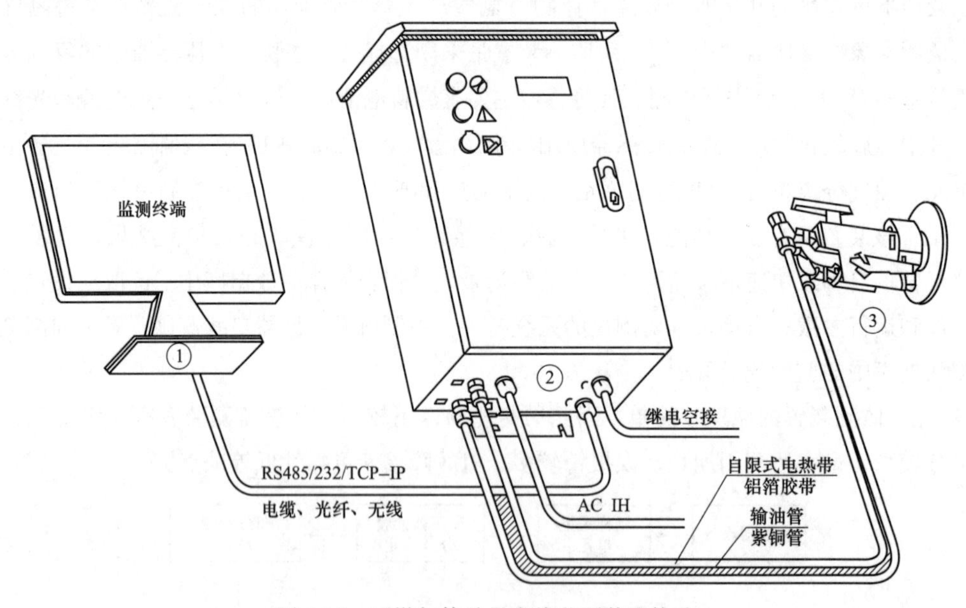

图 5-13　可燃气体总量在线监测装置构造

二、多种组分色谱型在线监测装置

1. 工作原理和特点

多种组分色谱型在线监测装置是利用动态顶空吹扫捕集脱气技术、色谱分离技术、高灵敏度微桥式检测器等技术，检测变压器油中七种气体组分（H_2、CO、CO_2、CH_4、C_2H_4、C_2H_6、C_2H_2），具有检测灵敏度高、分析周期短、检测准确性高的特点。该装置集成了色谱分析、专家诊断系统、自动控制、通信功能等，通过对绝缘油中溶解气体的测量和分析，实现了在线监控大型变压器内部运行状态的功能，准确掌握设备的运行状况，及时发现和诊断内部故障；弥补实验室色谱分析监测周期长的不足，为保证变压器安全经济运行和状态检修提供了技术支持。

2. 工作流程

主机开机和自检后，启动环境、柱箱、脱气等单元的温控系统，整机稳定后，采集变压器本体油样，并注入脱气装置，实现油气分离；脱出的样品气体组分经色谱柱分离，依次进入检测器；检测计算后的各组分浓度数据通过 RS485 或光纤通信方式传输到后台监控工作站，可自动生成浓度变化趋势图，并通过专家智能诊断系统进行综合分析诊断，实现变压器故障的在线监测功能，如图 5-14 所示。

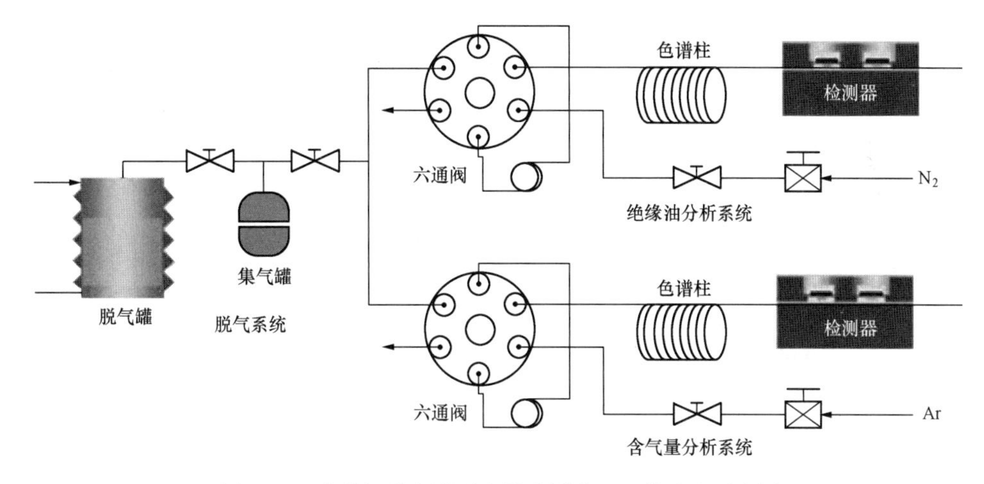

图 5-14　多种组分色谱型在线监测装置工作流程示意图

3. 关键技术分析

(1) 动态顶空脱气法。动态顶空脱气法是利用载气反复萃取油中的各组气体后，进入捕集器中浓缩，然后浓缩气被迅速吹扫到色谱柱中进行分离。该脱气法具有脱气率高、平衡时间短、重现性好等优点。

(2) 高性能复合色谱分离柱。根据在线色谱分析的特点、要求分离度比较高、分析周期短等特性，该装置采用了高性能复合色谱分离柱，可高效地分离绝缘油中溶解的氢气、一氧化碳、二氧化碳、甲烷、乙烷、乙烯、乙炔等气体。

(3) 微桥式检测器。该装置应用基于最新的微结构技术开发的高灵敏度固态微桥式检测器，采用双臂结构，传感元件集成在固态硅芯片上并呈线性分布，使传感元件尽可能地增加阻值，提高响应量；同时应用微结构池体，减小死体积，稳定流速，从而具有最佳的信噪比，可大幅提高检测灵敏度，已接近实验室气相色谱水平，而且响应范围宽。其结构如图 5-15 所示。

(4) 工作站软件功能。客户端监控工作站具有收集数据和对监测设备进行故障诊断的功能，操作简便、功能强大，主要包括：能很方便地查询设备名称、历史数据、当前数据等各项记录；可以自动为数据绘制趋势图，直观地观察各组分及总体的变化趋势，并可对趋势图进行放大查

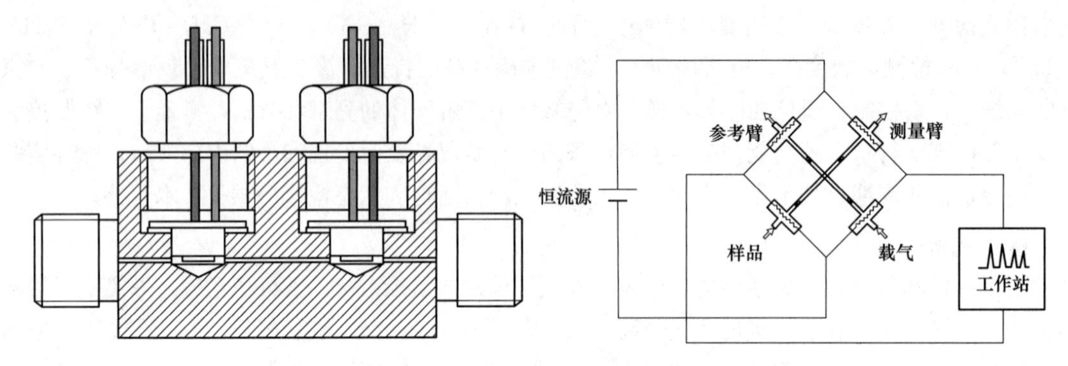

图 5-15　微桥式检测器结构示意图

看；可以为每个组分或不同组分的产气率设定报警注意值，如果在线监测结果超过报警值，监测装置会自动报警，并向负责人手机发送报警信息；可以计算任意时间段之间的绝对产气率、相对产气率，并可通过国家标准推荐的三比值、立方图和三角形等多种方法进行故障判断；具有打印和数据导出功能，可以利用 Word、Excel 强大的文档编辑功能进行报表编辑打印和数据处理；当变压器有异常或故障时，可随时设定试验周期增加检测次数，达到连续监测的目的；可以查询装置的运行状态和各种工况条件，从而实现设备的状态维护；无需在客户端安装任何软件，即可通过 MIS 网或互联网访问监测数据，进行故障诊断。图 5-16 是某型号变压器油中溶解气体组分在线监测装置工作站主界面。

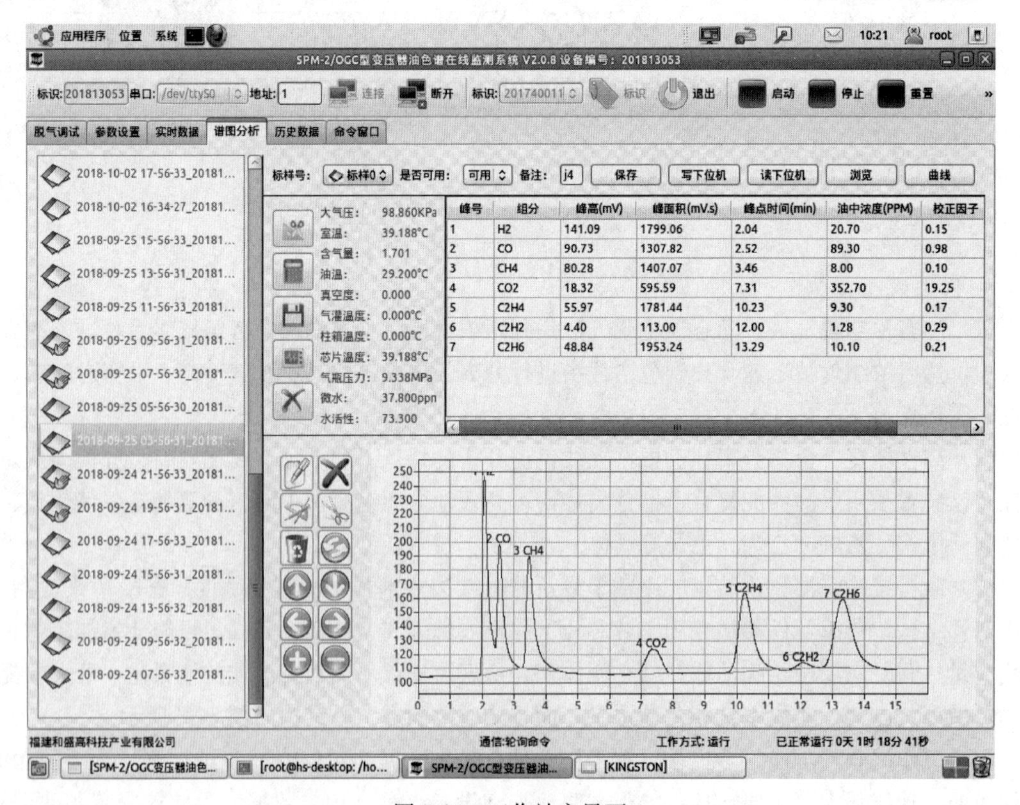

图 5-16　工作站主界面

三、多种组分光声光谱型在线监测装置

1. 工作原理

多种组分光声光谱型在线监测装置的工作原理是：首先油样经油泵进入脱气模块，采用“真空”法进行油气分离，经过脱气得到的气样进入光声光谱模块进行气体检测，最终得到电信号并传送给上位机，对数据进行修正，修正后的数据存放于数据存储模块。

2. 工作流程

为避免气路中可能存有的油蒸汽在温度较低的 PAS 测量模块内凝结，主机开机后，首先自检，然后通电预热；整机稳定后，采集变压器本体油样并注入脱气装置，实现油气分离；脱出的样品气体进入光声池进行检测，各组分浓度的数据通过 RS485 或光纤通信方式传输到后台监控工作站，可自动生成浓度变化趋势图，并通过专家智能诊断系统进行综合分析诊断，实现变压器故障的在线监测功能，如图 5-17 所示。该监测装置具有载气消耗少、无需高纯载气、分析速度快等优点，但检测器寿命短、稳定性差、灵敏度偏低、价格昂贵，因此不适用于大范围的应用。

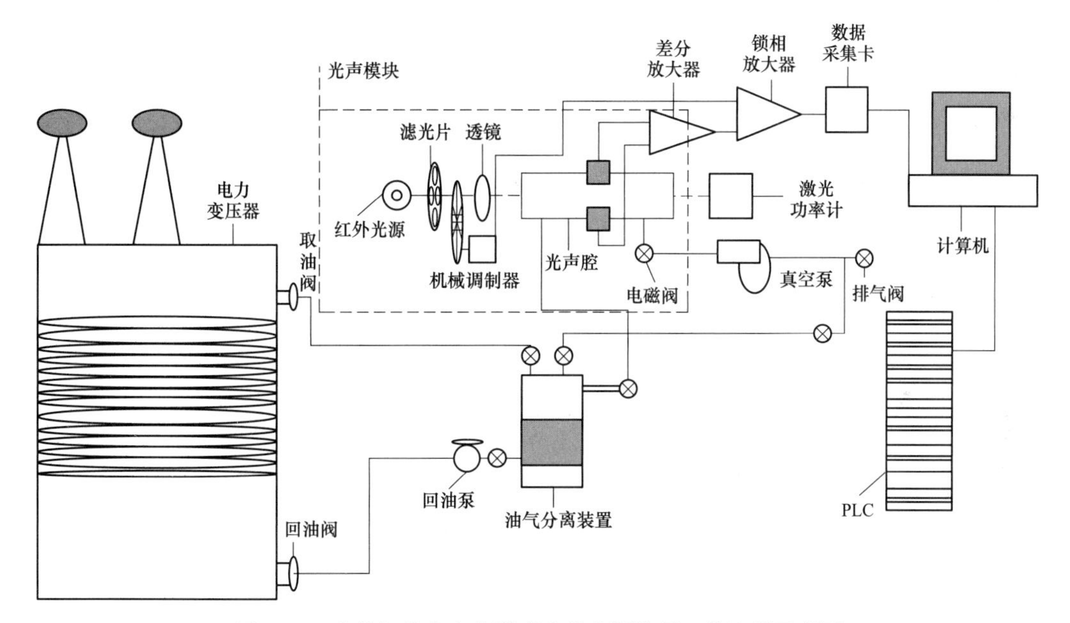

图 5-17　多种组分光声光谱型在线监测装置工作流程示意图

3. 关键技术

（1）真空脱气方式进行油气分离。图 5-18 是该油气分离装置的原理图，其基本工作过程如下：

1）抽真空：首先关闭注油阀，然后关闭回油阀和回油泵，开启气体止回阀 1、2，同时关闭电磁阀 1，开启电磁阀 2，同时启动真空泵，开始抽取气体排到外界空气中，形成一个负压的环境。

2）注油：关闭回油泵和回油止回阀以及气体止回阀，开启注油阀，向油气分离室中注油，同时经过流量控制器进行计量，当注入的油量达到一定量时，关闭注油电磁阀。作为油位高度的后备保护，还在油气分离室 1/3 高度处设置有油位液面传感器，当油位高度达到这个高度时，

将触发传感器，强制关闭注油电磁阀，停止注油。

3）振荡脱气：启动超声振荡器，开启气体止回阀1、2，开启电磁阀1，关闭电磁阀2，启动真空泵（用作气体循环泵），同时将脱好的气体输入到被检测光声腔内。

4）回油：当脱气检测完毕时，关闭气体止回阀1、2，关闭真空泵，关闭超声振荡器，开启回油阀，开启回油泵，将已经脱气完毕的油注回到变压器中。

回油完毕后，就相当于一次脱气过程完毕。其中，油蒸汽过滤器和油蒸汽过滤装置，是保证油蒸汽不进入光声腔内的必备组件，十分重要。质量控制阀可以控制气体的流量速度，为了更好地达到光声腔对该气体的检测效果，一般将气流速度限制为 20mL/min。

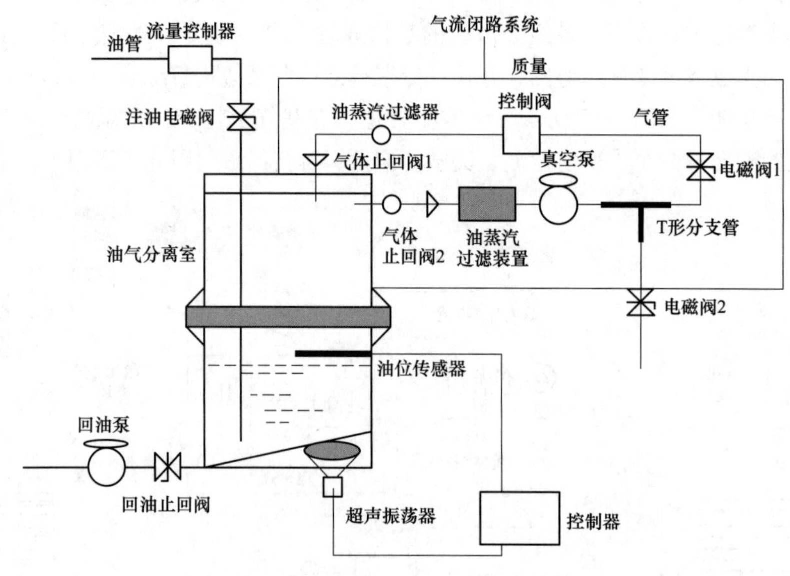

图 5-18　真空脱气油气分离装置原理图

（2）气体检测。气体检测模块的工作原理如图 5-19 所示，光源通过抛物面反射镜聚焦后成为入射光，以恒定速率转动的调制盘对入射光首先实现频率调制，随后由一组滤光片实现分光，

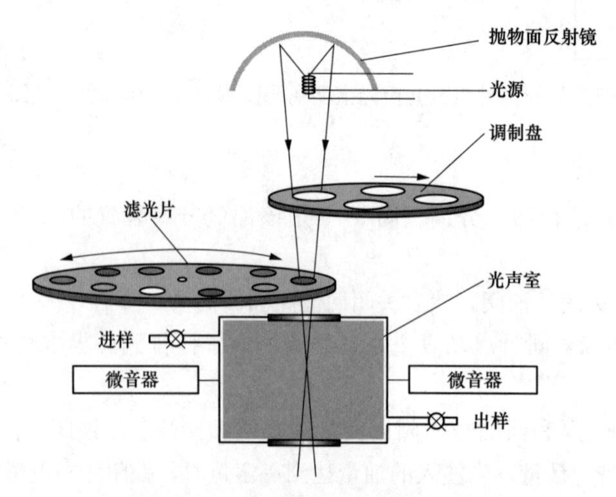

图 5-19　光声光谱检测装置原理图

各滤光片仅允许透过某一特定波长的入射光，其对应于光声室内某特定气体分子的吸收波长。经波长调制的入射光进入光声室后，以调制频率反复激发某特定气体分子，被激发的气体分子通过辐射或非辐射的方式回到基态。

对于非辐射驰豫过程，体系能量转化为分子动能，并以释放热能的方式退激，释放的热能引起气体按光的调制频率产生周期性加热，从而导致介质产生周期性压力波动，这种压力波用微音器进行检测；由于压力波频率由调制频率决定，其强度则仅与特征气体的浓度有关，从而建立起气体浓度与压力波强度的定量关系，即可准确计量光声池中各气体组分的浓度。

四、多种组分传感器型在线监测装置

1. 工作原理

多种组分传感器型在线监测装置的基本原理是：首先变压器油经取样装置后进入真空油气分离装置，实现油气分离，分离出的特征气体进入气体收集定量管中，定量管中的混合气体在载气和进样器的作用下进入气体分离单元，因色谱柱对不同气体具备不同的吸附和脱附作用，特征气体被依次分离后，半导体气敏传感器按出峰顺序对特征气体逐一进行检测，并将特征气体的浓度特性转换成电信号；现场主控单元对采样电信号进行转换处理，由系统分析软件对数据进行分析处理，分别计算出特征气体各组分及总烃的浓度含量；而故障诊断专家系统对特征气体浓度数据进行综合分析诊断，实现变压器故障的在线监测分析。

2. 工作流程

主机开机后，首先自检，然后启动柱箱、脱气等单元的温控系统，整机稳定后，采集变压器油样注入真空脱气装置，实现油气分离；脱出的样品气体经色谱柱分离，依次进入传感器阵列进行检测；检测数据通过 RS485 或光纤通信方式传输到后台监控工作站，可自动生成浓度变化趋势图，并通过专家智能诊断系统进行综合分析诊断，实现变压器故障的在线监测功能。其工作流程如图 5-20 所示。

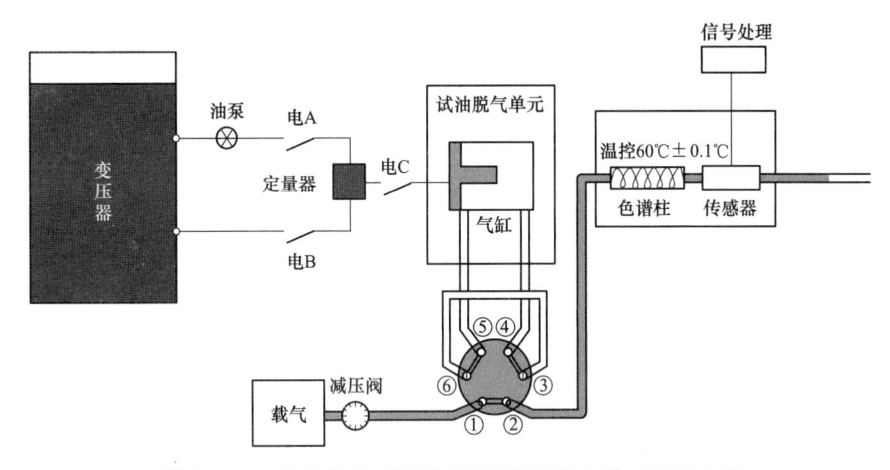

图 5-20　多种组分传感器型在线监测装置工作流程示意图

3. 关键技术

（1）强制闭路油循环技术。强制闭路油循环技术可满足不耗油、不污染油、循环取油以及免维护等要求，并能确保装置的取样方式不影响主设备的安全运行。

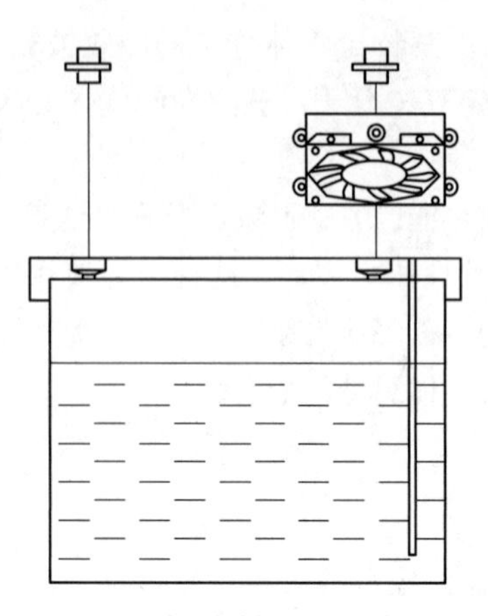

图 5-21　真空脱气油气分离装置结构示意图

（2）真空脱气方式进行油气分离。该方法油气分离速度快，仅需 10min；采用特殊的环境适应技术，消除温湿度变化对气体分配系数的影响；脱气速度快、测量重复性和精确性高。该装置结构如图 5-21 所示。

（3）自动切换检测周期。当某台设备有故障征兆或其他原因需要对其进行连续监测时，装置可设定对该设备进行连续跟踪监测，并发出告警信号。但半导体传感器监测稳定性较差、漂移严重。就目前技术，还不能达到使半导体传感器无漂移或者响应特性保持恒定不变。为了提高半导体传感器的稳定性，国内外专家采取了各种措施改造制造工艺等，但性能仍有待提高。

（4）油样回充技术。油样回充技术是指分析后的油样采用脱气和缓冲处理，消除回注油样中夹杂的气泡，保证载气不会被带进变压器本体中。

第五节　在线监测装置校验

目前国内在线监测装置种类繁多，技术水平良莠不齐，部分在线监测装置检测数据和实验室检测数据相差较大，因此应定期对在线监测装置进行校验。现场有两种检验方式：一种是利用实验室色谱仪对在线监测装置所监测电力设备本体油的检测数据，对在线监测装置进行检验，另一种是应用配制不同浓度的标准油样对在线监测装置进行检验。本节主要介绍标准油样校验方式。

一、测试环境

在线监测装置的校验应符合以下要求：

（1）环境温度：不大于 40℃，测试过程中温度变化不应超过 5℃/h；

（2）环境湿度：不大于 90%RH，连接管路及接头上不应出现凝露、积水或积雪。

二、校验前准备

1. 仪器设备与材料

（1）气相色谱仪、脱气装置及其附件应符合 GB/T 17623 中仪器设备的配置要求。

（2）变压器油应符合 GB 2536《电工流体　变压器和开关用的未使用过的矿物绝缘油》的要求。

（3）标准混合气体。用于实验室气相色谱仪的标定，应为国家二级标准物质，具有组分浓度含量、检验合格证及有效使用期的相关证明文件。

（4）配标准油样用气体。配油样用气体应包含以下组分的单组分气体或多组分混合气体：氢气、甲烷、乙烷、乙烯、乙炔、一氧化碳和二氧化碳。

（5）标准油样配制装置。该装置应能定量配制不同气体组分浓度的油样，应有气体进样口、油样取样口，宜具有控温、搅拌等功能。

（6）全密封储油装置。该装置气密性应良好，每周损失的氢气含量应小于 2.5%，同时应有进油口和出油口，并能自动根据油样体积的变化调节液面位置，油面上没有残留气体空间，容积不宜小于5L。

（7）连接管材。应使用脱氢不锈钢管、铜管或壁厚不小于1mm的耐油高分子聚合管作为连接管，管径尺寸应与在线监测装置进油口和出油口尺寸相匹配。

2. 标准油样配制

（1）用标准油样配制装置配制出一定组分含量的油样，配制出的油样中各气体组分含量由实验室气相色谱仪按照GB/T 17623的规定进行定值。

（2）标准油样所含气体组分含量应满足表5-6的要求。

表5-6　多组分监测装置测试用标准油样浓度范围　μL/L

气体组分	参考油样1（低浓度）	参考油样2（中浓度）	参考油样3（高浓度）	参考油样4（交叉敏感性试验）	参考油样5（交叉敏感性试验）
H_2	2～10	50～100	100～200	＜50	≤10
C_2H_2	0.5～1.0	5～10	10～20	≤1.0	≤1.0
$\sum(C_1+C_2)$	5～10	50～100	100～200	≤10	C_2H_4或C_2H_6含量大于100，其他烃类含量小于10
CO	25～100	300～600	600～1200	＞1000	≤100
CO_2	50～500	1000～3000	3000～6000	＞10 000	≤500

1）多组分监测装置测试用标准油样浓度范围可参照表5-5要求，若设备本体油中气体组分含量（最近一次例行取样试验值）高于参考油样3的浓度，参考油样3的浓度可按设备本体油中气体组分含量的1.1～1.2倍进行配制。

2）少组分监测装置测试用标准油样根据监测组分种类和数量，配制含多气体组分的油样或含单一气体组分的油样，油样浓度范围可参照表5-5的要求。

3）配制好的标准油样应储存在全密封的储油装置内，置于阴凉处保存，储存的标准油样宜在测试前或测试中进行浓度检测。

4）在线监测装置现场测试宜配制高、中、低三种浓度油样；需要进行交叉敏感性测试，各组分含量可按照参考油样4和参考油样5进行配制；需要验证装置最小检测浓度时，各组分含量可按照参考油样1的下限进行配制。

注：如由于设备停电时间所限且监测装置采用线性检测器（如热导检测器），可配制一个低浓度参考油样以及一个高于设备本体最近一次例行取样试验值的参考油样3进行测试。

三、校验步骤

1. 运行设备解列

在应用标准油样对在线监测装置进行测试前，待监测装置的进、出油管与被监测设备应进行有效隔离；在监控方面，应采取有效措施（如切断装置与上位机的网络连接或将系统设置为调试状态等），保障测试期间的在线监测装置的输出结果不影响系统的正常运行。

2. 在线装置测量误差校验步骤

（1）将在线监测装置主机正常关机，关闭在线监测装置总电源开关。

（2）关闭被监测设备侧的在线监测装置循环油路的进油和出油阀门。

（3）断开在线监测装置侧出油管的连接头，出油管串接一段管路导引到一个空的油桶，同时将与被监测设备相连接的油管路进行封堵。

（4）断开在线监测装置侧进油管的连接头，同时将与被监测设备相连接的油管路进行封堵。如在线监测装置有专用的三通调试检定接口，则可以省略步骤（3）、（4）。

（5）将在线监测装置的进油管与盛有参考油样 1 的全密封储油装置进行连接，在连接前应排尽连接管路里的空气。

（6）启动在线监测装置，用标准油样对在线监测装置油循环回路进行清洗，清洗油量应不小于循环回路总体积的 2 倍，必要时脱气室可用载气进行吹扫，待装置稳定后，取稳定的两次监测值作为测量值。

（7）依次将参考油样 1 更换为参考油样 2 和参考油样 3，并按步骤（5）、（6）完成测量。

（8）以新变压器油对监测装置循环回路进行清洗至少 2 次，清洗后的油中各种气体组分的监测值不应高于设备本体最近一次例行取样的试验值。

（9）将在线监测装置侧进油管与被监测设备重新连接，开启设备侧出油阀门，以被监测设备内的变压器油对监测装置循环回路进行清洗至少 1 次。

（10）将在线监测装置侧出油连接管与被监测设备重新连接，开启设备侧进油阀门。

（11）对安装三通阀的在线监测装置，在测试过程中应注意三通阀的开启方向，防止测试油样对设备本体油的污染。

3. 结果计算

（1）相对测量误差按下式计算：

$$c_{\mathrm{r}}=\frac{\bar{c}-c_{is}}{c_{is}}\times 100\% \tag{5-2}$$

式中 c_{r}——相对测量误差，%；

$\bar{c}$——在线监测装置测量值，μL/L；

c_{is}——标准油样组分浓度的实验室检测值，μL/L。

（2）绝对测量误差按下式计算：

$$c_{\mathrm{a}}=\bar{c}-c_{is} \tag{5-3}$$

式中 c_{a}——绝对测量误差，μL/L；

$\bar{c}$——在线监测装置测量值，μL/L；

c_{is}——标准油样组分浓度或设备的本体油样组分的实验室检测值，μL/L。

四、注意事项

（1）在线监测装置的现场校验不应造成被监测设备或邻近设备的安全隐患，不应造成被监测设备本体油污染和环境污染。

（2）在线监测装置生产厂家对现场测试有特殊技术要求的，应按照厂家提供的装置技术说明书进行操作。

（3）测试前，应关闭设备出油和回油管的阀门；拆接管路时，应避免漏油和装置元器件损坏。

（4）现场测试时，宜从低浓度向高浓度进行；每次更换工作标准油样时，都应排尽前一个油样，减少油样的交叉污染。

（5）测试用的油路连接管可采用透明耐油塑料软管，便于现场连接和观察油路循环是否正常。

（6）测试完成后，应排尽装置中的残油和管路中的空气，避免测试油样对设备本体油的污染。

（7）测试完成后，应恢复在线监测装置管路与设备的连接，将相关阀门恢复到测试前状态，并确认管路和阀门不渗漏油、不堵塞。

（8）测试中的管路残油或清洗油应回收处理。

第六节　变压器油中溶解气体在线监测装置的安装、调试、验收、维护

一、在线监测装置的安装

变压器油色谱在线监测装置现场安装前，应由生产厂家提供相关的安装图纸，并由设备运行单位（用户）确认后方可实施。其安装方式、位置应不影响变压器的安全运行和维护。

1. 前期准备工作

（1）确定变压器的取油、回油部位：取油、回油位置的选择对于准确分析油中气体含量至关重要。要求变压器油样从一个阀门取出后，应从另一个阀门返回变压器。而变压器上选取的取油阀应能够保证获取变压器的典型油样，一般建议从变压器取样阀取油，以便保证实验室色谱分析和在线色谱分析的油样一致。变压器上可以利用的阀门有注油阀、排空阀、辅助阀门、冷却回路阀门、取样阀等。可选择取样阀和剩余的另外一个，使油形成回路。在位置确认后，要对阀门的状态进行确定，必须保证阀门能可靠地关闭和开启，并仔细测量取样阀的螺纹或法兰尺寸。厂家按照变压器所选取的安装阀门的尺寸种类加工合适的法兰盘，要求安装在取样阀上的法兰盘留有实验室采样阀门。

（2）色谱在线安装位置的确定：安装位置应尽可能地靠近取油口，以减少死油的影响（油管的长度尽量不要超过30m）；安装位置四面需有一定空间，以便安装调试；设备安装后不能影响变压器的正常维护；同时注意安全距离，符合电力系统设备安装规范要求。

（3）色谱在线的安装固定方式：地面应进行硬化处理并制作安装基础，预埋接地线和地脚螺栓或槽钢；基础应方便电缆、油管的安装和连接。

（4）确定电源位置：电源的选取本着“就近选取、单独控制、标识清晰”的原则，主机需要交流220V、50Hz的两相电源，根据电源走向图应铺设铠甲铜芯电缆。

2. 设备安装

（1）安装取油、回油阀：去掉原设备上放油阀的密封帽，首先试装一下改造后的取样阀是否能安装到位，并确保此时截止阀处于关闭状态。安装完成后，应验证取样阀出口油速大小。

（2）设备主机安装（水泥基础）：将主机安装于预先埋好的地脚螺栓上，或在水泥基础上打膨胀螺栓，将主机固定牢固。

(3) 角铁架或槽钢安装方式：先将角铁架或槽钢用螺栓固定或焊接在预制台阶上，注意方向，然后将主机安装在角铁架或槽钢上，紧固螺钉。主机应与变电站地网可靠连接。

(4) 安装油管：截取适当长度的油管，两端取直，密封好油管口，然后穿入铝塑管（或其他保护管），埋入预先开好的沟槽内，接入主机。

(5) 安装电缆：在预先开好的电缆沟内敷设电缆，连接好接头，做好标识。

二、在线监测装置的调试

1. 油路安装

(1) 将变压器上油阀的法兰打开，换上在线装置厂家提供的法兰。

(2) 将进出油管安装在变压器侧。

(3) 将油管铺设在电缆沟中，铺设到变压器油色谱在线监测装置侧。

(4) 准备好空油桶，将油管的空端放入空油桶中，安排专人开变压器上的油阀门，用油将油管中的空气顶空，同时检查有无漏油。

(5) 将油管中空气排空后，关掉油阀门，将油管的另一端与变压器油在线监测装置侧面的进出油端接好，在端口处用喉箍紧固油管。

(6) 打开油阀门，检查有无漏油。

2. 装置初步检查

电缆、气路及油路安装完后，进行一次全面检查，油管上所有的阀门均处于打开状态，并且没有漏油现象。在电源电缆送电以前，用万用表测量在线监测装置内箱侧面“接线端子”的 L、N 的回路电阻，万用表应该显示为断路。确认无问题后方可进行调试工作。

3. 载气压力检查

查看载气的低压表指针是否指示在要求的压力上，若不是，则缓慢调节减压阀，使低压表指针指示在要求压力处。

4. 气路系统漏气检查

采用泄漏检测剂或查看涂抹肥皂液的位置是否有气泡产生的方法，确定气瓶与减压阀处的连接没有渗漏。不要使泄漏检测剂或肥皂水滴到在线监测装置箱内的任何元件上，将所有接头紧固而使系统无泄漏，擦干净所有的泄漏检测剂或肥皂水。

5. 电源检查

监测装置送电，此时监测装置内部的指示灯亮，证明装置电源正常。

6. 调试过程

启动油循环泵等进行油循环调试。油循环调试的主要目的是检查系统油路有无漏油问题，系统是否能正常启动。启动监测主机电源，仪器进行启机后的自检，自检正常后，设定装置的采样周期、色谱分析条件、组分的报警值、异常数据的发送与告警信息的发布方式等，装置按照设定的参数开始对变压器中油样进行检测和上传检测数据。检查装置所测的数据是否准确，数据上传和告警信息发布是否正确。

三、在线监测装置的验收

在线监测装置的验收分为到货验收和现场验收。

1. 到货验收

(1) 开箱检查。

1) 设备到货后，检查外包装有无破损，外观检查无异常后，与供货方一起打开外包装，按照定货合同的要求，查验设备明细等。

2) 检查设备表面不应有机械损伤、划痕和变形等损伤现象；附件、备件齐全，规格应符合技术条件要求，包装完好；零部件紧固，键盘、按钮等控制部件应灵活，标志清楚；技术文件齐全。

(2) 部件清点。

1) 设备开箱后，按照定货合同，逐一清点设备的部件数量、型号等是否符合定货的规定。

2) 一套监测装置一般包括监控主机（油气分离系统、气体组分分离系统和检测器等)、数据处理系统和外围附件（载气钢瓶、排油桶、温控、进出油管路以及电缆线等）等。

2. 现场验收

现场验收是对现场安装、调试完毕的在线监测装置进行验收，其主要包括外观、结构验收和装置性能验收两部分。

(1) 外观和结构验收。外观和结构验收内容主要有：装置主机应为不锈钢机箱，应安装牢固，有效接地，机箱表面不应有机械损伤、划痕、裂缝、变形，箱内无灰尘。油管采取两级密封防护，确保全密封不漏油，油路管道应明显标识，不能影响变压器的正常维护，并且不能影响正常的离线取油；装置主机的气路、电路、油路应布线规范、美观，电气线路连接牢固，走向合理；装置应配置空调，以防止高压载气瓶高温，并实现除潮除湿功能，避免内部凝露、积水。防腐检查，根据 GB /T 14091《机械产品环境参数分类及其严酷程度分级》确定设备的环境条件等级，采用金属喷镀或喷漆防腐处理的结构，应适应周围环境条件的要求。检查防腐外观质量，要求防腐表面均匀，不允许存在起皮、漏涂、缝隙、气泡等缺陷。必要时可根据有关标准检查涂层的厚度和附着力。

(2) 装置性能验收。装置性能验收主要包括：在线监测所测气体组分成分、最小分析周期、监测结果和实验室色谱分析结果误差应满足合同要求；通信功能正常，数据传输无障碍；数据分析功能正常，对工作站的指令可以正确响应，无误响应故障发生；正确显示在线装置的运行状态；现场的显示和数据采集正常。

3. 在线监测装置验收卡

为了能够对在线监测装置进行全面、细致的验收，保证投运的在线监测装置完好，可参考表 5-7 线监测装置的验收卡。

表 5-7　　××型变压器油中溶解气体在线监测系统验收卡

1. 设备验收概况

<table>
<tr><td>工程名称</td><td colspan="3"></td></tr>
<tr><td>装置型号</td><td></td><td>制造厂家</td><td></td></tr>
<tr><td>出厂日期</td><td></td><td>出厂编号</td><td></td></tr>
<tr><td>验收性质</td><td colspan="3">新建（　）　扩建（　）　技改（　）</td></tr>
</table>

续表

2. 试验报告（记录）及技术资料

序号	验收项目	验收标准	检查情况	整改要求
1	安全措施票	安全措施票所列安全措施完整性（扩建、技改工程）		
2	试验报告	在线监测装置试验报告		
		试验中记录的检验项目齐全、报告完整有效		
		施工图		
3	设备	核对设备数量是否与合同一致，合同由厂家提供，特别是打印机等设备		
4	技术资料	使用、维护说明书		
		设备清单		
		厂商提供的技术资料（使用、维护说明书，系统平台、应用软件等的光盘资料）		

3. 安全措施检查（适用于变电站二次设备技改、二期扩建等）

序号	验收项目	验收标准	检查情况	整改要求
1	安全措施票	安全措施票应填写完整，且应有填写人、工作负责人、审批人的签名		
2	其他			

4. 监测系统屏柜检查

序号	验收项目	验收标准	检查情况	整改要求
1	屏柜要求	屏柜底座四边应用螺栓与基础型钢连接牢固，且不宜与基础型钢焊死		
		开、关灵活；漆层完好、清洁整齐；屏、柜门应有 $2.5mm^2$ 以上的软铜导线与接地铜排相连		
		屏柜底座的电缆孔洞封堵良好（需变电部运行人员认可）		
		应有专用 $100mm^2$ 以上铜导线将屏柜与站内接地网连接		
2	屏内设备及功能要求	各设备开关、按钮、键盘等应操作灵活、手感良好，显示器显示正常		
3	端子排的安装	端子排应无损坏，固定良好		
		端子排两侧都应有序号		
4	电缆、接线检查	导线与端子排的连接牢固可靠，每段端子排抽查 10 个，发现有任何一个松动，可认定为不合格		
		导线芯线应无损伤，且不得有中间接头		
		电缆芯线和较长连接线所配导线的端部均应标明其编号，编号应正确、字迹清晰且不易脱色，不得采用手写		
		配线应整齐、清晰、美观		
		所有通信、电源电缆应接地良好，并有标识牌，标识牌字迹清晰且不易脱色，不得采用手写		

续表

5. 监测单元检查

序号	验收项目	验收标准	检查情况	整改要求
1	设备安装检查要求	油色谱下位机须安装牢固，外观完好、无损伤，内部电器元件固定应牢固，接地可靠		
		在主变压器本体进出油法兰油管处，悬挂进出油标示牌		
		油路密封性检查良好，无渗漏		
		气路密封性检查良好，无泄漏		
		电路连接件、插件牢固可靠		
		防火封堵封全、平整		
2	电缆、接线检查	导线与端子排的连接牢固可靠，每段端子排抽查10个，发现有任何一个松动，可认定为不合格		
		导线芯线应无损伤，且不得有中间接头		
		电缆芯线和较长连接线所配导线的端部均应标明其编号，编号应正确，字迹清晰且不易脱色，不得采用手写		
		配线应整齐、清晰、美观		
		所有电缆应接地良好，并有标识牌，标识牌字迹清晰且不易脱色，不得采用手写		

6. SPM2在线监测软件系统检查

序号	验收项目	验收方法	检查情况	整改要求
1	油色谱前置通信接口模块	正确打开对应的油色谱接口模块		
2	数据处理模块	数据处理模块运行正常		
		报警诊断正确		
		历史数据能够按每5分钟、每小时方式保存起来		
3	WEB模块	能正确打开SPM2网站		
		能显示设备的实时在线值和报警状态		
		能够以表格方式显示具体设备每5分钟、每小时的详细历史数据		
		能够以图形方式显示具体设备每5分钟、每小时的详细历史趋势图		
4	通信模块	正确打开对应的通信模块		
		若存在主站系统，需正确配置与主站通信的一些信息，并保证站端与主站的通信正常		
5	控制台模块	打开控制台程序，将需要开机自启动的程序模块加入到该程序中。控制台模块应能够自动启动设定而尚未启动的程序		

续表

7. 网络及通信检查

序号	验收项目	验收方法	检查情况	整改要求
1	功能检查	网络线及通信线均有明确的标示，标示的字迹清晰无误，通信线需双绞、双屏蔽		
		可以显示每个设备的健康状态，包括设备停运、设备数据有误、设备数据正常、数据越注意限值、数据越报警限值		
		可以显示设备的铭牌数据		
		可以显示设备各个参数的趋势曲线		
		可以显示设备的历史数据		
2	通信电缆、接线检查	所有的户外电缆均应穿入不锈钢金属软管，两端使用不锈钢卡口固定牢固		
		导线与端子排的连接牢固可靠，每段端子排抽查10个，发现有任何一个松动，可认定为不合格		
		导线芯线应无损伤，且不得有中间接头		
		网络线、通信线均应标明其编号，编号应正确、字迹清晰且不易脱色，不得采用手写		
		配线应整齐、清晰、美观，通信线及尾纤不应出现90°以上转折		
		所有电缆（包括通信电缆及电源电缆等）应为带屏蔽电缆且接地良好，并有标识牌，标识牌字迹清晰且不易脱色，不得采用手写		

8. 验收总结

	序号	主要情况	整改情况
遗留问题	1		
	2		
	3		
	4		
	5		
	6		
	7		
	8		
	9		
验收结论			

四、在线监测装置的维护

1. 日常维护

（1）带有载气的设备。

1）应定期记录监测装置内部气瓶上高压表的压力数据，比较两次的压力数据，发现压力数据变化量大时，说明装置存在气体的泄漏问题，需要检查漏点。

2）当气瓶上高压表的压力指示下降到厂家规定的压力及以下时，应及时更换气瓶。

注意：请勿在装置采样时更换气瓶。如在装置采样运行时更换气源，会对数据造成不确定的影响，并可能产生错误报警。

（2）带有废油桶的设备。对于安装有废油桶的在线装置，应在监控工作站的设备状态窗口中检查主机油路状态，当油桶满时，工作站会自动报警，可用配置的抽油工具将油桶中的废油排掉。

（3）外部油路系统。电站运行人员巡检时，应注意检查主机底座周围、主变压器取油阀和回油阀有无渗漏油现象，当出现不可抗拒力造成油路损坏时，应及时关闭主变压器取油阀上的油路截止阀门，并通知厂家进行维修。

（4）循环油流速。定期检查循环油路系统的油流速度，按照厂家提供的检查方法，测试油流速度是否满足要求。

（5）组分测量结果。定期进行与实验室色谱数据比对分析工作，发现数据重复性、再现性等异常时，及时查找原因。

（6）色谱柱。各组分的分离度不能满足试验要求时，应对色谱柱进行活化或者更换。

2. 停机维护

变压器或者变压器辅助部分进行检修、变压器油做滤油处理，或不需要装置运行时，必须关闭在线监测装置，要求先在智能控制器上通过监控软件停止装置采样，然后关掉主机内自带的电源开关和外部的电源开关，同时关闭油路上的阀门。重新开机前，首先应测量外部电源是否符合要求，然后再依次合上主机外部和内部的电源开关，特别是当更换电源线或取电位置时，必须进行测量方能上电。如果发现在线后台工作站接收不到数据，首先应确认设备主机的供电是否正常。

第七节　在线监测装置故障诊断方法和管理规定

一、在线监测装置故障诊断方法

1. 电路故障

常见的故障一般包括工控机死机、频繁启动等，原因一般是工控机所处的环境温度过高、电源线接触不良或电源不稳定造成的。

2. 气路故障

常见的故障一般包括不出峰或出峰低，首先应确保载气的减压阀打开正常，检查减压阀及载气电磁阀是否有漏气现象，载气压力应保持在正常范围内。

3. 油路故障

常见的故障一般包括渗漏油、电磁阀不工作等。漏油主要出现在接口处，当电磁阀不工作时，通过观察及触摸可以发现。渗油故障一般重新拧紧接口部位或更换新的密封垫即可解决，电磁阀故障需要更换新的电磁阀。

4. 通信故障

(1) 无线通信故障。无线通信故障一般包括无线信号弱及无线模块故障。针对信号较弱的情况可以更换无线通信天线的安装位置，查找信号较强的地点；无线模块故障可以通过观察指示灯是否闪烁，常亮或不亮均是不正常的情况，确认无线模块故障损坏时，可直接更换。

(2) 有线通信故障。常见的故障有网络不通畅，多数现象为后台无法接收数据，根据协议和模式要求排除方法略有不同，但物理连接的检查方法相同。首先检查通信线路的连接是否正常，其次检查通信接收装置是否正常，如485模块或光纤收发器故障，可联系厂家直接更换。

5. 软件故障

常见故障为工作站数据不更新，原因包括数据接收装置死机和串口设置错误，可采取复位数据接收模块开关、重新打开工作站、重启电脑等方法解决。

二、管理规定

为进一步加强变压器油中溶解气体在线监测装置的管理，有序、有效、规范地开展变压器油中溶解气体在线监测工作，及时了解电气设备运行状况，保证充油电气设备的安全运行，需制定相关的在线监测装置管理办法，可参考国家电网有限公司《电网设备状态监测系统管理规定》[国网（运检/3）299—2014]，制定各自单位的变压器油中溶解气体在线监测装置管理规定，管理规定可按照总则，职责分工，系统总体要求，招标采购，安装、验收及投运，运维检修，退役管理和检查与考核8个方面内容做出规定。

第六章　故　障　实　例

第一节　过　热　故　障

一、过热故障例一

1. 设备情况简介

马家裕 2 号主变压器 2009 年色谱分析时发现总烃超标，经过连续几次的跟踪分析，其油中总烃含量并未增长，初步分析内部有可能存在过热故障。

2. 故障分析

从表 6-1 中数据可知，油中主要故障气体组分为 CH_4 和 C_2H_4，次要气体组分为 H_2 和 C_2H_6，根据特征气体法判断该变压器内部存在着过热故障。

应用三比值法判断，由三对气体比值 C_2H_2/C_2H_4、CH_4/H_2、C_2H_4/C_2H_6 得到的编码组合为 022，对应的故障类型为高于 700℃的高温过热，与特征气体法判断的结果一致。

由于油中 CO、CO_2 含量变化不大，由此估计故障可能未涉及固体绝缘。

表 6-1　　马家裕 2 号主变压器色谱分析数据　　μL/L

日期	H_2	CH_4	C_2H_6	C_2H_4	C_2H_2	总烃	CO	CO_2
2009 年 4 月 18 日	5.31	4.42	4.31	12.07	0	20.8	93	2106
2010 年 4 月 2 日	16.82	35.44	21.74	112.56	0	169.74	88	1819
2010 年 4 月 6 日	18.47	36.16	22.91	114.24	0.88	174.19	84	1723
2010 年 4 月 13 日	20	40.28	24.42	123.52	0.9	189.12	90	1744
2010 年 4 月 19 日	16	33.92	21.35	114.95	0.75	170.97	65	1573
2010 年 4 月 26 日	14.5	30.1	20.91	108.84	0.68	160.56	66	1470
2010 年 5 月 3 日	14	29.12	20.36	106.34	0.64	156.46	73.71	1561

3. 故障确认及处理

2009 年 5 月 8 日停运，后经吊检发现为分接开关故障引起。

二、过热故障例二

1. 设备情况简介

某供电公司侯家庙 851 站用变压器停电例行试验时，发现变压器低压侧直阻三相严重不平衡，色谱分析发现总烃含量 3227μL/L，乙炔含量 4.2μL/L，存在严重绝缘缺陷，见表 6-2。

表 6-2　　侯家庙 851 号站用变压器色谱试验数据　　μL/L

日期	H_2	CH_4	C_2H_6	C_2H_4	C_2H_2	总烃	CO	CO_2
2013 年 3 月 21 日	8.2	26	1003.2	2194.3	4.2	3227.7	28.2	1572

2. 故障分析

应用三比值法判断，由三对气体比值 C_2H_2/C_2H_4、CH_4/H_2、C_2H_4/C_2H_6 得到的编码组合为 021，对应的故障类型为 300～700℃的中温过热。

3. 故障确认及处理

2013 年 3 月 30 日进行了更换处理，并对缺陷设备进行了解体，见图 6-1。解体后发现，低压侧 A 相套管存在严重高温过热现象，导电杆烧损（见图 6-2）与线圈引出线连接部位烧结（见图 6-3），导致电阻增大，对损伤部位进行打磨，重新紧固处理后，设备试验正常。

图 6-1　缺陷设备解体

图 6-2　导电杆烧损

图 6-3　线圈引出线连接部位烧结

三、过热故障例三

1. 设备情况简介

北京某热电厂 2 号启动备用变压器油中有微量乙炔，4 月总烃含量超标，乙炔含量为 1～1.5μL/L，见表 6-3。

表 6-3　　2 号启动备用变压器色谱分析数据　　μL/L

日期	H_2	CH_4	C_2H_6	C_2H_4	C_2H_2	总烃	CO	CO_2
2010 年 3 月 3 日	3.7	20.1	7.2	45.9	0.4	73.6	148.9	631.1
2010 年 4 月 9 日	22.3	54	16.1	114	1	185.1	205.3	866.5
2010 年 4 月 28 日	28.8	70.1	23.3	163.7	1.4	258.5	206.5	886.1
2010 年 6 月 1 日	0.8	1.2	0.6	3.5	0.1	5.4	20.4	280.7
2010 年 6 月 24 日	1.4	1.5	0.7	4.4	0.2	6.8	34	390

2. 故障分析及处理

5 月 10 日大修，发现低压侧夹件对地为多点接地；高压三相局部放电量均超标；外观检查发现 5 处焊点渗油和 9 处密封渗油点。检修处理后，乙炔含量稳定在 0.1～0.2μL/L。

四、过热故障例四

1. 设备情况简介

北方某电厂 5 号机主变压器 C 相，投运日期为 2005 年 9 月。2015 年 6 月色谱分析时出现微量乙炔，8 月 7 日氢气、乙炔、总烃均超过注意值，见表 6-4。

表 6-4　　北方某电厂 5 号机主变压器 C 相故障前后油色谱分析结果　　μL/L

日期	H_2	CH_4	C_2H_4	C_2H_6	C_2H_2	总烃	CO	CO_2
2015 年 6 月 25 日	46.4	36.5	35.1	8.4	0	80.2	203	1966.6
2015 年 7 月 9 日	39.9	36.6	38.3	9.6	0	84.8	168.4	1972.5
2015 年 8 月 7 日	221.7	313.7	372.7	71.1	0	760.4	167.9	1893.1
2015 年 8 月 20 日	343.2	486.6	531.2	103.7	0	1125.1	223.4	2263
2015 年 8 月 25 日	0	0.2	0.7	1.5	0	2.4	0	80.9
2015 年 9 月 15 日	2.9	3.9	2.8	0.0	0	6.7	4.6	213.5
2015 年 9 月 18 日	4.1	5.6	5.8	2.1	0	13.6	8.9	253
2015 年 9 月 25 日	4.3	7.8	8.4	3.2	0	19.3	13	318.9

2. 故障分析及处理

通过表 6-4 中数据可以发现一个月内，油中 H_2 和总烃含量增长迅速，该主变压器的总烃值在 2015 年 7 月 9 日～8 月 20 日陡增，总烃的相对产气速率达 818%/月，远远大于总烃相对产气速率 10%/月的注意值。这些异常现象预示该变压器内部有可能已存在某种故障。

可以看到，油中主要故障气体为 CH_4 和 C_2H_4，次要气体组分为 H_2 和 C_2H_6，根据特征气体可判断该设备内存在过热故障。

通过三比值法（编码组合为 022）判定故障类型为高温过热（高于 700℃），20 日停机滤油并进行吊罩检查，发现高温点在变压器本体南侧从东至西第 9～11 个螺栓之间（见图 6-4）。滤油后油质合格。表 6-4 中 9 月 15 日为启机第一天数据。

五、过热故障例五

1. 设备情况简介

某供电公司毕家坊 1 号主变压器 2016 年 3 月进行正常色谱带电监测时，色谱数据突发异常，氢气、乙炔、总烃三项指标均超出规程规定的注意值，见表 6-5。

图 6-4 北方某电厂 5 号机 C 相吊罩检查发现高温点

2. 故障分析

经三比值法计算，编码组合为 002，属于高于 700℃的高温过热性故障。同时根据特征气体分析，故障可能伴随着局部放电。CO、CO_2 未发生明显增长，判断该设备故障未涉及固体绝缘。对该主变压器开展了诊断性试验，未发现试验数据异常现象，需要进行吊芯检查。

表 6-5 **毕家坊 1 号主变压器** μL/L

日期	H_2	CH_4	C_2H_6	C_2H_4	C_2H_2	总烃	CO	CO_2
2016 年 3 月 15 日	268.6	222	68.5	335.2	14.3	640	103.1	379.9
2016 年 3 月 11 日	290.4	227.7	66.9	332.9	14.5	642	106.6	426.2

3. 故障确认及处理

2016 年 3 月 27 日对变压器进行吊芯检查，首先对其铁芯进行分段绝缘电阻测试，试验结果符合规范要求，随后对夹件及绕组整体进行检查，未发现异常情况。在检查调压开关极性开关时，发现正极性开关动静触头三相合不到位（见图 6-5），不同期现象明显，并且 C 相动静触头放电烧蚀现象较为明显，A、B 相无放电烧蚀情况。故障部位见图 6-6、图 6-7。

图 6-5 合不到位

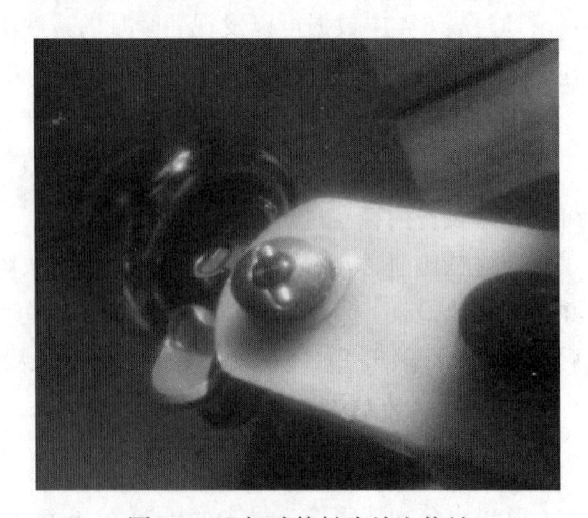

图 6-6 C 相动静触头放电烧蚀

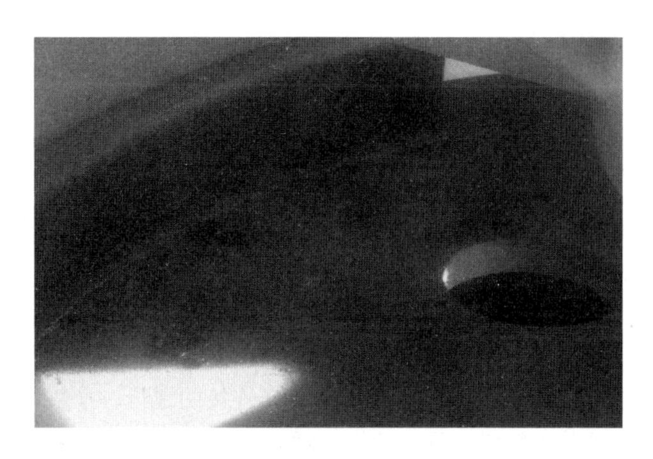

图 6-7　放电烧蚀熔流金属物质

手动将极性开关从正位置切换至负极性位置时，三相动静触头动作正确、可靠，随后又将极性开关从负位置转换至正极性位置时，三相动静触头仍然合不到位，不同期现象同时存在，判断该变压器内部油色谱异常均由该极性开关合不到位产生拉弧放电引起。该极性开关维修后，变压器油色谱分析数据已恢复正常。

六、过热故障例六

1. 设备情况简介

某供电公司万全 500kV 2 号母线 52DK 电抗器 C 相高压套管测量引线带与测量引线板间的一个焊点焊接不良，导致甲烷、乙炔含量超过注意值。

2. 故障分析

2009 年 10 月 29 日色谱检测时发现万全 500kV 2 号母线 52DK 电抗器 C 相高压套管 H_2 含量为 375μL/L，CH_4 含量为 2164μL/L，C_2H_6 含量为 407μL/L，C_2H_2 含量为 3.8μL/L，CH_4、C_2H_2 含量超过注意值，三比值编码为 120，经分析认为是电弧放电兼过热，并以过热为主；10kV 试验电压下电容量为 481.1pF，与铭牌值相比变化率为 −2.81%，介损为 0.603%，已接近规程规定值（规定值为 0.8%）。

3. 故障确认及处理

经过解体检查，发现套管测量引线带与测量引线板间的一个焊点焊接不良（见图 6-8），从而导致接触电阻增大，运行中引起过热放电。结合停电，及时安排备用套管进行了更换，更换下来的套管运输到生产厂家进行了解体分析。

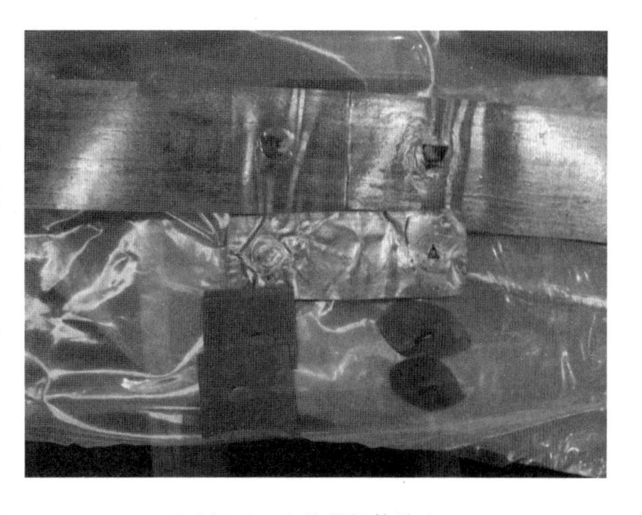

图 6-8　电抗器解体检查

七、过热故障例七

1. 设备情况简介

某供电公司张北2211电流互感器，型号为LB-220W2型，投运日期为2008年12月14日。

2. 故障分析

2014年6月20日，在例行试验工作中发现2211电流互感器A相总烃、乙炔、氢气超过注意值（见表6-6），根据数据分析该CT内部可能存在过热故障，之后对其进行跟踪检测。2015年4月跟踪检测时发现氢气、乙炔、总烃等特征气体迅速增长，分析其内部可能存在电弧放电故障。5月18日对其进行了更换及返厂处理。6月11日，在生产厂家装配大厅对该产品进行了解体检查。解体后发现在产品头部，C2侧有螺母松动，连接的螺母、平垫、软连接、螺杆有烧损变黑现象。分析认为，产品主绝缘良好，产生故障的主要原因为一次接线松动。刚开始造成超标可能是产品在周期性电流电压的作用下，受电动力影响，一次接线逐步松动，增大接触电阻，导致过热，烧损接触处，使接触面氧化，而氧化后接触电阻更大，发热更多，这种恶性循环作用最终使接触处产生电弧放电，氢气、乙炔、总烃等含量严重超标。图6-9为解体后放电点图片。

图6-9 解体后配件有烧损变黑现象

表6-6 **张北2211 A相电流互感器色谱试验数据** μL/L

日期	H_2	CH_4	C_2H_6	C_2H_4	C_2H_2	总烃	CO	CO_2
2014年6月20日	153.7	108.8	46	238.7	2.9	396.4	174.7	365.6
2014年7月3日	140.2	103	51.5	233.1	3	390.6	158.3	370
2014年7月24日	152.7	108.6	45.5	228.7	2.5	385.3	165.1	338.3
2014年8月14日	144.5	105.4	39.5	217.4	2.6	364.9	170.9	359.8
2014年9月24日	150.7	108.7	46.5	244.4	3	402.8	173.7	447.9
2014年10月24日	161.5	113.9	51.8	278.4	3.9	448	175.8	473
2014年11月25日	237.4	209.9	86.6	494.2	4.9	795.6	181.1	459.3
2014年12月17日	262.9	234.7	97	550.9	4.8	887.4	187.3	461.7
2015年1月15日	363.6	364.1	150	835.3	5.7	1355.1	185.6	473.2
2015年2月15日	519.1	564	217.2	1268.9	10.7	2060.8	189.1	418.2

续表

日期	H_2	CH_4	C_2H_6	C_2H_4	C_2H_2	总烃	CO	CO_2
2015年3月19日	526.3	577.2	200	1169.5	11.5	1958.2	187.4	577.2
2015年4月20日	3313.5	3680.5	1010.1	8936.2	271	13 897.8	200.9	494.6
2015年5月6日	3115	3615.4	979.9	8621.5	238.7	13 455.5	203.4	506.7
2015年6月11日	4191.8	4403.5	1986.9	6613.8	296.4	13 300.6	194.4	358.5

八、过热故障案例八

1. 设备情况简介

某变电站1号主变压器（型号SFSZ8-31500/110）于1999年2月投产。运行后前几年，油中溶解气体含量一直都正常。到2003年6月17日，油色谱例行试验发现总烃值比前一年大幅度增长，并超过注意值。这一情况引起运行部门高度重视，随后连续跟踪取油样进行试验，试验数据有逐渐增大趋势，其中部分测定值见表6-7。

表6-7　　某变电站1号主变压器故障前后油色谱分析结果　　μL/L

日期	H_2	CH_4	C_2H_4	C_2H_6	C_2H_2	总烃	CO	CO_2
2002年8月15日	32.5	19.4	3.28	16.6	0.10	39.4	1078	2426
2003年6月17日	35.3	72.2	91.8	44.8	0	209	1057	2265
2003年6月28日	43.8	76.9	105	44.8	0.08	227	1111	2253
2003年4月16日	50.9	97.0	108	54.1	0	25	1227	3026
2003年8月6日	51.6	99.1	122	61.0	0.07	283	1263	3478

2. 故障分析

运行变压器油中总烃含量注意值为150μL/L；该主变压器总烃值由一年的39.46μL/L陡增至200μL/L以上，以2003年6月17日～7月16日一个月的运行期计算，总烃的相对产气速率达24%/月，超过了总烃相对产气速率高于10%/月时应引起注意的规定。这些异常现象预示该变压器内部有可能已存在某种故障。

从表6-7可知，油中主要故障气体组分为CH_4和C_2H_4，次要气体组分为H_2和C_2H_6，根据特征气体法判断该变压器内部存在过热故障。

应用三比值法判断，取表6-7中最后一次试验数据计算比值，由三对气体比值C_2H_2/C_2H_4、CH_4/H_2、C_2H_4/C_2H_6得到的编码组合为021，对应的故障类型为300～700℃的中温过热，与特征气体法判断结果一致。

由于油中CO、CO_2含量变化不大，若以2003年8月6日的测定值减去2003年6月17日的测定值后，$CO_2/CO=6$，由此估计故障可能涉及固体绝缘。

3. 故障确认及处理

为了及时消除运行中的事故隐患，决定对该变压器进行停电检查。当检查到铁芯时，断开铁芯外引接地线后，用绝缘电阻表测铁芯的绝缘电阻，发现铁芯绝缘电阻为零；换成万用表测量，其电阻值为300Ω，从而认定变压器内部的故障应为铁芯多点接地。

结合该变压器的实际情况经过分析，认为可能是由于某种金属异物在铁芯与地之间构成短接，从而引起铁芯出现另外的接地点。随即采取电容冲击法进行处理，用直流先对0.5μF电容器充电，然后用该电容器对铁芯放电，利用高压电荷来冲掉构成铁芯接地点的金属异物。经过多次放电冲击后，再次测量铁芯的绝缘电阻值，发现已上升到450MΩ，试验表明该接地点已经消除。

为消除油中的故障气体，对油进行了真空过滤的脱气处理。在之后的运行中，对该主变压器又进行了多次油色谱跟踪试验，结果显示几种气体含量稳定在较低值，这表明铁芯多点接地故障已经排除。

九、过热故障案例九

1. 设备情况简介

某铝业公司3号整流变压器（型号ZHFPT-43800/110）投产已3年，此前该变压器高压套管一直未做过油色谱分析。2005年底，委托电力部门进行该项试验，结果发现C相110kV套管（型号BRDW-110/630-2）油中溶解气体含量异常，随后又进行了两次追踪试验，结果表明大多数特征气体含量仍继续增长。油色谱分析结果见表6-8。

表6-8　某铝业公司3号整流变压器故障前后油色谱分析结果　μL/L

日期	H_2	CH_4	C_2H_4	C_2H_6	C_2H_2	总烃	CO	CO_2
2005年12月31日	80.5	109	157	24.6	0	291	826	1732
2006年1月24日	139	137	177	28.4	0	343	802	1700
2006年2月7日	150	147	200	32.9	0	381	912	1889

2. 故障分析

110kV套管运行油中气体含量的注意值为：CH_4=100μL/L、H_2=500μL/L、C_2H_2=2μL/L。对照这三项指标，该套管CH_4含量超标。鉴于总烃量较高，经计算发现2005年12月31日～2006年2月7日，总烃相对产气速率达25.2%/月，超过了10%/月的注意值，因此判断该套管内部存在故障。

根据特征气体法，该套管油中总烃主要由CH_4和C_2H_4组成，与过热故障特征相符，初步判断套管内部存在过热。此外，C_2H_4含量大于CH_4，且H_2含量增长较快，表明故障温度可能较高。以表6-8中最后一次测定值作为三比值法的计算对象，得到编码为002，对应的故障类型属于高于700℃的高温过热。

3. 故障确认及处理

为防止故障扩大，随后对3号整流变压器做停役检查，拆下套管导电头后，发现导电头与引线头接头松动、导电头螺纹有烧黑痕迹。究其原因，发现是由于导电头与引线接头的并紧螺母被装反，导致导电头与引线机头不能完全紧固而引起过热。

十、过热故障案例十

1. 设备情况简介

某330kV主变压器（型号OSFPSZ7-240000/330）于1990年1月投运，运行后油中溶解气体含量正常，烃总量增长缓慢。但在1998年9月以后，油中总烃增长加快，之后加强了油色谱跟踪分析，其中部分测定数据见表6-9和表6-10。

表 6-9　　某 330kV 主变压器投运后油中总烃含量的变化　　μL/L

日期	1990 年 11 月	1991 年 11 月	1992 年 9 月	1993 年 8 月	1994 年 9 月	1995 年 9 日
总烃含量	1.8	9.7	21.6	50.5	50.6	41.4
日期	1996 年 9 月	1997 年 9 月	1998 年 9 月	1998 年 12 月	2000 年 6 月	2001 年 6 月
总烃含量	73.9	50.8	98.5	230	533	759

表 6-10　　某 330kV 主变压器油色谱分析结果　　μL/L

日期	H_2	CH_4	C_2H_4	C_2H_6	C_2H_2	总烃	CO	CO_2
2002 年 3 月 25 日	136	594	334	78.9	0.3	1007	767	1421
2002 年 4 月 11 日	168	859	387	69.6	0.3	1316	696	1957
2002 年 5 月 1 日	183	1032	558	115	0.3	1705	667	2033
2002 年 5 月 12 日	244	1145	723	171	0.6	2040	751	1354

2. 故障分析

从表 6-9 中可知，1998 年 12 月该主变压器总烃值已超过 150μL/L 的注意值，总烃增长率明显加快。特别是在表 6-10 中，2002 年 3 月 25 日～5 月 12 日，总烃相对产气速率达 65.3%/月，是注意值的 6 倍多，据此可判定该设备存在故障。故障气体主要由 CH_4 和 C_2H_4 组成，符合过热故障的特征。总烃含量非常高，氢含量也增长较快，这是高温过热的特征；但 CH_4 的含量却又高于 C_2H_4，这一点与高温过热不相符。根据三比值法计算后得到的编码组合为 022，对应的故障类型是高温过热。CO、CO_2 含量变化规律不明显，特别是 CO_2 测定值分散性很大，因此对故障是否涉及固体绝缘较难判断。

3. 故障确认及处理

2002 年 9 月，这台变压器返厂后进行解体检查，结果在铁芯柱拉板上发现多处过热烧伤点，其中严重烧伤点两处：A 相低压侧拉板中部拉板槽处有一 40mm×60mm 烧黑的过热点，对应部位绝缘烧穿；C 相低压侧拉板中部拉板槽处有一 30mm×40mm 烧黑的过热点，对应部位绝缘烧伤，但未烧穿。轻微烧伤点 3 处：C 相高压侧拉板中部拉板槽工艺垫处有 2 个过热点，对应部位的拉板绝缘轻度烧伤；B 相高压侧拉板中部拉板槽工艺垫块处有 1 个烧伤点。此外，在芯柱下部还有几处过热后留下的痕迹（油气变色或拉带变形）。

第二节　电弧放电故障

一、电弧放电故障例一

1. 设备情况简介

某供电公司八里庄 2 号主变压器 2009 年 2 月 13 日气体继电器两次动作，取油样进行色谱分析，乙炔及总烃含量严重超标，见表 6-11。停电检查后发现 35kV 侧分接开关接触不良，进行处理后将油真空脱气，色谱检测正常。6 月 26 日夜间，该主变压器气体继电器再次动作引起主变压器掉闸。经取样分析发现，油中的乙炔含量与游离气体中的乙炔含量相差近千倍，判断属于突发性故障。

表 6-11　八里庄 2 号主变压器色谱分析数据　μL/L

日期	H_2	CH_4	C_2H_6	C_2H_4	C_2H_2	总烃	CO	CO_2	备注
2009年5月18日	5.6	3.2	0	3.5	0	6.6	102	1266	油中
2009年6月26日	13.6	7	0	10.9	3.7	21.6	229	—	油中
2009年6月26日	71 475	4204	19.4	782	3479	8485	84 806	4165	气中
2009年6月27日	23.6	8.7	0	14	8	30.6	223	2225	油中

2. 故障分析

应用三比值法判断，由三对气体比值 C_2H_2/C_2H_4、CH_4/H_2、C_2H_4/C_2H_6 得到的编码组合为 102，对应的故障类型为电弧放电。

3. 故障确认及处理

厂家解体发现 35kV 引线与外壳距离过近，引起放电（见图 6-10、图 6-11），导致气体继电器动作。该设备已返厂处理。

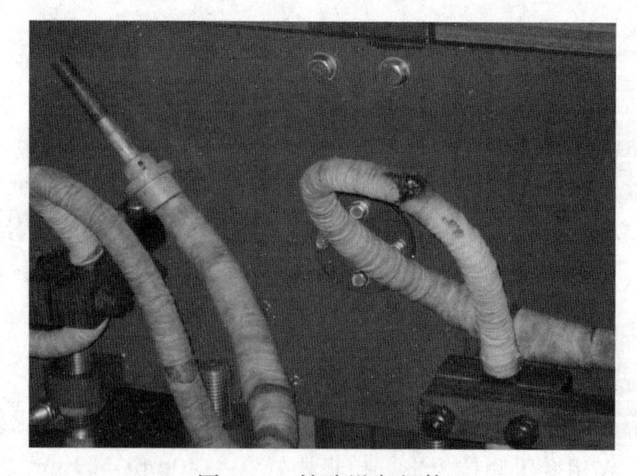

图 6-10　缺陷设备解体

图 6-11　缺陷设备内部放电处

二、电弧放电故障例二

1. 设备情况简介

某供电公司大城山1号主变压器2010年12月3日夜间重瓦斯气体继电器动作，主变压器掉闸。色谱分析结果显示主变压器内部存在高能量放电故障，乙炔达到330μL/L，见表6-12。

表6-12　　大城山1号主变压器色谱分析数据

日期	H_2	CH_4	C_2H_6	C_2H_4	C_2H_2	总烃	CO	CO_2	备　注
2010年4月22日	7.9	23.3	14.5	5.5	0	43.3	1402	6902	本体油中气体含量
2010年10月29日	7	21.8	15.1	6.3	0	43.2	1196	5973	本体油中气体含量
2010年12月3日	151.4	96.2	209.7	18.3	330.5	654.7	1311	5756	本体油中气体含量（凌晨1点30分取样）
2010年12月3日	72 956	5756	8679	575	11 749	26 759	64 480	5149	本体瓦斯气（凌晨1点30分取样）
2010年12月3日	302	116.14	211.17	17.81	354.46	699.58	1371	5817	本体油中气体含量（下午1点30分取样）

2. 故障分析

从表6-12中数据可知，油中主要故障气体组分为H_2和C_2H_2，次要气体组分为CH_4、C_2H_6和C_2H_4，根据特征气体法判断该变压器内部存在电弧放电。

应用三比值法判断，取表中的数据计算比值，由三对气体比值C_2H_2/C_2H_4、CH_4/H_2、C_2H_4/C_2H_6得到的编码组合为100，对应的故障类型为电弧放电故障，与特征气体法判断的结果一致。

3. 故障确认及处理

经过连夜的故障排查，确定是进线电缆接头相间短路造成，变压器内部绕组出现变形，造成匝间放电。经返厂解体分析后，确定中压线圈严重变形，中压与低压绕组绝缘击穿，造成短路，产生电弧，引起油温突然升高，产生特征气体。12月22日，已更换一台新主变压器。

三、电弧放电故障例三

1. 设备情况简介

某供电公司柴沟堡1号变压器分接开关油污染变压器本体绝缘油，导致氢气、乙炔含量超标，且增长较快。

2. 故障分析

柴沟堡1号变压器2009年5月预试中发现油中出现乙炔，半个月后采样，数据增长较快，氢气、乙炔含量超标（见表6-13），三比值编码为112。安排进行了在线局部放电测试、铁芯接地电流等诊断性测试，均未见异常。针对色谱和电气试验数据分析，特别是油中氢气、乙炔组分含量增长较快，而甲烷和乙烷组分较少且无明显增长的情况，怀疑是有载分接开关油污染变压器本体绝缘油造成。为此采取降低有载开关油枕油位的措施后进行观察。在采取降低有载开关储油柜油位的措施后，进行了多次色谱监视，色谱数据呈下降趋势，监视周期两月一次。

表 6-13　　柴沟堡 1 号变压器色谱分析数据

日期	H_2	CH_4	C_2H_6	C_2H_4	C_2H_2	总烃	CO	CO_2
2009 年 5 月 27 日	3.5	146.3	3.2	9.2	0	15.9	288.3	294.8
2009 年 6 月 16 日	7.5	180.9	4.4	14.8	2	28.7	563.1	316.8
2009 年 6 月 20 日	8	188.6	4.4	12.6	1.4	26.4	563.2	311.2
2009 年 6 月 22	8.6	202.6	3.8	14.3	1.4	28.1	548.6	304.3
2009 年 6 月 26 日	8.6	218.8	4	14.8	1.4	28.8	573.7	275.7
2009 年 6 月 29 日	8.5	214.1	4.3	14.5	1.4	28.7	563.6	298.8
2009 年 7 月 6 日	8.8	203.5	4	15.2	1.4	29.4	566.7	229.8
2009 年 7 月 20 日	8.2	214.5	4.3	13.8	1.6	27.9	601.6	329.6
2009 年 9 月 10 日	7.9	201.6	4.1	14.4	2	28.4	551.3	204.5
2009 年 10 月 12 日	7.4	190.8	4.3	13.4	1.4	26.5	523.7	302.4

3. 故障确认及处理

从后期色谱结果可以发现乙炔和氢气含量都呈逐渐降低趋势。基本可以确定为有载开关渗漏缺陷，已安排 2010 年检修并滤油。

四、电弧放电故障例四

1. 设备情况简介

某供电公司侯家庙 2 号变压器于 1999 年 12 月投运，2011 年 8 月实验室在线监测显示乙炔含量达 0.9μL/L 之后连续跟踪监视。

2. 故障分析

根据数据结果初步分析产生乙炔的原因可能是变压器潜油泵故障造成。

3. 故障确认及处理

2011 年 10 月 8 日检修人员对可能出现故障的潜油泵进行了处理。10 月 20 日采油试验中发现乙炔有所下降，后来几次的跟踪监视中，乙炔仍呈下降趋势（见表 6-14），总烃变化不大，基本证明对故障的诊断是准确的，现在仍在跟踪监视中。

表 6-14　　侯家庙 2 号变压器色谱分析数据

日期	H_2	CH_4	C_2H_6	C_2H_4	C_2H_2	总烃	CO	CO_2
2011 年 5 月 26 日	25.5	28.7	7.8	9.2	0	45.7	873.3	7072.1
2011 年 9 月 6 日	21	25	10.1	10.4	1.3	46.8	679.4	8827

续表

日期	H_2	CH_4	C_2H_6	C_2H_4	C_2H_2	总烃	CO	CO_2
2011年9月29日	23.1	24.1	11	13.8	2.4	51.3	617.6	6660
2011年10月8日	28.9	26.9	9.7	13.3	3.1	53	751.9	8225.2
2011年10月20日	33.1	27.2	7.7	12.1	2.6	49.6	849.5	8920.1
2011年10月28日	32.5	26.3	10.6	12.3	2.5	51.7	750.2	6874.7
2011年11月10日	24.9	23.2	9.6	11.7	2	46.5	646.2	7018.3
2011年11月30日	34.2	25.2	10.3	12.8	2.3	50.6	762.1	9181

五、电弧放电故障例五

1. 设备情况简介

某供电公司康保114电流互感器B、C相，白龙山站2212电流互感器，在2006年隐患排查专项工作中发现异常。康保114电流互感器型号为LB6-110GYW2，于2006年6月1日出厂同年7月10日投运。

2. 故障分析

114电流互感器C相试验数据的特征气体主要表现为H_2、C_2H_2、总烃高，C_2H_2是构成总烃的主要成分，CH_4、C_2H_4、C_2H_6有一定量增长，上述气体组分均成数倍高出注意值，判断该CT内部可能存在高能量电弧放电故障，见表6-15。经解体发现有明显放电点。B相根据特征气体，判断内部可能存在低能量放电故障。

表6-15　康保114电流互感器色谱分析数据

日期	相别	H_2	CH_4	C_2H_6	C_2H_4	C_2H_2	ΣC	CO	CO_2
2011年4月3日	B	1108.1	46.1	10.1	1.1	0	57.3	149.7	287.8
2011年4月3日	C	17 141	3255.9	479.6	2050	4108	9894	1447.6	234.2

图6-12为康保114电流互感器C相解体后照片。

图6-12　电流互感器C相解体

六、电弧放电故障例六

1. 设备情况简介

2008 年 9 月 17 日，某热电有限公司在对 2 号主变压器进行色谱分析时，测试结果为乙炔 0.14μL/L、总烃 16.23μL/L；11 月 3 日复检时，乙炔降到了 0.05μL/L，总烃降到了 13.99μL/L，继续跟踪试验；12 月 3 日复检时，乙炔为 0.08μL/L、总烃为 15.29μL/L。每周进行一次测试，结果比较稳定。2009 年 5 月对其进行检修，发现 A 相分接开关虚接触，进行了处理。随后进行色谱试验，数值有所下降。

2. 故障分析

2009 年 7 月 21 日 15 时 46 分，该主变压器重瓦斯气体继电器动作，造成 2 号发电机组与系统解裂，随即专业人员取样进行色谱分析，乙炔、氢及总烃含量严重超过注意值，分析结果表明变压器内部有高能量放电性故障，见表 6-16。

表 6-16　　2 号主变压器色谱分析数据　　μL/L

日期	油中溶解气体气相色谱							
	H_2	CH_4	C_2H_6	C_2H_4	C_2H_2	总烃	CO	CO_2
2009 年 7 月 10 日	10.4	16	0.9	1.6	0.4	18.9	199.8	854.3
2009 年 7 月 21 日（油样）	1356.4	210.2	12.3	195.4	628	1045.9	243.2	671.5
2009 年 7 月 21 日（气样）	381 979	4751.8	49.9	2229	5183.8	12 214.3	38 716	806.7
2009 年 8 月 6 日（油样）	0.3	0.6	无	0.1	0.9	1.7	3.2	113.2
2009 年 8 月 8 日（带电 1d）	2	0.6	无	0.3	4.1	5	7.7	101.8
2009 年 8 月 12 日	3.5	1	0.2	0.6	7.1	8.8	12.9	148.8
2009 年 8 月 17 日	4.5	1.4	0.1	0.7	8.7	10.9	24.3	245
2009 年 8 月 21 日	5.3	1.7	0.2	0.8	9.3	12	30.1	274.1
2009 年 8 月 24 日	5	1.7	0.4	1.7	9.2	12.3	30.3	271.7
2009 年 8 月 31 日	5.1	1.8	0.5	0.9	9.7	12.9	34.4	306

3. 故障确认及处理

2009 年 7 月 27 日经生产厂家吊罩检查，发现 B 相无载开关 6 片触头两侧有放电烧毁痕迹，变压器线圈未受损伤；28 日对变压器油进行了脱气处理。8 月 7 日投入运行后，每周检测一次，目前每个月检测一次。

七、电弧放电故障例七

1. 设备情况简介

某电厂 2009 年 6 月 25 日对 4 号主变压器 A 相进行色谱检测分析，发现乙炔含量为 8.6μL/L，三比值编码为 101，判断存在低能量放电性故障；7 月 10 日再次进行色谱检测时，发现 4 号主变压器 A 相乙炔、氢气及总烃含量均有明显增长，2～10 日氢气的绝对产气速率为 96.6mL/d（注意值为 10mL/d），乙炔的绝对产气速率为 34.5mL/d（注意值为 0.2mL/d），总烃的绝对产气速率为 66.4mL/d（注意值为 12mL/d），产气速率均远超过注意值；7 月 13 日继续对 4 号主变压器及主变压器套管进行色谱检测，发现 4 号主变压器 A 相乙炔、氢气及总烃含量均有明显增长，套管中乙炔为338.5μL/L。具体数据见表6-17。

表6-17　　4号主变压器A相色谱分析数据　　μL/L

日期	H_2	CH_4	C_2H_6	C_2H_4	C_2H_2	总烃	CO	CO_2	备注
2009年6月26日	39.7	8.5	5.9	5.7	9	29.1	293.8	595.9	
2009年7月2日	38.8	7.8	2.1	5.8	8.4	24.1	326.5	580.6	
2009年7月10日	60.7	11.3	2.8	8.8	16.3	39.1	344.6	639.2	
2009年7月13日套管（油中存在黑色的炭化颗粒）	682.2	345.5	90.9	559.9	338.3	1334.6	240.5	324.1	
2009年7月13日	71.3	14.2	4	11.4	22	51.6	292.9	606.2	13日停机处理
2009年7月16日（滤油后）	1.4	0.4	无	无	0.1	0.5	6.5	141.6	
2009年7月21日	36.5	60	4.1	5.6	12.7	28.4	18.7	173.5	
2009年7月23日	71.3	9.7	3	10.9	24.7	48.3	29.4	212.2	23日晚停机处理
2009年7月27日（滤油后）	无	0.4	无	无	无	0.4	9	127.7	30日并网启机
2009年8月1日	1.7	1.5	1.6	0.04	0	3.2	21.2	97.6	
2009年8月2日	2.4	1.1	0.2	1.2	0	2.5	26.7	170.1	
2009年8月7日	3	1.1	0.1	0.1	0	1.3	39.07	142.4	
2009年8月27日	3	1.1	0.2	0.2	0	1.5	101.1	412.4	

2. 故障分析及处理

电厂于2009年7月13日对4号主变压器进行停机处理，更换了套管，并进行脱气滤油处理。于19日变压器投入运行后发现该设备乙炔含量又出现快速增长，7月20日19时已经达到3.6μL/L，到7月23日14时为30.2μL/L，氢气含量73.5μL/L，判断故障在快速发展，建议停运检修，随即设备退出运行，更换备用相。

八、电弧放电故障例八

1. 设备情况简介

某电厂2010年8月2日发现3号主变压器乙炔含量增长到2.14μL/L，12日为11.23μL/L，随后缩短周期，每天两次进行跟踪分析，到9月26日为17.9μL/L，见表6-18。

表6-18　　T3主变压器色谱分析数据　　μL/L

日期	H_2	CH_4	C_2H_6	C_2H_4	C_2H_2	总烃	CO	CO_2
2010年8月2日	12.49	7.03	0.6	1.77	2.14	11.54	256.27	691.31
2010年8月12日	36.11	9.86	0.69	3.94	11.23	25.72	309.19	737.97
2010年8月17日	35.48	10.22	0.75	3.81	10.64	25.42	280.86	678.87
2010年9月3日	47.1	13.2	0.9	4.9	12.7	31.6	298.2	625.9
2010年9月26日	51.9	11.6	0.9	5.8	17.9	36.1	286	609.4

2. 故障分析及处理

2010年9月30日更换了变压器。对更换下来的主变压器进行检查，发现一个油流继电器的触点有碳化坑，分析认为是造成乙炔含量增加的原因。

九、电弧放电故障例九

1. 设备情况简介

2010年某热电厂在进行例行油样分析中发现，2号主变压器油中总烃含量超过注意值，乙炔接近注意值后缩短监测周期，加强监督，3月3日，乙炔、总烃、氢气均有明显增加，通知检修及相关人员并连续进行监测，到4月18日进行机组大修。连续监测数据值见表6-19。

表6-19　某热电厂2号主变压器故障前后油色谱分析数据　μL/L

日期	H_2	CH_4	C_2H_4	C_2H_6	C_2H_2	总烃	CO	CO_2
2010年2月3日	41.3	52.3	72	23.3	4.7	152.3	288.1	3250.5
2010年3月3日	97.2	73.2	84	23.5	12.9	193.6	325.6	3488.5
2010年4月18日	114.9	92.1	114	25.2	33.4	264.7	363.6	3424.2

2. 故障分析及处理

根据表6-19中数据发现各特征气体含量不断增加，且主要特征气体为H_2和C_2H_2，次要特征气体是CH_4、C_2H_4、C_2H_6，判断故障类型为电弧放电。

根据2010年4月18日的数据用三比值法判断，得到编码组合为102，与特征气体判断出的结果相符。

4月18日进行机组大修，检查中发现低压侧夹件对地为多点接地；高压B相绕组直流电阻过大，造成高压三相直流电阻平均值及百分比超标；高压三相局部放电量均超标，尤其C相超标严重。经过处理，现在2号主变压器色谱分析转为正常监督。

十、电弧放电故障例十

1. 设备情况简介

某供电公司吉城3号主变压器型号为SSZ11-50000/110，2011年12月投入运行。在2013年2月带电油色谱试验时发现油中含乙炔，同调度人员核实，该变压器未发生出口短路等不良工况，未带负荷，连续进行监测，甲烷和H_2含量呈增长趋势。

2. 故障分析

连续进行油色谱跟踪分析13个月，油中气体组分呈增长趋势，见表6-20。2013年6～8月增加较快，8月氢气含量达到228μL/L，乙炔含量最大达到4.56μL/L。2014年，该变压器油中氢气含量最大达到370.15μL/L，乙炔含量接近注意值，达到4.19μL/L。综合判断，变压器内部存在电弧放电。

表6-20　吉城3号变压器油色谱分析数据

日期	H_2	CH_4	C_2H_6	C_2H_4	C_2H_2	总烃	CO	CO_2
2013年2月28日	120.2	7.5	1.8	2.6	4.1	16	286.7	532.8
2013年5月29日	214	10	2.2	3.1	4.1	19.4	412.6	724.6
2013年8月29日	228	12.3	2.9	3.9	4.6	23.7	477.8	1089.6
2014年1月22日	370.15	15.4	3.53	4.53	3.33	26.8	520.4	830.52
2014年2月26日	367.07	15.91	3.75	5.11	4.19	29	499.9	782.78

3. 故障确认及处理

2013 年 12 月 5 日，联系厂家对 3 号主变压器进行局部放电试验，现场局部放电无异常。试验结果见表 6-21。

表 6-21　　2013 年 12 月 5 日厂家对 3 号主变压器进行局部放电试验结果

试验电压	A 相（PC）	B 相（PC）	C 相（PC）
$1.1U_m/\sqrt{3}$	22	5	5
$1.5U_m/\sqrt{3}$	65	36	35
$1.7U_m/\sqrt{3}$	120	120	120
$1.5U_m/\sqrt{3}$	80	60	60
$1.1U_m/\sqrt{3}$	30	10	10

注　U_m 为设备可承受的“最高系统电压”的最大值。

2014 年 4 月 3 日对该变压器进行吊罩全面检查。检查发现该变压器铁芯制造工艺不良，叠铁边角存在多处粘连，铁芯叠铁上部存在开裂、撞痕等多处问题，见图 6-13、图 6-14。

图 6-13　铁芯制造工艺不良

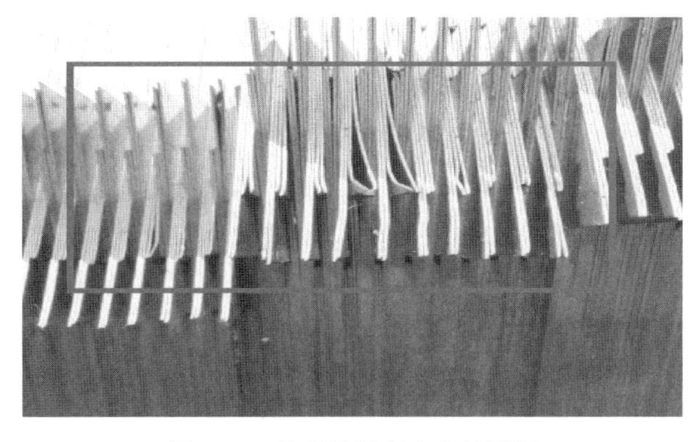

图 6-14　铁芯叠铁存在多处问题

该变压器油色谱数据异常及吊装检查结果暴露出厂家变压器制造及工艺控制不良，把关不严，需加大同类产品的监督检查，防止同类事件发生。油色谱分析及跟踪判断与吊检结果基本吻合。

十一、电弧放电故障例十一

1. 设备情况简介

某供电公司220kV龙河变电站1号主变压器，在2012年7月油色谱试验中发现油中含有乙炔，含量达到4.97μL/L，11月15日监测中出现最大值含量达到5.3μL/L；2013年11月27日对龙河1号变压器进行了有载调压开关吊装检查、套管检查和全面诊断性试验，均未发现异常；2014年6月，油中乙炔含量为到2.37μL/L，三比值编码101，怀疑变压器内部存在电弧放电。具体数据见表6-22。

表6-22　龙河变电站1号主变压器油色谱分析数据　μL/L

日期	H_2	CH_4	C_2H_6	C_2H_4	C_2H_2	总烃	CO	CO_2
2012年7月11日	30.3	6.29	1.9	8.6	4.97	21.8	100.9	2655.8
2012年11月15日	32.93	7.13	2.57	10.02	5.3	25	101.05	2743.21
2013年3月5日	25	5.5	3.3	7.2	3	19	80.9	1752.5
2014年6月5日	38.8	7.02	2.18	8.66	2.37	20.2	109.89	2445.3
2014年10月22日	41.75	7.68	2.92	9.74	2	22.3	98.2	2600.6

2. 故障确认及处理

该变压器2010年进行风冷强油循环系统改造。改造前油色谱数据正常，含微量乙炔，没有增长趋势。自改造送电后发现乙炔，随后进行相关检修试验，未发现问题。铁芯在线监测装置显示电流数据范围为30～50mA，综合判定为风冷系统改造过程中，焊渣等杂质未清除干净，运行中随着油流流动，在高电压、高场强的作用下产生瞬时放电，导致变压器油色谱数据异常。目前已趋于稳定。

十二、电弧放电故障例十二

1. 设备情况简介

北方某供电公司821变电站1号主变压器型号为SSZ-31500/110，投运日期为2008年5月。2016年4月12日1号主变压器差动保护动作，本体轻瓦斯气体继电器动作，101、301、501开关跳闸。

2. 故障分析

对1号主变压器进行油色谱分析试验，发现主变压器本体油中已经出现少量的乙炔气体，表明变压器本体内部已出现放电缺陷，见表6-23。

表6-23　821变电站1号主变压器油色谱分析数据　μL/L

H_2	CH_4	C_2H_6	C_2H_4	C_2H_2	总烃	CO	CO_2
68.2	12.8	3.3	1.4	0.4	17.9	804.7	987.9

对1号主变压器进行绕组变形试验，发现高压绕组、中压绕组、低压绕组已严重变形，见

图 6-15～图 6-17。

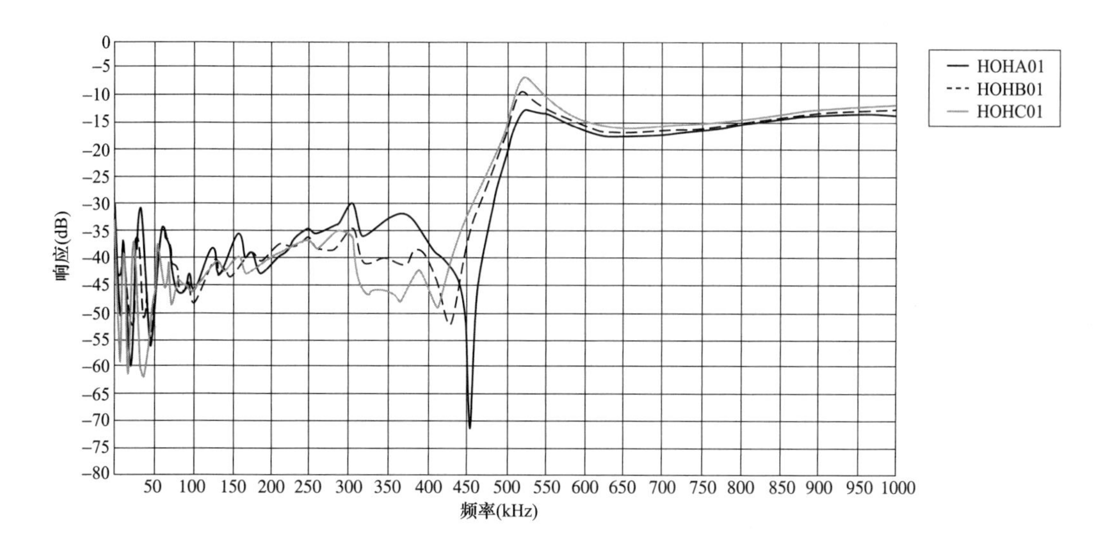

图 6-15　高压绕组

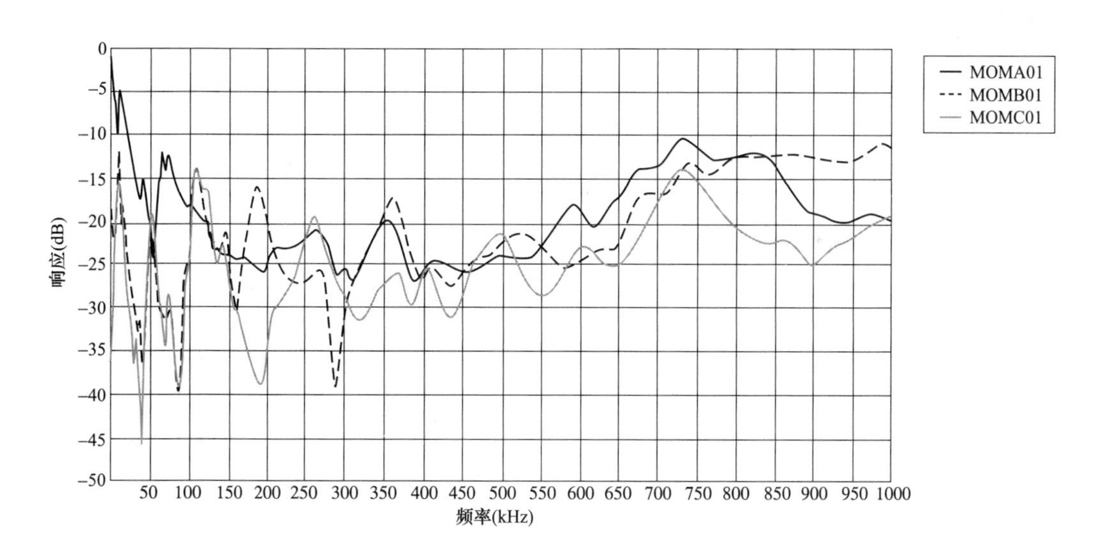

图 6-16　中压绕组

对 1 号主变压器进行直流电阻测试时发现，中压侧绕组直流电阻相间差别已达到 18.54%，表明中压绕组已发生严重的匝间或层间短路故障，见表 6-24。

表 6-24　　中压绕组直流电阻

Am-O（mΩ）	Bm-O（mΩ）	Cm-O（mΩ）	差值（%）
46.25	56.20	58.58	18.54

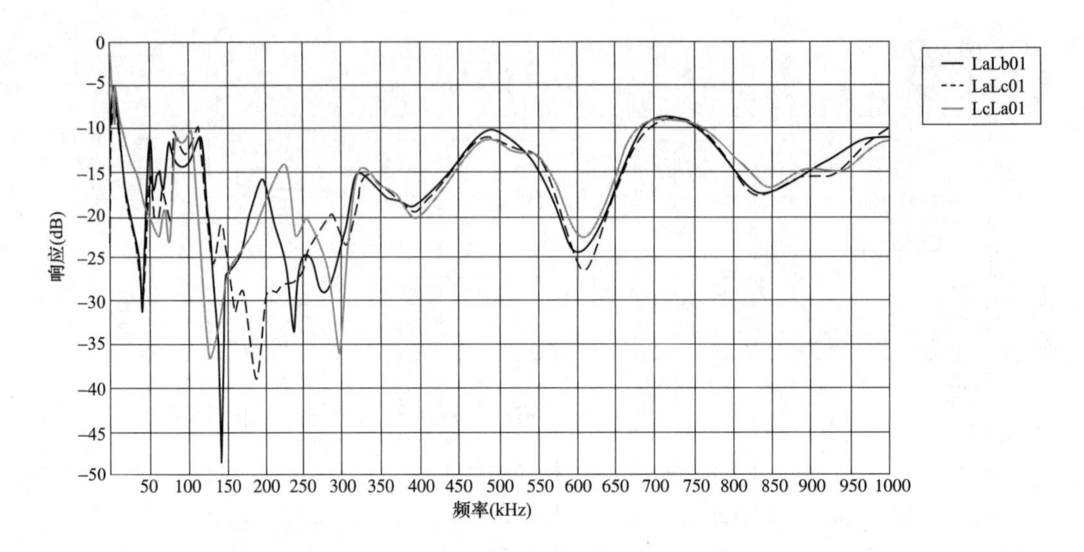

图 6-17　低压绕组

315 间隔电力电缆 B 相单相接地，致使 A、C 相电压升高，最终发展成为三相短路故障，造成变压器中压侧绕组出口短路，在短路电流冲击下，致使变压器中压绕组发生匝间或层间短路故障，最终导致变压器差动保护动作跳闸。

3. 故障确认及处理

2016 年 4 月 28 日，利用备用的主变压器对故障主变压器进行更换。对损坏的 1 号主变压器进行返厂解体分析后发现：

(1) 吊开变压器油箱外壳，发现变压器 A、B 相绕组已经移位，紧靠在一起，见图 6-18、图 6-19。

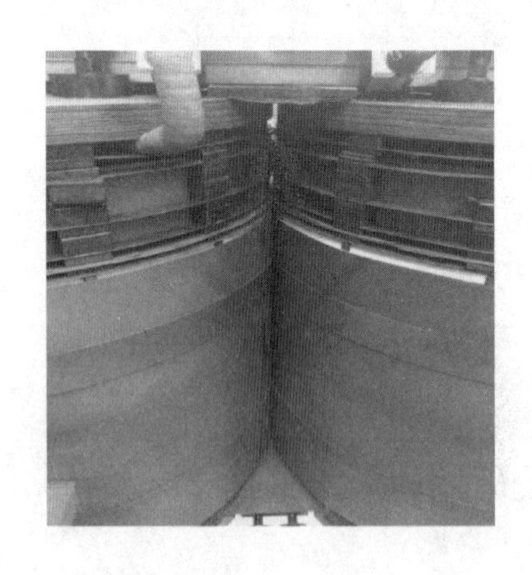

图 6-18　A、B 相绕组

图 6-19　B、C 相绕组

(2) 将 A、B 相绕组压板吊开后，发现 A、B 相中压绕组均有明显变形，见图 6-20、图 6-21。

图 6-20 A 相中压绕组

图 6-21 B 相中压绕组

（3）将 A 相高压绕组吊起后，发现 A 相中压绕组外部存在严重变形、绝缘纸脱落现象（见图 6-22）；将中压绕组吊起后，发现 A 相中压绕组内部存在明显放电烧蚀痕迹。

（4）将 B 相高压绕组吊起后，发现 B 相中压绕组外部存在严重变形、绝缘纸脱落现象，并有放电烧蚀痕迹（见图 6-23）；在吊中压绕组时，中压绕组与低压绕组已咬合在一起，无法分开。

图 6-22 A 相中压绕组（外部）

图 6-23 B 相中压绕组（外部）

对 315 电缆终端的制作工艺进行解体分析，找出制作工艺问题所在，并对 315 电缆两侧的终端重新进行制作。

十三、电弧放电故障例十三

1. 设备情况简介

某供电公司徐庄变电站 2 号主变压器型号为 SFS8-50000/110，投运日期为 1995 年 9 月 19 日。

2. 故障分析

2016 年 10 月 27 日徐庄变电站 2 号主变压器 10kV 侧 B 相故障，差动保护动作跳开主变压器

102、302、502 开关，2 号变压器退出运行。随后，保护人员现场检查，发现变压器低压侧 C 相有变压器保护区外接地情况。检修人员现场检查没有发现设备外绝缘存在明显放电痕迹，10kV 低压母线耐压试验通过，变压器轻瓦斯保护装置内气体量为零。

当天对变压器本体取油进行色谱试验，试验结果显示 2 号主变压器油中溶解气体乙炔含量超标，测试值为 22.4μL/L（见表 6-25），三比值编码为 102，说明变压器油中有电弧放电故障。油耐压与微水测试结果未见异常。

表 6-25　徐庄变电站 2 号主变压器油色谱测试数据　μL/L

日期	H_2	CH_4	C_2H_6	C_2H_4	C_2H_2	总烃	CO	CO_2	备注
2015 年 12 月 4 日	6.9	24.9	8.2	32	0	65.1	1145	8046.3	
2016 年 10 月 27 日	30.1	26.9	8.7	45.4	22.4	103.4	824.9	7935.4	底部取油

10 月 28 日，对变压器开展诊断性试验，绕组变形试验、绕组直流电阻试验均合格。低压绕组绝缘电阻 15、60s 测试值分别为 159、151MΩ，其吸收比为 0.95，小于 1.3，见表 6-26。低压绕组整体对高、中压绕组及地介损、电容量测试过程中，试验电压升至 4kV 时，可于变压器低压侧油箱底部听到清晰放电声，其他正常，见表 6-27。

表 6-26　绕组绝缘电阻及吸收比测试数据

测量部位	绝缘电阻（MΩ）		吸收比
	15s	60s	
高压-中、低压，地	14 200	18 500	1.3
中压-高、低压，地	6150	9550	1.55
低压-高、中压，地	159	151	0.95
铁芯-地	3000		

表 6-27　绕组介损及电容量测试数据

测试部位	电容量（pF）	介损（%）
高压-中、低压，地	10 130	0.273
中压-高、低压，地	22 400	0.364
低压-高、中压，地	试验电压加至 4kV 时放电	

综合故障录波及电气试验结果，可以初步判断徐庄变电站 2 号主变压器低压 B 相绕组在变压器内部存在严重放电现象。

随后对徐庄变电站 2 号主变压器进行吊罩检查。吊罩后发现变压器低压绕组 B 相引线与下夹件间存在严重放电痕迹：绕组引线与下夹件接触，其绝缘皱纹纸和白布带均被击穿且严重烧灼，下夹件上有黑色放电痕迹，如图 6-24、图 6-25 所示。

图 6-24　绕组引线局部放电痕迹图

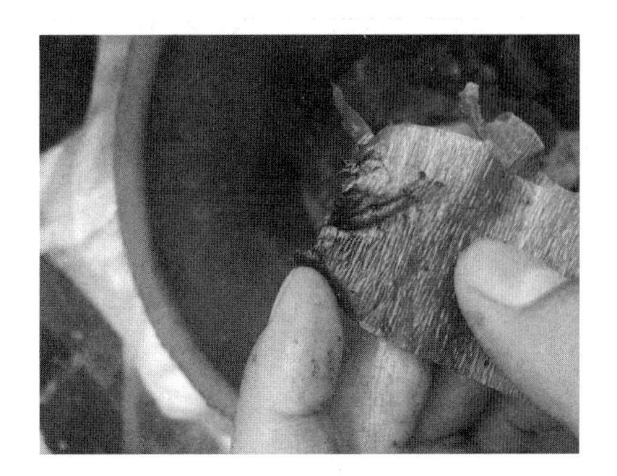

图 6-25　烧伤皱纹纸图

将绕组引线皱纹纸及白布带剥开，发现下夹件紧固螺栓金属压片经严重放电烧蚀已破损（见图 6-26），脱落三角形金属碎片（见图 6-27）。该三角形金属片为变压器夹件螺丝锁片，经检查发现该锁片未完全压紧而存在突出部位，突出部位与导线绝缘接触，变压器长期运行使绝缘薄弱点击穿。经分析认为该故障点为造成变压器跳闸的主要原因，此故障点与故障录波和高压试验分析结果相吻合。

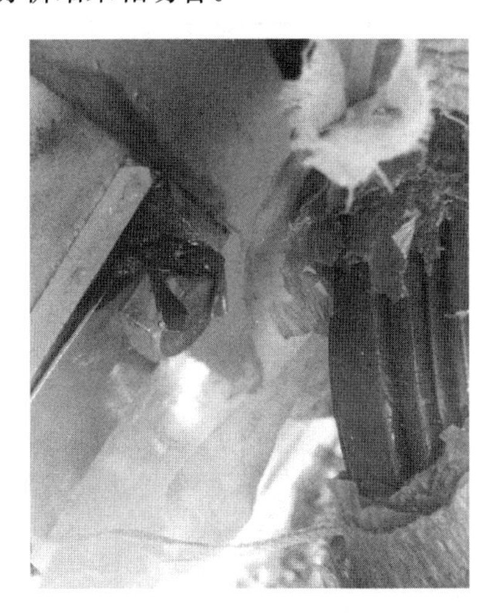

图 6-26　紧固螺栓金属压片烧蚀图

图 6-27　三角形金属碎片图

检修人员用手对绕组引线探伤，发现绕组约 20 股引线中靠近下夹件螺栓处有 2 股引线因剧烈放电存在未完全贯通断口，这 2 根断股引线部位正与螺栓固定锁片立角接触。

变压器低压绕组三相引线均存在与下夹件直接接触且绝缘缠绕较薄弱的问题，决定对其安排返厂大修，并过滤含特征气体的变压器绝缘油。

徐庄变电站 110kV 2 号主变压器经返厂大修后，11 月 14 日投入运行，16 日 16 时 40 分徐庄变电站 110kV 2 号主变压器差动、速断保护动作，非电量保护装置本体重瓦斯保护、本体轻瓦斯保护、压力释放保护动作。变压器跳闸前已转至空载运行，未造成负荷损失。

11月15日，变压器投运1d后，油色谱分析发现油中乙炔含量为4.5μL/L。16日乙炔含量为18.4μL/L，产气速率为210mL/d（注意值为0.2mL/d），三比值编码为102，故障类型为电弧放电。与维修厂家沟通后，厂家认为乙炔增长为片散中残存气体所致，建议不停电继续观察。至16时40分变压器跳闸后乙炔增长到2018.7μL/L。具体数据见表6-28。

表6-28　　徐庄2号变压器绝缘油化验测试数据　　μL/L

日期	H_2	CH_4	C_2H_6	C_2H_4	C_2H_2	总烃	CO	CO_2	备　注
2016年11月15日	8.1	1.3	0.3	1.6	4.5	7.7	10.5	426	投运1d（第1次结果），下部取样
2016年11月16日	40.9	8.3	1.6	11.8	18.4	40.1	17.5	407.5	投运2d（第1次结果），上午9:10下部取样
	45.3	9.3	2.1	13.9	22	47.3	16.5	451.7	投运2d（第2次结果），下午15:30下部取样
	1654.7	591.5	83.8	1401	2018.7	4095	188.2	477.2	投运2d，下午17:30下部取样，差动保护动作后

主变压器跳闸后进行了绕组变形试验、低电压短路阻抗试验，结果未见异常。绕组直流电阻试验和绕组绝缘电阻及吸收比试验结果异常，见表6-29。

高压绕组A相直流电阻增大，不平衡率超标，怀疑存在绕组经烧灼后有断线、断股现象。

表6-29　　徐庄2号变压器绕组直流电阻　　mΩ

<table>
<tr><td colspan="8">高压绕组直流电阻</td></tr>
<tr><td>分头</td><td colspan="2">A-O</td><td colspan="2">B-O</td><td colspan="2">C-O</td><td>不平衡率（%）</td></tr>
<tr><td>1</td><td colspan="2">456.4</td><td colspan="2">396.6</td><td colspan="2">396.4</td><td>15.13</td></tr>
<tr><td>2</td><td colspan="2">447.6</td><td colspan="2">387.6</td><td colspan="2">387.4</td><td>15.53</td></tr>
<tr><td>3</td><td colspan="2">438.0</td><td colspan="2">378.0</td><td colspan="2">377.8</td><td>15.93</td></tr>
<tr><td>4</td><td colspan="2">428.1</td><td colspan="2">368.2</td><td colspan="2">367.8</td><td>16.39</td></tr>
<tr><td>5</td><td colspan="2">419.2</td><td colspan="2">358.9</td><td colspan="2">358.9</td><td>16.80</td></tr>
<tr><td colspan="8">中压绕组直流电阻</td></tr>
<tr><td>分头</td><td colspan="2">Am-O</td><td colspan="2">Bm-O</td><td colspan="2">Cm-O</td><td>不平衡率（%）</td></tr>
<tr><td>5</td><td colspan="2">36.70</td><td colspan="2">36.70</td><td colspan="2">36.87</td><td>0.46</td></tr>
<tr><td colspan="8">低压绕组直流电阻</td></tr>
<tr><td>a-b</td><td>4.938</td><td>b-c</td><td>4.938</td><td>c-a</td><td>4.968</td><td>三相不平衡率（%）</td><td>0.61</td></tr>
</table>

绕组绝缘电阻较前次交接试验数值显著降低，不足10 000MΩ。高压绕组绝缘电阻值与交接值有较大降低且吸收比存在异常，测试数据见表6-30。

表 6-30　　绕组绝缘电阻及吸收比测试数据

测量部位	绝缘电阻（MΩ）		吸收比
	15s	60s	
高压-中、低压，地	2400	2740	1.14
中压-高、低压，地	3490	5700	1.63
低压-高、中压，地	3980	5800	1.46
铁芯-地	3000		

通过诊断性试验结果分析，初步判断变压器绕组无明显新增形变；绕组绝缘性能下降，高压绕组吸收比超标；高压绕组直流电阻不平衡率超标，A相绕组存在导流性故障。

3. 故障确认及处理

2016年11月24日，变压器在厂家进行解体查找故障，过程如下：

（1）拆卸铁芯夹件，上夹件未发现明显放电痕迹（见图6-28）。

（2）上夹件拆出后，作业人员开始拆卸上铁轭硅钢片（见图6-29），见证人员全程站旁监督其作业流程，经检视全部硅钢片未发现明显放电痕迹。

图6-28　变压器上夹件

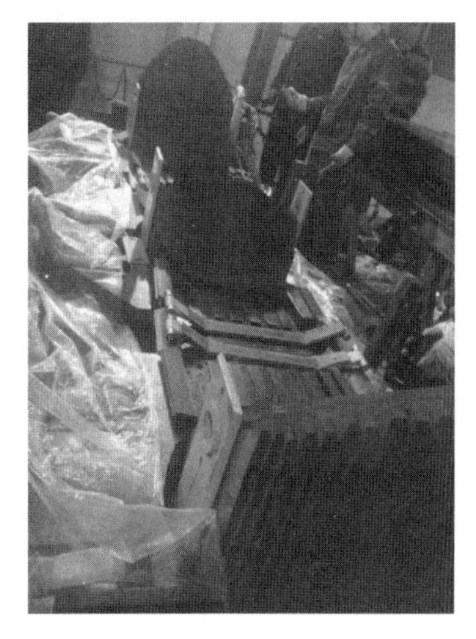

图6-29　拆卸上铁轭硅钢片

（3）拆除压板。

（4）拆除A、B相相间隔板，发现在相间隔板的上部靠近中低压侧处约1/6面积被烧毁（见图6-30）。

（5）起吊出高压A相绕组，拆掉围屏后发现A相围屏内侧靠近放电点处有一条裂缝（见图6-31），裂缝周围有烧伤痕迹。

A相绕组第一饼和第二饼有放电后烧灼痕迹，第三饼绕组导线被烧断（见图6-32、图6-33）。

（6）起吊高压侧B相绕组，发现绕组第三饼有一根导线烧断并翘起，第四饼和第五饼间有放电点，怀疑为异物造成的匝间短路点。第三饼导线其紧密缠绕结构已发生扭曲形变，原同层导线间已存在明显位移，同时内侧导线在局部向外侧突起（见图6-34、图6-35）。

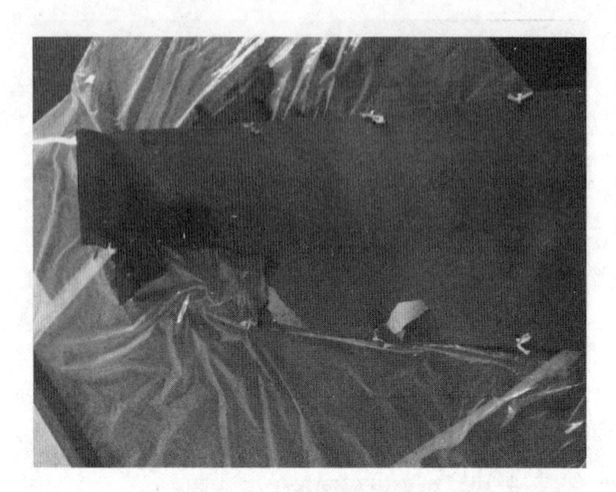

图 6-30 相间隔板受损

图 6-31 A 相绕组围屏内侧裂缝

图 6-32 A 相绕组烧损（一）

图 6-33 A 相绕组烧损（二）

图 6-34 高压 B 相绕组烧损整体图

图 6-35 高压 B 相绕组烧损局部图

十四、电弧放电故障例十四

1. 设备情况简介

某供电公司电流互感器 111 电流互感器 B 相和 145 电流互感器 B 相内部放电，导致色谱数据超出注意值。

2. 故障分析

2009 年 2 月 11 日发现 111 电流互感器 B 相和 145 电流互感器 B 相色谱数据异常，见表 6-31、表 6-32。

表 6-31　　111 电流互感器 B 相色谱数据

相序	日期	H_2	CH_4	C_2H_6	C_2H_4	C_2H_2	总烃	CO	CO_2
A	2009 年 02 月 11 日	92.7	4	0	0	0	4	81.2	236.4
B	2009 年 02 月 11 日	15 331.8	1195.6	119.8	355.4	533	2203.8	170.4	143
C	2009 年 02 月 11 日	548.2	5.3	0	0	0	5.3	78.8	210

表 6-32　　145 电流互感器 B 相色谱数据

相序	日期	H_2	CH_4	C_2H_6	C_2H_4	C_2H_2	总烃	CO	CO_2
A	2009 年 02 月 11 日	54	3.5	0	0	0	3.5	25.9	126.1
B	2009 年 02 月 11 日	39 379.9	1601	73.7	0	0	1674.7	35.2	71.3
C	2009 年 02 月 11 日	33	2.8	0	0	0	2.8	27	92.8

由上述数据分析，根据《油中溶解气体分析和判断导则》，三比值编码为 110，特征气体主要表现为 H_2、CH_4 高，次要气体 C_2H_6、C_2H_2 较高，总烃高，上述气体组分均成倍地超出注意值，判断为该电流互感器内部可能存在放电故障。对 111 电流互感器和 145 电流互感器已作更换处理。

3. 故障确认及处理

对换下的原 111 电流互感器 B 相进行了局部放电和运行电压介损试验，该互感器的局部放电量达到 850pC，介损值变化不大。随后在生产厂家的指导下对该互感器进行解体检查，并在电容屏的上部发现放电部位，并发现其放电点已将多层电容屏击穿，见图 6-36、图 6-37。

图 6-36　111 电流互感器解体检查

图 6-37　电容屏上的放电点

十五、电弧放电故障例十五

1. 设备情况简介

某供电公司御道口 2217B 相电流互感器型号为 LB10-220W3，投运日期为 2010 年 6 月 19 日。

2. 故障分析

2011 年 4 月 8 日，在对御道口开闭站进行油色谱普查时发现，御道口 2217B 相电流互感器氢气和总烃含量超标，其中氢气含量为 537μL/L，总烃含量为404μL/L；5 月 27 日对此台互感器进行跟踪试验时发现总烃、氢气含量增长很快，氢气含量为 27 882.7μL/L，总烃含量为 756μL/L，并且出现了乙炔，乙炔含量为 1.1μL/L，超过了注意值。试验数据见表 6-33，该产品于 2011 年 5 月 31 日返厂，6 月 18 日解体。

表 6-33　　御道口 2217B 相电流互感器色谱分析结果　　μL/L

日期	H_2	CH_4	C_2H_6	C_2H_4	C_2H_2	总烃	CO	CO_2
2011 年 4 月 8 日	537.4	386.8	17.6	0.2	0	404.5	31.6	161.2
2011 年 5 月 27 日	27 882.7	702	54.7	0.4	1.1	758	48.2	206.6

3. 故障确认及处理

（1）发现膨胀器已变形。

（2）并联一次直阻测试值为0.106mΩ，设计值为0.075mΩ；超出设计值41%，是由于绕组一次接引不良造成。当在负荷电流作用下时，一次绕组局部过热，致使变压器油中烷烃裂化产生氢气和总烃。

（3）局部放电：在施加电压升至70kV左右时，出现明显放电，约500pC，起始放电电压很低，从形态看为气体放电。

十六、电弧放电故障例十六

1. 设备情况简介

某供电公司建平113C相电流互感器型号为LB7-110W2，投运日期为2011年12月30日。

2. 故障分析

电站运行人员在2013年2月26日检查发现113C相电流互感器膨胀器变形，上盖脱落，见图6-38。在进行油色谱检测分析时，发现油中氢气、乙炔及总烃含量超标，见表6-34。三比值编码为110，判断为高能量密度的局部放电故障，2013年2月28日对此台电流互感器进行了更换处理。

图6-38 建平113C相电流互感器外观变形

表6-34 建平113C相电流互感器色谱分析结果 μL/L

日期	H_2	CH_4	C_2H_6	C_2H_4	C_2H_2	总烃	CO	CO_2
2013年4月12日	6.8	6.9	0	1	0	7.9	74.7	474
2013年2月27日	13 556.7	640	529	4.3	5.1	1178	1118	196.9

3. 故障确认及处理

2013年5月13日，在生产厂家车间内对故障电流互感器进行了解体分析。从解体过程中可以看到，主绝缘的2～6主屏由于在一次导体并紧过程中模具放置不当，造成绝缘挤压变形，引起高压电缆纸存在起皱现象，即高压电缆纸表面存在凹凸性，那么在凹槽中就可能存有空气。而制作过程中的工艺分散性加剧了其表面电场分布的不均匀程度，成为了设备长期运行过程中产生低能量放电的隐患。从解体过程中可以看到相邻的绝缘纸上肯定也出现对应的褶皱现象，这就是在理论上形成了放电通道。因此一次导体并紧过程中模具放置不当，造成绝缘挤压变形，引起高压电缆纸起皱是本次故障的根本原因。

处理措施是：

（1）互感器生产厂家进一步完善该产品主绝缘包扎工艺，并强化包扎人员培训，严格包扎过程的质量控制；加强一次导体并紧模具的管理，按照不同的绝缘外径增加配套模具并定期检查，及时执行报废程序；加强一次导体并紧过程的质量控制，严格操作记录的管理。

（2）对设备厂家2010～2013年生产的110千伏以及上电压等级油浸、正立式电流互感器进行油中气体色谱分析普测的专项隐患排查工作。加强对运行中同类型设备的检测，缩短检测周期，应尤其注意油中含气量的变化情况。

十七、电弧放电故障例十七

1. 设备情况简介

某供电公司下板城 101B 相电流互感器型号为 LCWB6-110W2，投运时间为 2008 年 10 月。2015 年 7 月 9 日，运行人员发现 101B 相电流互感器膨胀器变形顶起，见图 6-39。

图 6-39 电流互感器膨胀器变形顶起

2. 故障分析

2015 年 7 月 10 日，对此台电流互感器进行油色谱试验分析发现乙炔、总烃及氢气含量超标，三比值编码为 110，故障性质是高能量密度的局部放电。色谱试验数据见表 6-35。

表 6-35 下板城 101B 相电流互感器色谱分析结果 μL/L

相别	H_2	CH_4	C_2H_6	C_2H_4	C_2H_2	总烃	CO	CO_2
101B	19 331.2	862	357.9	3.6	2.4	1226	138.1	471.6

2015 年 7 月 16 日，对此台电流互感器进行了电气试验：介质损耗为 0.979%，电容量为 776.9pF，介质损耗值超出规程规定的 0.80%注意值；一次绕组直流电阻为 569.2μΩ，远超出规程规定的 50μΩ 数值。

3. 故障确认及处理

2015 年 12 月 28 日对该产品进行解体检查，发现一次导体各金属面连接正常，无放电痕迹；零屏引线连接良好，无放电痕迹；二次绕组及末屏引线连接正常，无放电痕迹；主绝缘解剖过程中未发现放电痕迹；其他部件均无异常。

综合分析导致该产品氢气超标的原因可能是：产品在膨胀器注油时有残余的游离气体存留。随着运行时间的延长和电压的波动，诱发短暂局部放电，而气体的低能量放电，使油裂解产生氢气、甲烷、乙炔等气体，恶性循环，最终使膨胀器顶开。

处理措施：

(1) 2015 年 7 月 16 日，对此台电流互感器进行了更换处理。

(2) 针对厂家 2006～2010 年生产的 110kV LCWB6-110W2 型电流互感器下发了技术监督预警单，要求开展一次油中溶解气体分析试验工作。

(3) 产品交接试验时，建议开展工频电压下局部放电量的试验。

十八、电弧放电故障例十八

1. 设备情况简介

某供电公司双塔山 111B 相电流互感器型号为 LB6-126W1，投运日期为 2003 年 5 月。

2. 故障分析

2015年9月6日，运行人员在对双塔山站111B相电流互感器进行红外测温时，发现双塔山变电站宝双线111电流互感器B相瓷套温升增大，且瓷套上部整体温度偏高，相间温差为4.7K（A相为29.4℃，B相为34.1℃，C相为29.4℃），根据DL/T 664《带电设备红外诊断应用规范》的规定，判定为B相存在内部故障，见图6-40。

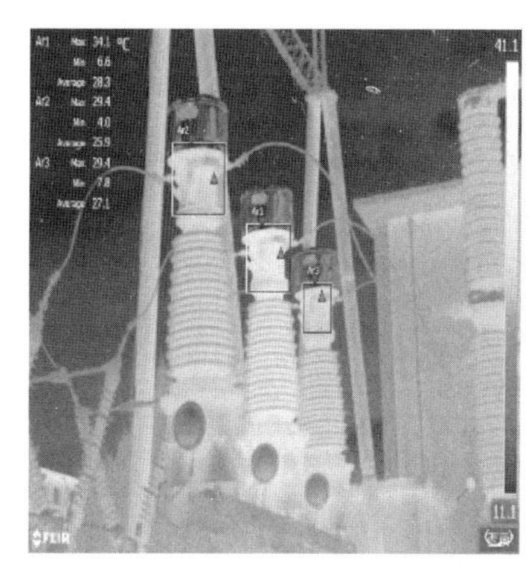

图6-40 红外图像和可见光图像

9月7日，对此台电流互感器进行油色谱试验分析发现B相乙炔、总烃及氢气含量超标，见表6-36。三比值编码：110；故障性质：高能量密度的局部放电。

表6-36 宝双线111B相电流互感器色谱分析结果 μL/L

相别	H_2	CH_4	C_2H_6	C_2H_4	C_2H_2	总烃	CO	CO_2
111B	12 138.9	923.8	759.9	2	1.5	1687.1	72.7	933.7

9月6日，对此台电流互感器进行了电气试验：介质损耗为4.02%，电容量为629.20pF，介质损耗值超出规程规定的0.80%的注意值。一次绕组直流电阻为295μΩ，远超出规程规定50μΩ的数值。

3. 故障确认及处理

12月28日对该产品进行解体检查，见图6-41。进行局部放电试验时，电压73kV，局部放电量为550pC，远远超出规程规定的50pC数值。一次接线端子连接紧固，无明显松动现象，接线端子表面无放电灼烧痕迹；器身上绑扎无松动现象，内壁漆完好牢固无污染；末屏引线搭接良好，无异常现象，零屏引线搭接良好、可靠；主绝缘解剖过程未发现放电痕迹；产品主绝缘局部有压痕，导致设备在运行过程中产生放电。

图6-41 宝双线111电流互感器解体检查

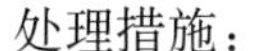

处理措施：

(1) 2015 年 9 月 7 日，对此台电流互感器进行了更换处理。

(2) 针对同类设备下发了技术监督预警单，要求开展一次油中溶解气体分析试验工作，并加强红外成像测温工作。

(3) 产品交接试验时，建议开展工频电压下局部放电量的试验。

十九、电弧放电故障例十九

1. 设备情况简介

某供电公司 2013 年 4 月 24 日对康仙 2212 电流互感器进行例行试验，发现该电流互感器 B、C 相色谱分析结果异常（见表 6-37），甲烷、氢气严重超标，乙炔超出注意值，三比值编码为 110，判断设备内部存在局部电弧放电，且 B 相电容量增大了 6%（交接值为 753.6pF，2013 年测试值为 801.4pF），无法投入运行，25 日转为冷备用。该互感器型号为 LB9-220W，2005 年 9 月投运。此设备已于 4 月 28 日进行了更换。

表 6-37　康仙 2212 电流互感器色谱分析结果　μL/L

序号	设备名称	日期	H_2	CH_4	C_2H_6	C_2H_4	C_2H_2	总烃	CO	CO_2
1	康仙 2212B 相	2013 年 4 月 24 日	28 902.3	1389.36	123.27	0.7	1.15	1514.48	168.51	803.6
2	康仙 2212C 相	2013 年 4 月 24 日	18 848	1374.44	937.12	3.34	5.04	2319.94	38.68	725.73

2. 故障分析

对该设备进行额定电压下的介质损耗试验和局部放电试验，如图 6-42 和表 6-38 所示。其中，额定电压下的介质损耗试验测量电压从 10kV 升高到 $U_m/\sqrt{3}$（145kV）时，介损增量达到 90.9%（规程要求不大于 0.2%），且在 $U_m/\sqrt{3}$ 电压下 tanδ 达到 1.718%，远远超标。在 $1.2U_m/\sqrt{3}$（174kV）电压下局部放电量达到 177pC（规程要求不大于 20pC）。

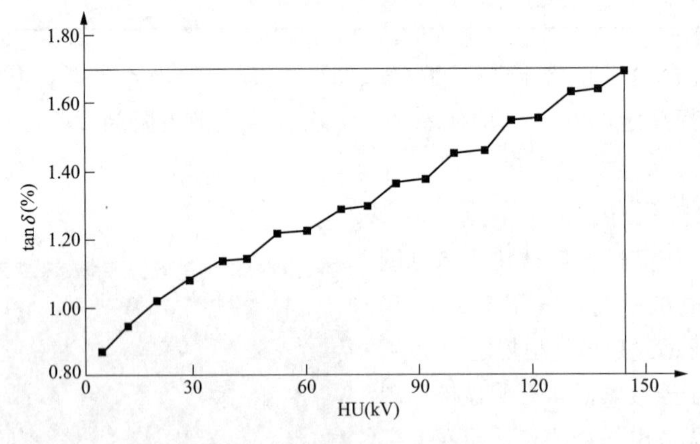

图 6-42　介质损耗试验曲线

表 6-38　局部放电量

电压（kV）	放电量（pC）
71.5	34
90.8	52
110.7	70

续表

电压（kV）	放电量（pC）
131	80
151	131
174	177

通过对油色谱特征气体、额定电压下介损试验数据和局部放电试验数据进行综合分析，初步判断设备内部存在有放电和过热性故障。

3. 故障确认及处理

将故障设备进行解体检查后，发现电容屏有褶皱，包扎工艺不良，靠近U型弯处的电容屏锡箔纸有规则的孔洞，如图6-43所示。与电容屏紧贴的末屏连接板上出现放电痕迹，且与孔洞位置相对应，如图6-44所示。与电容屏距离较近的绝缘纸层间的绝缘油已分接，产生蜡状物质，并造成锡箔纸与绝缘纸和绝缘纸之间粘连，绝缘纸已无法正常分离，如图6-45所示。

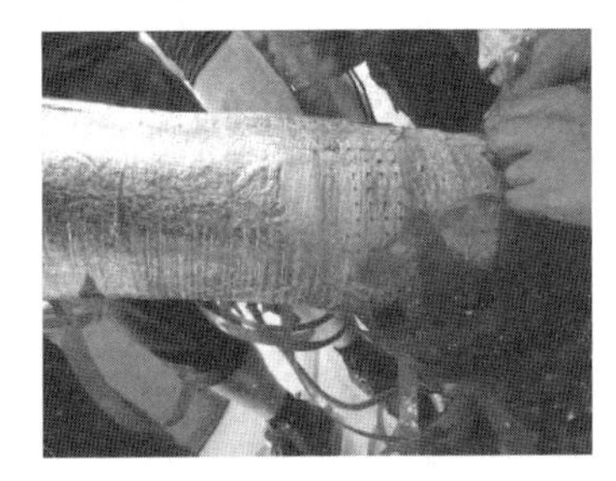

图6-43 电容屏工艺不良

图6-44 规则放电痕迹

图6-45 绝缘纸粘连

根据解体检查情况分析，造成该缺陷的原因主要是产品在制造过程中，真空处理和电容屏绕包环节没有处理好，导致电容屏锡箔纸有褶皱现象，且锡箔纸有孔洞。在运行电压下，末屏连接片与电容屏锡箔纸的孔洞连接处由于电场畸变，出现一定能量密度的局部放电，特征气体为氢气和甲烷，这些气体被层间油完全溶解；随着绝缘层间局部放电导致氢气产出量超出相对封闭区域油的溶解能力，气泡放电出现，随着超出油的溶解能力的游离气体的增加，局部放电区域温度升高，受绝缘层散热条件的影响，油被裂解聚合成X蜡，局部放电次要气体组分乙烷出现；随着故障区域附近气体增多，出现持续的大范围气泡放电，绝缘油裂变成烃类气体，组分中出现乙烯和乙炔，故障区域压力持续增大，放电产生的特征气体在压力的作用下快速向外扩散，最终造成本体油中氢气和烃类气体等特征气体迅速增长。经更换处理后，已恢复正常。

二十、电弧放电故障例二十

1. 设备情况简介

某供电公司寿王坟145C相电流互感器型号为LCB6-110W2，出厂日期为2008年4月。2016年6月21日，对该电流互感器进行油中溶解气体分析时发现，乙炔、氢气、总烃含量均超出规程规定的注意值，见表6-39。三比值编码为110，属于电弧放电。

表6-39　　寿王坟145C相电流互感器色谱分析　　μL/L

日期	H_2	CH_4	C_2H_6	C_2H_4	C_2H_2	总烃	CO	CO_2	三比值
2016年6月21日	6457.9	468.8	55.3	1.4	2.3	527.8	117.8	434.3	110

为进一步分析缺陷原因，对145C相电流互感器进行诊断性试验，发现145C相电流互感器tanδ为1.34%，超出规程规定的1%的注意值，见表6-40。

表6-40　寿王坟145C相电流互感器诊断性试验结果

相别	A	B	C
tanδ（%）	0.229	0.227	1.34
C_x（pF）	787.8	755.2	754.7
铭牌电容（pF）	788.9	755.9	754.5
偏差ΔC（%）	−0.14	−0.09	0.03
一次绝缘（MΩ）	10 000	10 000	10 000
末屏绝缘（MΩ）	30 000	30 000	40 000

由于电流互感器介质损耗因数偏大，根据规程要求进行了高电压介质损耗试验，试验结果见表6-41。

表6-41　介质损耗试验报告

<table>
<tr><td>试品编号</td><td colspan="2">HV9003</td><td>仪器编号</td><td>937013</td></tr>
<tr><td>试验方法</td><td colspan="4">正接线 自动多点升压</td></tr>
<tr><td>试验频率</td><td colspan="4">自动调谐 介损已换算到50Hz</td></tr>
<tr><td>电容变化量</td><td colspan="2">0.138%</td><td>介损增量</td><td>+0.394%</td></tr>
<tr><td colspan="5">升压数据</td></tr>
<tr><td>序号</td><td>电压（kV）</td><td>频率（Hz）</td><td>电容（pF）</td><td>介损（%）</td></tr>
<tr><td>01</td><td>10.38</td><td>56.1</td><td>756.5</td><td>+1.188</td></tr>
<tr><td>02</td><td>20.37</td><td>56.1</td><td>757.1</td><td>+1.373</td></tr>
<tr><td>03</td><td>25.05</td><td>56.1</td><td>756.9</td><td>+1.430</td></tr>
<tr><td>04</td><td>30.19</td><td>56.1</td><td>757.0</td><td>+1.493</td></tr>
<tr><td>05</td><td>40.02</td><td>56.1</td><td>757.1</td><td>+1.554</td></tr>
<tr><td>06</td><td>50.13</td><td>56.1</td><td>757.3</td><td>+1.562</td></tr>
<tr><td>07</td><td>60.10</td><td>56.1</td><td>757.6</td><td>+1.572</td></tr>
<tr><td>08</td><td>64.41</td><td>56.1</td><td>757.5</td><td>+1.582</td></tr>
<tr><td colspan="5">升压曲线：</td></tr>
</table>

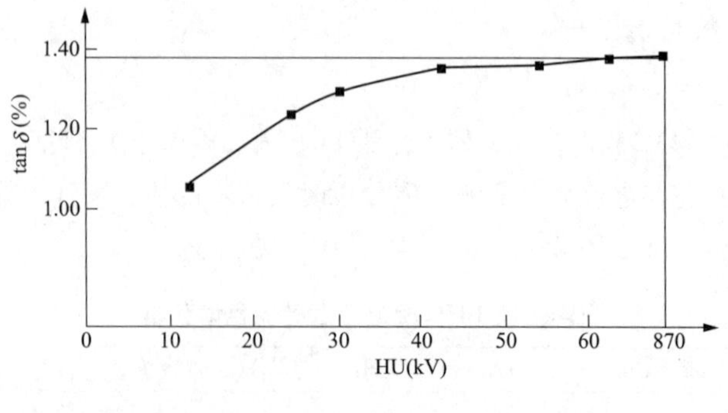

tanδ(%)
1.40
1.20
1.00
0 10 20 30 40 50 60 870
HU(kV)

测量从 10kV 到 $U_m/\sqrt{3}$，介质损耗因数 $\tan\delta$ 增量为 +0.394%，超出规程规定的 +0.3% 的注意值。

2. 故障确认及处理

2016 年 11 月 24 日将该支电流互感器返到厂家进行解体分析：产品外观无放电痕迹，储油柜内一次配线绝缘紧实，零屏和末屏引出线连接良好，器身洁净，所有电容屏尺寸符合设计要求，未见开裂，主绝缘包扎紧实，没有击穿痕迹，油箱和储油柜内清洁，无金属和非金属异物，且内壁漆膜干燥、无脱落。主 3 屏铝箔端部有淡黄褐色凝固物（见图 6-46），表面附有 X 蜡，其他未见异常。

图 6-46 寿王坟 145C 相电流互感器解体分析

分析认为产品变压器油中混入了添加剂，即一种为了降低变压器凝点和黏度的有机物。同时制造过程中，粘合剂使用不当。该公司在 2008 年，一次绝缘包扎时，允许少量使用粘合剂固定电容屏，尤其是电容屏端头。操作者使用粘合剂量大或掺杂了异物。无论添加剂还是一定量的粘合剂，长期在电场作用下，发生了亲电吸附作用，产生局部放电，导致绝缘油中烃类分子链断裂分解，产生烃类、CO、CO_2 和大量氢气，继而产生乙炔。故障设备已作更换处理。

二十一、电弧放电故障案例二十一

1. 设备情况简介

某主变压器型号为SFSZ8-31500/110，1999年投运。2006年4月13日该主变压器差动保护和本体重瓦斯保护动作，主变压器三侧开关跳闸。主变压器故障跳闸前的有功负荷为12 000kW。故障前几天多为阴雨天，故障发生时没有出现雷电，也没有受到短路电流的冲击。开关跳闸后约2h取油样（未取瓦斯气），故障前后油中溶解气体含量的分析结果见表6-42。

表6-42　　某110kV主变压器故障前后油色谱分析结果　　μL/L

日期	H_2	CH_4	C_2H_4	C_2H_6	C_2H_2	总烃	CO	CO_2
2006年3月9日	35.6	7.2	6.4	2.7	0.09	16.5	441	2461
2006年4月13日	192	28.1	38.4	2.7	62.5	132	542	2937

2. 故障分析

由于是重瓦斯保护动作，而且油中H_2、C_2H_2含量比一个月前大幅增长并超过注意值，这表明变压器内部发生了突发性故障。故障气体主要由H_2和C_2H_2组成，三比值法的编码组合为102，故障类型应为电弧放电。但油中故障气体含量并不特别高，这可能与取样时距离跳闸的时间较短，故障气体来不及完全扩散到底部取样阀有关。

该变压器跳闸后，进行了各项电气试验。结果表明，各电压等级绕组绝缘电阻、铁芯对地绝缘电阻、中、低压侧绕组的直流电阻、有载分接开关的切换波形、过渡电阻等试验数据正常。但发现高压绕组三相直流电阻不平衡，A相低挡位和高挡位直流电阻比B、C两相要大。由此初步判断故障发生在A相的高压侧导电回路中。根据A相高压绕组接线，对各挡直流电阻测定数据进行分析后，进一步判断故障部位在A相调压绕组回路中，决定对该变压器作吊罩检查。

3. 吊罩检查

在吊罩检查中，发现以下问题：

（1）三相110kV套管的将军帽密封处有少量水珠，密封垫已失去弹性；套管与升高座连接法兰的密封垫出现不同程度的龟裂；在变压器内部A相高压套管壁及其下方底部发现水珠。

（2）A相调压绕组分接头的引出线出现变形与位移，相邻引出线间的支撑垫块错位，其中有2块已经脱落。

（3）A相高压绕组底部发现少量碳化物和铜屑。

（4）解体A相调压绕组时，发现在1～2分接、5～6分接和6～7分接的三个分接绕组中存在着不同股导线的断股现象。

根据检查结果，经分析后认为，引起调压绕组电话放电并烧断部分与并联导线的原因，是由于高压侧A相套管将军帽密封垫和套管与升高座连接法兰的密封垫密封不良，加上故障前多日阴雨，使水分进入变压器内部A相套管下方。而调压绕组处于变压器绕组的最外层，进入的水首先使调压绕组的绝缘受潮，在调压绕组不同部分的匝间、层间或饼间电压作用下，造成电弧放电，烧断这几个部位的并联导线。在故障时的短路电动力作用下，致使调压绕组分接头的引出线位置发生变化。

二十二、电弧放电故障案例二十二

1. 设备情况简介

某水泥厂主变压器型号为SZ9-31500/110，于2005年5月投运，投运后一直未进行过油色谱分析。2007年11月28日发生主变压器本体重瓦斯保护动作，主变压器开关跳闸。瓦斯继电器中聚集气体并能点燃，但未取气样进行色谱分析；约8h后取油样送电力部门分析，分析结果见表6-43。

表6-43　某110kV主变压器油中溶解气体含量　μL/L

日期	H_2	CH_4	C_2H_4	C_2H_6	C_2H_2	总烃	CO	CO_2
2007年11月28日	558	300	751	45.1	1522	2618	773	14 277

2. 故障确认及处理

该变压器发生重瓦斯保护动作，油中H_2、C_2H_2和总烃含量严重超标，特别是乙炔含量巨大，无论是用特征气体法还是用三比值法（编码组合为102）判断，都得出该设备内部发生电弧放电故障的结论。根据油色谱分析结果，现场就未进行电气试验，该主变压器随即更换后作返厂处理。

第三节　局部放电故障

一、局部放电故障例一

1. 设备情况简介

某供电公司义缘220kV变电站832（2号）站用变压器于2009年10月投运。该变压器运行不久即发现其内部存在放电故障，其后退出运行返厂进行检修。2010年4月完成检修出厂，交接试验数据正常，并未发现该变压器存在明显缺陷，5月9日投入运行。

2. 故障分析

在5月18日投运后第十天色谱周期监视中，发现氢气含量增长较快，5月25日发生轻瓦斯保护动作，分别对油样和气样进行了油中溶解气体的分析，色谱数据又有较大增长。27日轻瓦斯保护再次动作，又进行了油样和气样的采集和分析。根据特征气体分析，三比值编码010，特征气体主要表现为氢气，甲烷高，次要气体为乙烷、乙烯，判断可能存在低能量局部放电。数据见表6-44。

表6-44　义缘832站用变压器色谱试验数据　μL/L

日期	H_2	CH_4	C_2H_6	C_2H_4	C_2H_2	总烃	CO	CO_2
2010年4月28日	12.9	2.9	0.7	1.2	0	4.8	27.9	592.5
2010年4月28日	13.4	2.7	0.9	0.7	0	4.3	23.6	532.8
2010年5月11日	26.6	3.3	0.5	0.4	0	4.2	160.5	431.4
2010年5月18日	454.8	11.5	1.6	0.6	0	13.7	32.3	874.9

续表

日期	H_2	CH_4	C_2H_6	C_2H_4	C_2H_2	总烃	CO	CO_2
2010年5月25日	1346	24.8	4.1	0.6	0.2	29.7	29.6	368.5
2010年5月25日*	15 238.7	48.9	1.1	0.3	0	50.3	214.6	443.6
2010年5月27日	1598.6	29.3	4.3	0.6	0.2	34.4	28.2	334.3
2010年5月27日*	25 868.6	64.6	1.2	0.5	0	66.3	228.9	530.5

注 后缀加*为气体继电器内气体样品。

二、局部放电故障例二

1. 设备情况简介

某供电公司义缘220kV变电站831（1号）站用变压器于2009年10月投运。该变压器在交接试验时即发现油中乙炔组分高达27μL/L（见表6-45），厂商解释为出厂检验时出现故障，处理后未及时换油。但投运不久该变压器由于内部故障而返厂检修。

表6-45　义缘831站用变压器返厂前色谱试验数据　μL/L

日期	H_2	CH_4	C_2H_6	C_2H_4	C_2H_2	总烃	CO	CO_2
2009年12月26日	21.7	5.3	0	6.5	26.8	38.6	14.8	467
2010年1月12日	267.2	11.9	0	6.7	25.9	44.5	14	511
2010年1月29日	1532.9	44.1	2.5	4.9	22.7	73.2	12.6	373.3

2. 故障分析

该变压器返厂大修后经过验收，色谱试验正常（见表6-46），于2010年4月28日投入运行，仅在运行的10d之后即出现了轻瓦斯动作，采油样试验，色谱试验异常，随即停运。根据特征气体分析，三比值编码010，特征气体主要表现为氢气、甲烷高，次要气体为乙烷、乙烯，判断可能存在低能局部放电。

表6-46　义缘831站用变压器大修后色谱试验数据　μL/L

日期	H_2	CH_4	C_2H_6	C_2H_4	C_2H_2	总烃	CO	CO_2
2010年3月27日	6.3	1.1	0	0	0	1.1	14	438.3
2010年4月28日	4.4	1.4	0	0	0	1.4	5.3	252.1
2010年5月8日	5481.9	132.5	19.3	0.9	0.1	152.8	25.3	345.1

三、局部放电故障例三

1. 设备情况简介

某供电公司赵家务1号主变压器型号为SSZ-180000/220，2012年7月生产，2013年4月投运。投运后通过油色谱分析发现1号主变压器氢气含量逐步增长，并超出注意值，见表6-47。该变压器安装有油色谱在线监测装置，油色谱在线监测显示氢气、甲烷逐步增长，已报警，用三比值法判断为低能量局部放电兼低温过热。

表 6-47　　赵家务1号主变压器色谱分析结果

日期	H_2	CH_4	C_2H_6	C_2H_4	C_2H_2	总烃	CO	CO_2
2014年12月30日	271.96	11.83	1.47	1.35	0	14.65	110.66	501.73
2014年11月27日	294.4	12.6	1.7	1.6	0	15.9	112	387.1
2014年8月25日	221.9	9.28	1.06	1.47	0	11.81	99.22	451.78
2014年8月25日	216.86	9.13	1.21	1.4	0	11.74	98.25	453.56
2014年3月31日	104.78	4.97	1.33	1.22	0	7.52	70.43	335.65
2014年3月11日	91.88	4.25	0.66	1.16	0	6.07	61.15	313
2014年1月14日	70.1	3.42	0.56	0.66	0	4.64	62.11	343.73
2014年1月8日	71.8	2.93	0	0.33	0	3.26	60.02	300.73
2013年5月29日	7.94	0.6	0	0	0	0.6	17.49	256.8
2013年5月2日	2.3	0.52	0.43	0.19	0	1.14	9.61	193.81
2013年4月26日	0.63	0.38	0.23	0	0	0.61	7.49	191.58
2013年4月23日	0.87	1.04	1.03	0	0	2.07	7.48	227.36
2013年4月16日	0.54	0.45	0.52	0	0	0.97	6.97	170.47
2013年3月27日	0.45	0.37	0	0	0	0.37	6.29	151.35
2013年1月10日	0	0.26	1.69	0.6	0	2.55	3.12	245.33

2. 故障分析

2014年3月26日，联系厂家、基建、施工单位对1、2号变压器氢气增长问题进行综合分析，厂家经过分析认为氢气单项增长属于正常，认为变压器不存在问题，并承诺质保，不予处理。供电公司安排监督人员每月进行测试，逐月进行分析，发现甲烷含量仍持续增长，经三比值等方法反复分析认为该变压器内部存在异常。

2015年1月6日再次联合物资、厂家、基建、施工单位召开赵家务220千伏变电站1、2号主变压器油色谱异常问题分析会。认为变压器油色谱异常非单纯单氢高问题，认为变压器本体或电缆仓内部有存在低能量局部放电可能，并建议扣留变压器厂家质保金，督促基建施工单位进行处理。

2015年3月22日进行1号变压器开仓检查，检查发现以下问题：

(1) 该变压器高压C项电缆仓引线制作工艺不良，引线绝缘纸脱落，造成引线周边电场不均，存在局部放电可能。

(2) 中压B相套管末屏接地引线端断裂，中压B相套管末屏失地运行，存在局部放电可能，存在套管爆炸危险。

(3) 经过对变压器中压B相套管末屏接地引线柱检查，发现接地引线柱在变压器投运前就已发生断裂，并由厂家人员进行了焊接处理，但因焊接不良，投运后发生了脱落，如图6-47～图6-51所示。

图 6-47 正常的接地引线

图 6-48 断落的接地引线

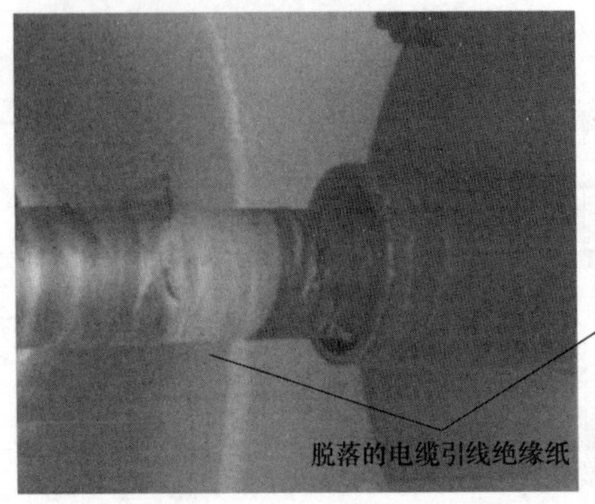

图 6-49 脱落的电缆引线绝缘纸

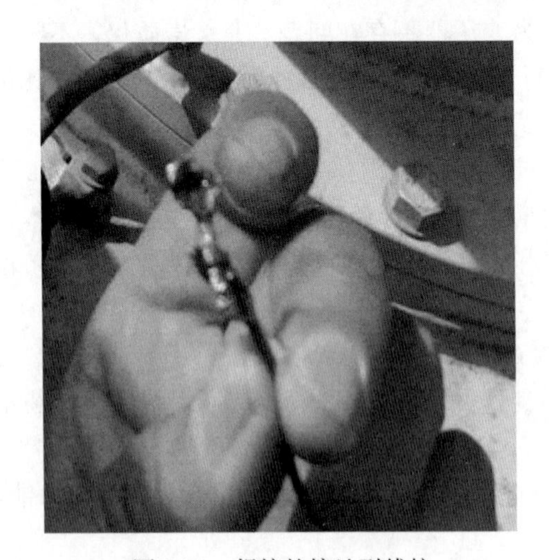

图 6-50 焊接的接地引线柱

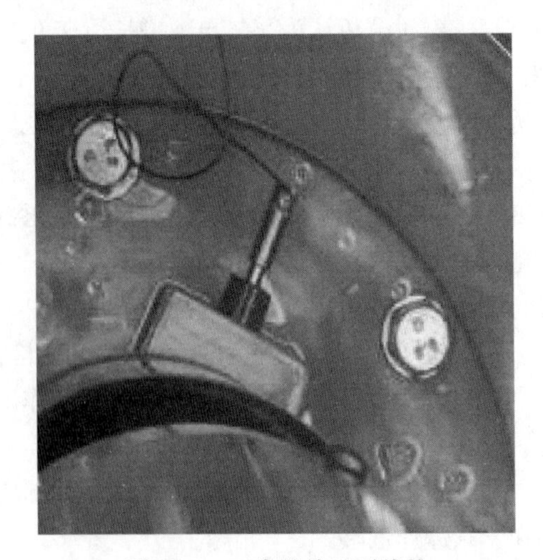

图 6-51 正常的接地引线柱

3. 故障确认及处理

对于脱落的接地柱因无法更换，检修人员重新制作了接地引线桶，通过螺栓将其套在原有的断裂柱根部，如图 6-52～图 6-54 所示。

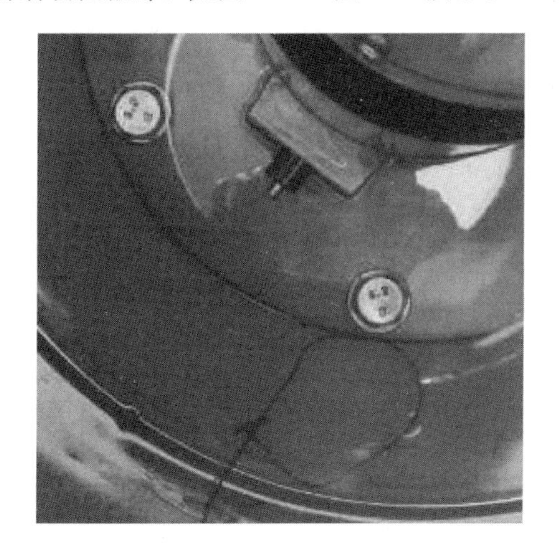

图 6-52 断落的接地引线

图 6-53 制作的接地套筒

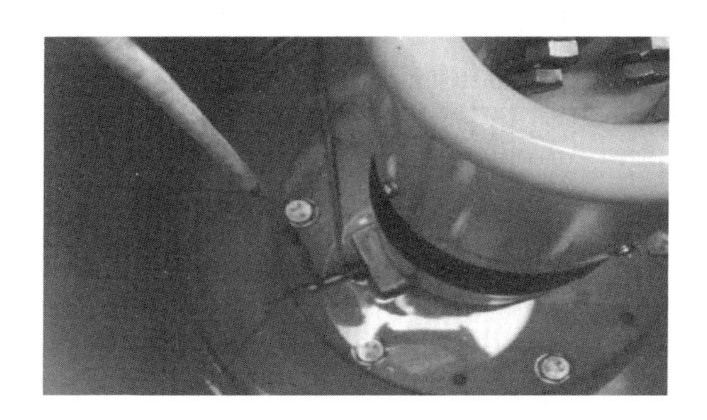

图 6-54 安装接地套筒

暴露问题：

(1) 电缆仓与变压器本体联通运行，电缆仓的呼吸油管上没有设置分支阀门，安装施工、试验、检修时不能与变压器本体有效隔离，当出现异常情况时，对变压器本体故障还是电缆仓故障无法有效区分，且检修时相互影响，带来诸多不便。

(2) 基建现场施工把关不严，施工单位、变压器厂家现场施工人员未严格按照基建施工要求开展施工。

(3) 施工单位、变压器厂家或监理单位存在欺瞒行为，对于隐蔽工程及产品质量问题进行欺瞒，给运维单位进行设备运维分析带来极大困难，造成极大人力、物力、财力消耗。

处理措施：

(1) 通过正式文件否定该类型变压器设计及安装，为变压器运维、检修、试验工作提供便利。

(2) 加强全过程技术监督管理，防止隐患设备入网运行。

(3) 加强入网设备检测与分析，防止事故发生。

四、局部放电故障例四

1. 设备情况简介

某供电公司高楼 220kV 变电站 101、145 电流互感器型号为 LB7-110W，2007 年 6 月投运。101B 相出厂编号为 K06040761、145 甲 A 相出厂编号为 K06040817。

2. 故障分析

2012 年 4 月 11 日进行的例行试验中发现 145 甲 A 相和 101B 相电流互感器色谱数据异常，见表 6-48。

表 6-48　2012 年 4 月 10 色谱数据

相别	H_2	CH_4	C_2H_6	C_2H_4	C_2H_2	总烃	CO	CO_2
101B	12 988	532.3	54.8	1.14	0.4	588.6	521.7	848.9
145 甲 A	1088	62.6	11.8	0.3	0	74.7	389.5	709.5

从上表中可以看出，两只电流互感器的氢气严重超标，而且 101B 相总烃超标较为严重。高楼 101B、145 甲 A 相绝缘油历次色谱试验结果如表 6-49、表 6-50 所示。

表 6-49　高楼 101B 相绝缘油历次色谱试验结果　μL/L

日期	H_2	CH_4	C_2H_6	C_2H_4	C_2H_2	总烃	CO	CO_2
交接	1.6	3.1	0	0	0	3.1	8.4	127.9
2008 年 5 月 13 日	106.8	3.1	0.3	0.3	0	3.8	219.3	421.9
2012 年 4 月 11 日	12 988	532.3	54.8	1.1	0.4	588.6	521.7	848.9

表 6-50　高楼 145A 相绝缘油历次色谱试验结果　μL/L

日期	H_2	CH_4	C_2H_6	C_2H_4	C_2H_2	总烃	CO	CO_2
交接	29.6	2.7	0	0	0	2.7	25.1	152.6
2008 年 5 月 13 日	132.1	0.5	0.9	0.2	0	1.6	33.9	406.2
2012 年 4 月 11 日	1088.7	62.6	11.8	0.3	0	74.7	389.5	709.5

交接和 2008 年的绝缘油色谱数据中氢气增长较多，总烃无明显变化，在规程规定范围之内，视为正常。通过对比历次试验数据，一次绕组绝缘电阻、末屏绝缘电阻、介质损耗因数及电容量均在规程规定范围之内，无异常。

3. 故障确认及处理

101B 相已于 2012 年 4 月 26 日进行更换，145 甲 A 相于 5 月进行了更换。为了及时分析设备故障原因，预防类似事件发生，保障电网安全稳定运行，2012 年 5 月 31 日，在厂家生产车间内对缺陷电流互感器进行了解体分析。此型式电流互感器绝缘电容屏共分 0～6 屏，共计 7 个屏，6 号屏为末屏，在拆除各屏间绝缘纸时发现，6 屏至 5 屏间、5 屏至 4 屏间、4 屏至 3 屏间，在一次绕组 U 型弯底部一侧，存在绝缘纸褶皱现象（见图 6-55），为绕制绝缘纸时工艺不良所致，三个屏间的绝缘纸褶皱都是在接近同一位置，分布在直径 12cm 范围内，5～6 屏有十几处，4～5 屏有 10 处左右，3～4 屏有 6 处，而对侧的绝缘纸包扎得非常光滑，没有褶皱现象。

图 6-55 U型弯底部存在绝缘纸褶皱现象

从解体过程中可以看到，主绝缘的 3～6 主屏间高压电缆纸存在绝缘起皱现象，即表面存在凹凸性。那么在凹槽中就可能存有空气。而制作过程中的工艺分散性加剧了其表面电场分布的不均匀程度，成为了设备长期运行过程中产生低能量放电的隐患。从解体过程中可以看到相邻的绝缘纸上肯定也出现对应的褶皱现象。在理论上形成了放电通道。

从放电理论上分析，油纸复合绝缘在长期电场作用下的电击穿场强远较短时击穿场强低。在交流电压下油纸复合绝缘中的油与气隙均为薄弱环节。根据电场理论复合介质中电场强度的分布和其介电常数成反比。因此在由绝缘纸褶皱而形成的两放电电极中，介质包含油纸复合绝缘、油及气隙。而绝缘油及气隙的击穿场强又比油纸复合绝缘低得多，在由于褶皱而产生的电场集中部位的气隙就会出现放电现象，产生部分气泡，导致该处的耐电强度进一步下降，游离放电加剧，再加上其绝缘采用多极电容屏，层间绝缘包扎紧密，因而其相对封闭，绝缘层间油同油箱内油交换困难，在故障初期很难发现，隐蔽性较强。因而绝缘包扎中绝缘纸褶皱是本次故障的根本原因。

五、局部放电故障例五

1. 设备情况简介

某变电站 5 台 110kV 电流互感器（型号 LB6-110）投运 4 年后，于 2001 年 5 月的油分析中发现一些特征气体含量异常，投运后的部分油色谱分析结果见表 6-51。

表 6-51　　5 台电流互感器油中溶解气体含量　　μL/L

换流变压器序号	日期	H_2	CH_4	C_2H_4	C_2H_6	C_2H_2	总烃	CO	CO_2
1	1998 年 9 月 18 日	65.2	2.8	0	0	0	28	53.5	245
	2000 年 5 月 13 日	59.1	5.8	0	0	0	5.8	62.7	313
	2001 年 5 月 14 日	13 103	1089	0	75.7	0	1164	109	284
2	1998 年 9 月 18 日	91	3.4	0	0	0	3.4	58.4	246
	2000 年 5 月 13 日	101	7.2	0	0	0	7.2	89.3	201
	2001 年 5 月 14 日	14 301	1220	0	91.3	0	1311	112	207

续表

换流变压器序号	日期	H_2	CH_4	C_2H_4	C_2H_6	C_2H_2	总烃	CO	CO_2
3	1998年9月18日	86.8	4.8	0	0	0	4.8	61.3	272
	2000年5月13日	89.5	11.3	0	0	0	11.3	80.1	413
	2001年5月20日	10 425	303	0	22.6	0	326	90.3	456
4	1998年9月18日	96.6	2.9	0	0	0	2.9	55.7	214
	2000年5月13日	87.6	6.6	0	0	0	6.6	74.1	295
	2001年5月20日	1907	30.8	0	0	0	30.8	103	382
5	1998年9月17日	74.7	2.8	0	0	0	2.8	52.1	292
	2000年5月14日	104.5	7.5	0	0	0	7.5	94.2	168
	2001年5月21日	11 159	289	0	9.2	0	298	110	829

2. 故障分析

从表6-51中可知，5台电流互感器油中 H_2 含量大幅超过注意值（4号电流互感器稍低），烃总量除4号外均超过注意值，其中1号和2号电流互感器烃总量严重超标；不用计算就能看出 H_2 和总烃的产气速率已非常高。虽然4号电流互感器的故障气体含量要比其他4台低，但由于这5台互感器均属同厂家、同型号产品，故障气体含量的差异反映了故障程度不同，由此认为5台电流互感器内部可能都存在着故障。

故障气体主要由 H_2 和 CH_4 构成，与局部放电故障特征相符。CO含量有所增长，CO_2 含量分散性较大。因5台电流互感器油中 C_2H_4 含量均为零，气体壁纸 C_2H_2/C_2H_4 无法计算，使得三比值法在此无法应用。

发现油色谱分析结果异常后，这些设备即退出运行，并返厂进行解体检查。

3. 故障确认及处理

互感器返厂后，进行了一系列试验，结果表明（见表6-52）产品局部放电均严重超标（出厂时小于10pC），产品介损也高（出厂时均小于0.5%），但互感器的油耐压、油微量水分和有油介损都在合格范围内。

表6-52　互感器返厂后油试验与整流电气试验结果

设备序号	产品介损		产品局部放电 (87kV，pC)	油耐压 (kV)	油微量水分 (μL/L)	油介损 (%)
	10kV/%	73kV/%				
1	1.52	2.68	500	54	8.3	0.17
2	2.09	3.58	400	53	9.4	0.21
3	0.49	0.80	200	54.3	8.1	0.17
4	0.69	0.92	200	54	7.1	0.12
5	0.58	0.81	200	52.8	8.2	0.18

设备解体后的一般性检查未发现异常。但在主绝缘进行解剖检查时，发现构成一次导线主绝缘（共分5层）的电缆纸上有褐色胶脂状物，而胶脂状物的多少有以下特点：①褐色胶脂状物在主绝缘层上析出越多，油中故障气体含量就越高，反之就越少；②表6-52中的产品局部放电量高，其褐色胶脂状物在主绝缘层上析出就多，反之就少；③与绝缘层所处的电位有关，如1～4号主屏之间的绝缘层上析出就较多。

将胶脂状物送有关部门检测，得出的结论是：绝缘纸上的胶脂状析出物为一种用于降低油凝点、改善油黏度的添加剂——乙丙共聚物，在油中也测出含有该物质。经了解这种添加剂系绝缘油供应商为改善油品性能而加入。经分析后认为，乙丙共聚物在电场作用下发生了亲电吸附作用，从油中析出并附着在油绝缘纸表面，结果降低了绝缘表面爬电电压，增加了油纸绝缘的导电性，从而引起局部放电故障的发生。

六、局部放电故障例六

1. 设备情况简介

某110kV电流互感器（型号LB-110）在运行一年后，设备的介损从0.24%剧增至1.89%；在1.1倍额定电压下的局部放电达1619pC。油中溶解气体含量测定结果见表6-53。

表6-53　　某110kV变压器油中溶解气体含量　　μL/L

气体组分	H_2	CH_4	C_2H_4	C_2H_6	C_2H_2	总烃	CO	CO_2
组分含量	24 101	5813	311	15	0	6139	212	1210

2. 故障分析

从油中溶解气体含量测定结果分析，H_2 和总烃含量远远超过了注意值，设备内部存在故障是可以确定的，电气试验（介损和局部放电）结果也证实了这一点。油中的故障气体主要是 H_2 和 CH_4，根据特征气体法判断，故障类型应为局部放电。三比值法的编码组合为002，属高温过热，与特征气体法的判断结果不符。但高温过热故障的特征气体主要表现为 C_2H_4 和 CH_4 上，而不是 H_2 和 CH_4，故两者比较，该设备的故障性质为局部放电的可能性更大，这也从该设备解体检查的结果中得到证实。

3. 故障确认及处理

该互感器解体后发现内部纤维绝缘局部发黑，周围有大量的X腊。故障原因是制造工艺不良，绝缘脏污，包绕不紧，有明显沟槽的气隙，电屏放置不符合设计要求及未进行真空注油等，致使设备在运行中发生了局部放电。

七、局部放电故障例七

1. 背景介绍

某220kV电流互感器（型号LCBW-220）1988年投运，运行后油中 H_2 含量较高，1991年4月11日的试验发现 CH_4 含量从前一年的6.2μL/L增至69.7μL/L；到1993年，H_2、CH_4 含量剧增，该设备即退出运行。油分析结果见表6-54。

表 6-54　　某 220kV 变压器油中溶解气体含量历史监测　　μL/L

日期	H_2	CH_4	C_2H_4	C_2H_6	C_2H_2	总烃	CO	CO_2
1990 年 6 月 5 日	289	6.2	痕	1.4	0	7.6	75.9	205
1991 年 4 月 11 日	396	69.7	痕	29.1	0	98.8	274	241
1992 年 3 月 28 日	257	72.7	痕	26.0	0	98.7	232	382
1993 年 4 月 15 日	15 962	240	128	27.1	0	395	234	618

2. 故障分析

在 1993 年的测定数据中，H_2 和总烃含量大幅超标；与前一年相比，H_2、CH_4 和总烃的增长速度都很快，预示着设备内部已发生故障。故障气体主要由 H_2、CH_4 组成，次要气体是 C_2H_4 和 C_2H_6，具有局部放电特征；三比值法的编码组合为 012，属高温过热，与特征气体法得到的结论不相符。

3. 故障确认及处理

该电流互感器解体后，发现部分主绝缘略有松软，缠绕电容屏的铝箔有几处起皱褶，且多层间析出蜡状物质。从以上现象分析，该电流互感器发生故障的主要原因是铝箔的皱褶引起局部放电。因为铝箔每出现一个皱褶，就增加了一个夹层空间，致使主电容屏结构发生变化，高压电场的分布随之也发生改变，在皱褶处容易引起放电。

本案例与上一例一样，三比值法的判断结果与实际故障不相符。在局部放电故障中，C_2H_4 含量通常都小于 C_2H_6，但在这两个例子中，C_2H_4 含量都高于 C_2H_6，从而使三比值法得出高温过热的错误结论。其原因可能有以下几方面：①故障所涉及的绝缘材料比较特殊，使少数局部放电故障产生的 C_2H_4 含量确实大于 C_2H_6；②在试验结果中，发生了 C_2H_4 与 C_2H_6 测定值互换的差错；③发生局部放电故障的同时又出现过热，产生了较多的 CH_4 和 C_2H_4。

第四节　火花放电故障

一、火花放电故障例一

1. 设备情况简介

某 500kV 主变压器型号为 DFP-21000/500，2001 年 9 月 16 日，运行人员听到该主变压器运行时 C 相内部有间歇性放电声，据判断放电声发出部位为低压侧右下方入口位置。当天即采取每隔 3h 取油样一次测定油中溶解气体的措施。当天和以前的几次油分析结果见表 6-55 和表 6-56。

表 6-55　　500kV 主变压器 C 相故障前后油中溶解气体含量　　μL/L

日期	H_2	CH_4	C_2H_4	C_2H_6	C_2H_2	总烃	CO	CO_2
2000 年 12 月 6 日	0.4	6.6	0	1.6	0	8.2	755	1294
2001 年 6 月 6 日	5.3	11.2	2.0	2.5	0	15.7	328	1935
2001 年 9 月 16 日	41.4	18.3	0.5	2.4	22.7	43.9	382	2636

表 6-56 500kV主变压器C相发现故障当天油中溶解气体含量 μL/L

取样时间	H_2	CH_4	C_2H_4	C_2H_6	C_2H_2	总烃	CO	CO_2
11:00	41.4	18.3	0.5	2.4	22.7	43.9	382	2636
14:00	40.4	21.8	0.1	0.5	24.1	46.5	375	2428
17:00	43.4	21.0	0.5	0.6	26.7	48.8	361	2473
20:00	44.7	21.9	0.6	0.7	27.1	50.3	379	2492

2. 故障分析

从油色谱分析结果看，H_2 和 C_2H_2 含量比三个多月前有明显增长，特别是 C_2H_2 含量从原来的"0"突然增至20μL/L以上，大幅超过了500kV变压器1μL/L的注意值，C_2H_2 的产气速率明显过高，且设备内部存在间歇性放电声，故障气体主要由 H_2 和 C_2H_2 构成，而含量又不特别高，由此可判断设备内部发生了火花放电故障。三比值法的编码组合为200，对应的故障性质也是火花放电。

3. 故障确认及处理

为了确定故障点，先利用超声定位装置进行探测，检查结果确定放电点为低压侧外壳箱壁上距低沿400mm、自西向东1600mm处。随后，将设备放油后进入内部检查。该变压器器身箱体高、低压侧各有12块磁屏蔽，检查中发现其中有几块存在松动，当用500V绝缘电阻表测量其绝缘电阻时，发生了不固定地点对地火花放电现象，而且故障部位与超声定位结果相吻合，由此认为磁屏蔽松动引起的悬浮放电是导致设备出现放电声故障的原因。

二、火花放电故障例二

1. 背景介绍

河北某电厂6号炉电除尘乙2整流变压器2006年时曾发生过内部放电故障，检查后也没有滤油就继续运行，各组分随着运行逐渐降低。2011年9月8日试验时发现乙2整流变压器色谱数据突然增长，且乙炔和总烃都超过了注意值，判断内部有放电故障，立即发出异常通知单，要求除灰车间立即查找原因，并于13日继续监督后，乙2变压器停运待查。色谱分析数据见表6-57。

表 6-57 河北某电厂6号炉电除尘乙2整流变压器油中溶解气体含量历史数据 μL/L

日期	H_2	CH_4	C_2H_4	C_2H_6	C_2H_2	总烃	CO	CO_2
2011年4月7日	12.0	1.4	1.1	0.5	3.5	6.5	10.7	727.4
2011年9月8日	75.3	32.0	50.1	7.8	198.0	287.9	120.8	2690.1
2011年9月13日	68.5	32.6	53.8	8.1	204.6	299.1	120.8	2692.1
2011年10月25日	13.4	1.4	0	0	0.3	1.7	1.7	522.6
2011年11月7日	15.2	1.7	0.3	0	3.1	5.1	15.0	647.2
2011年11月16日	15.2	2.2	0.4	0.3	3.1	6.0	19.0	657.7

2. 故障确认及处理

2011年9月13日前数据可以看出，H_2 和 C_2H_2 含量增长迅速，根据特征气体判断该设备内存在火花放电故障，之后用三比值法进行判断，因该设备之前发生过局部放电并未滤油直接使用，所以以2011年9月13日数据计算时减去2011年4月7日的数值进行计算得到编码202（本案例中不进行此步骤也可得到相同结果，但需要注意有的案例中在使用三比值法进行判断时应减去未发生故障时气体组分含量），进一步佐证了特征气体法的判断结果。

10 月 24 吊芯检查中发现变压器内一个支撑绝缘子被烧损，桶壁上有放电痕迹，换油后继续进行跟踪试验，目前数据稳定。

三、火花放电故障例三

1. 设备情况简介

某 220kV 变压器（型号 SFPS-120000/220）投运以来，油中溶解气体组分含量均无异常。到 1996 年 5 月 27 日，油色谱分析发现 C_2H_2、H_2 含量比一个月前有较大幅度增长，其后的跟踪试验显示，这些气体组分仍在继续增长之中（见表 6-58）。

表 6-58　　某 220kV 变压器故障前后油中溶解气体含量　　μL/L

日期	H_2	CH_4	C_2H_4	C_2H_6	C_2H_2	总烃	CO	CO_2
1996 年 4 月 25 日	13	11.7	14.0	5.8	0	31.5	425	8138
1996 年 5 月 27 日	120	20.0	23.5	8.9	58.0	110	817	9580
1996 年 5 月 29 日	245	26.4	28.0	5.9	73.9	134	892	12 610

2. 故障分析

该变压器油中的 C_2H_2、H_2 含量均超过运行变压器的注意值，特别是 C_2H_2 含量从一个多月前的 0 增至 73.91μL/L，产气速度非常高；鉴于油中的故障气体主要是 C_2H_2 和 H_2，认为设备内部可能发生放电故障。在用三比值法判断中，若直接利用 5 月 27 日或 5 月 29 日的测定数据计算比值，得到的编码组合为 101，故障类型是高能量放电。但若将 5 月 27 日或 5 月 29 日的测定数据减去故障前（4 月 25 日）的测定数据后再重新进算比值，得到的编码组合为 212，对应的故障类型为低能量放电。

3. 故障确认及处理

随后对该变压器停电放油后进行检查，结果发现 B 相高压套管均压球在导管的螺口上松动，仅剩不足一圈，均压球内有大量炭黑，导管与均压球间有明显的放电痕迹。由此可见，该设备内不确实存在低能量放电故障。

在对 B 相高压套管均压球的故障进行处理后，该变压器于 6 月 3 日恢复运行，此后跟踪试验发现油中的 C_2H_2 和 H_2 含量仍在继续增长（见表 6-59），说明设备内部还存在另一处故障，根据三比值发判断，故障类型仍为火花放电。

表 6-59　　某 220kV 变压器故障处理后油中溶解气体含量　　μL/L

日期	H_2	CH_4	C_2H_4	C_2H_6	C_2H_2	总烃	CO	CO_2
1996 年 6 月 3 日	104	18.2	26.0	5.2	58.0	107	753	9731
1996 年 6 月 10 日	142	20.3	29.0	5.0	79.0	133	717	9329
1996 年 6 月 11 日	178	23.4	33.5	5.3	93.7	156	823	10 347

该变压器退出运行后，作返厂吊罩检查，发现 C 相高压套管均压球松不下来，经检查是均压球处瓷套与底座间密封垫圈外径较大，与均压球内部严重摩擦，使均压球与导管接触不良，造成均压球与导管之间产生悬浮点位放电，球内积存大量放电产物游离碳。

四、火花放电故障例四

1. 设备情况简介

某550kV高压电抗器在停电检修时，对高压套管取油样分析后，发现其中C相油中一些溶解气体组分含量异常，试验数据见表6-60。

表6-60 某550kV高压电抗器C相油中溶解气体含量 μL/L

组分	H_2	CH_4	C_2H_4	C_2H_6	C_2H_2	总烃	CO	CO_2
含量	170	68.0	95.3	31.0	333	527	94.5	631

2. 故障分析

该套管油中C_2H_2含量超过注意值330多倍，且H_2和总烃含量均较高，据此判断套管内部存在放电故障。应用三比值法作进一步分析，得到的编码组合为202，故障类型属低能量放电。

3. 故障确认及处理

根据色谱分析判断结果，决定对套管进行检查，当打开末屏罩时，发现末屏有严重放电痕迹，末屏绝缘垫烧毁，接地罩内接地片脱落，且有烧痕。通过电气试验及必要的检查，在排除套管内部存在其他故障的可能性之后，认为油中的故障气体正是由于末屏失地后，套管对外部挡板发生间歇性放电引起。

五、火花放电故障例五

1. 设备情况简介

某电流互感器（型号LB9-220W2）于2003年10月29日投运，投运时油中气体组分含量均正常。运行5个月后，预试时发现该设备油中C_2H_2和H_2含量大幅增长，随即进行了跟踪试验，试验数据见表6-61。

表6-61 某220kV电流互感器油中溶解气体含量 μL/L

日期	H_2	CH_4	C_2H_4	C_2H_6	C_2H_2	总烃	CO	CO_2
2004年3月31日	85.4	5.11	4.78	6.82	29.6	46.3	18.9	190
2004年4月1日	87.1	5.43	4.91	5.45	30.8	46.5	19.3	197
2004年4月6日	87.5	5.58	8.22	7.29	33.3	54.4	20.9	246

2. 故障分析与解体检查

该设备投运后C_2H_2和H_2产气速率很快，5个月后C_2H_2含量已达注意值的30多倍，故障气体主要是C_2H_2和H_2，因此判断设备内部可能发生低能量放电故障。根据三比值法，用2004年4月6日的试验数据计算比值，得到的编码组合为211，属低能量放电。

随后对该设备进行解体，再检查一次绕组过程中，首先查看了末屏，未见异常。在查看零屏时，发现夹件将零屏部分夹住，零屏与铝箔纸没有紧密附在一起，而是有一定的缝隙；零屏引出线与铜带焊接出的焊点有焊瘤，在零屏背面焊瘤相对应处有黑色放电痕迹。

根据检查结果进行分析后，认为该设备发生低能量放电的原因有以下两点：

（1）零屏引出线与铜带焊接处的焊点未处理好，由于出现表面曲率大的焊瘤，使得局部场强集中，电场强度剧增，在该处首先发生放电。

（2）零屏与铝箔纸间有一定的缝隙，存在悬浮电位放电的可能性。

第五节　气体组分异常设备无故障

一、气体组分异常设备无故障例一

1. 设备情况简介

2009年11月2日，某电厂2号厂用变压器大修后，热油循环过程中的色谱分析试验发现乙炔含量为1.1μL/L。

2. 故障分析

乙炔是在检修中产生的，原因为：检修中对变压器进行了焊接，焊接时温度非常高，虽然对变压器进行了排油，但是还会有很多油附着在内壁上，而且较低处的油未必能够排干净。焊接时的高温，使附着在内壁上的油裂解产生乙炔，虽然一直在抽真空，但由于乙炔溶于油中，抽真空是不能排除的，当对变压器充油时，溶于油中的乙炔进行了扩散，从而被检测出来。再就是滤油机打火导致。油泵的齿轮由于咬合不好，出现打火现象，打火时产生的高温使乙炔产生。

3. 故障确认及处理

更换了滤油机后，色谱分析试验合格。

二、气体组分异常设备无故障例二

1. 设备情况简介

某220kV变压器（型号SFPSZ9-150000/220）于2001年9月投运，运行后历年的电气试验和色谱分析结果均无异常。

2. 故障分析

2004年7月15日，油色谱分析发现一些气体组分含量增长加快，随后进行了多次跟踪试验，很快就出现H_2和总烃含量超标，其中部分试验数据见表6-62。经计算，2004年7月5日～8月19日，总烃的相对产气速率为940%/月，大大超过10%/月的注意值，初步判断变压器内部存在故障。油中总烃主要由C_2H_4和CH_4构成；H_2含量原先就较高，但在2004年增长加快；这些现象与高温过热特征相似。三比值的编码组合为002，对应于700℃以上的高温过热。

表6-62　某220kV变压器油中溶解气体含量历史监测　μL/L

日期	H_2	CH_4	C_2H_4	C_2H_6	C_2H_2	总烃	CO	CO_2
2003年12月15日	95.8	5.41	2.53	2.94	0.41	11.3	192	281
2004年7月15日	110	16.1	21.2	14.9	0.42	52.6	247	248
2004年8月15日	207	168	208	61.8	0.46	438	325	284
2004年8月17日	244	239	270	74.4	0.51	584	313	288
2004年8月19日	289	278	268	69.8	0.68	616	299	306

3. 故障确认及处理

考虑到该变压器采用强迫油循环冷却方式，也不能排除油中气体组分含量异常是由潜油泵故障引起。该变压器有6台油泵，其中6号油泵处于备用状态，其余5台运行。当对运行中的油泵进行电流测量时，发现5号油泵的三相运行电流的不平衡度达到17.3%，其他电阻不平衡度达21.26%，其他油泵则在0.3%以内。这说明5号油泵的定子线圈存在问题。将5号油泵停运，6号油泵投入，经较长时间的油色谱跟踪试验，结果油中故障气体含量不再增长，数月后，H_2和总烃含量有明显下降。将5号油泵换下并进行解体检查，发现油泵线圈间有明显的短路放电痕迹。

三、气体组分异常设备无故障例三

1. 设备情况简介

某220kV主变压器（型号SFSZ9-90000/220）于1999年2月1日投运。

2. 故障分析

2000年9月20日发现C_2H_2含量达8.56μL/L，超过了运行中220kV变压器的注意值，总烃含量也已接近注意值（见表6-63）。2000年9月23日主变压器停运进行电气试验，结果未发现异常。根据2000年9月20日的油分析数据，用三比值发盘短，得到的编码组合为102，对应的故障类型是电弧放电。

3. 故障确认及处理

该主变压器投运前曾在现场更换过高压侧调压线圈，因此厂家根据油色谱分析结果异常的情况，建议对主变压器进行吊罩检查。在吊罩前检查主变压器的运行记录时，发现自投运以来发生过三起潜油泵故障，其中在2000年3月6日，6号泵曾发生马达线圈内部严重烧坏的故障（油泵内壁粘有烧熔的铜粒）。由此认为，6号潜油泵故障可能是引起油中气体组分含量异常的原因，从2000年3月10日的有分析结果中也看出可能与6号潜油泵故障有关系。于是决定暂不吊罩，2000年10月25日主变压器恢复运行，在恢复运行后的4个多月里，进行了4次油色谱跟踪试验（见表6-63），各气体组分含量稳定，从而确定该主变压器油中的故障气体是由6号潜油泵故障引起，主变压器本体内部不存在故障。

表6-63　　某220kV变压器油中溶解气体含量历史监测　　μL/L

日期	H_2	CH_4	C_2H_4	C_2H_6	C_2H_2	总烃	CO	CO_2
投运前	0	0.43	1.48	0.21	0.10	2.22	10	120
1999年9月2日	0	3.50	6.58	0.83	0.43	11.3	160	600
2000年3月10日	68.7	15.9	18.4	2.06	0.52	36.9	460	1780
2000年9月20日	59.6	43.1	61.8	8.92	8.59	122	570	2080
2000年10月26日	56.5	42.2	63.8	9.40	8.74	124	570	2300
2000年11月2日	60.0	48.9	63.1	9.78	9.34	131	545	2500
2000年12月25日	57.6	46.9	63.0	9.32	9.17	128	530	2500
2001年3月7日	55.7	43.3	65.3	9.79	8.14	126	570	2490

四、气体组分异常设备无故障例四

1. 设备情况简介

某电力机车主变压器（型号TBQ3-7000/25）于1992年投运。

2. 故障分析

在2004年4月1日的油分析中出现C_2H_2含量超标，至2004年6月17日，油中C_2H_2、H_2和总烃含量均严重超标、产气速率明显过快（见表6-64)。三比值法的编码组合为102，对应的故障类型为电弧放电。

3. 故障确认及处理

6月17日发现潜油泵存在接地故障并进行更换（换下的潜油泵未解体)。更换潜油泵后初期，油中故障气体含量有一定程度的下降（该变压器为开放式)，然而在6月25日和7月8日的试验中，故障气体含量又出现快速增长（见表6-64)。7月8日再次出现潜油泵接地故障，更换潜油泵后对其进行解体检查，发现该潜油泵的轴承转动不灵活，三相绕组中有一组已严重烧损变黑。新换潜油泵后，对主变压器油进行多次脱气处理，油中溶解气体含量已转为正常，证明了该变压器油中的高含量故障气体是由潜油泵故障引起。

表6-64　某电力机车主变压器油中溶解气体含量历史监测　μL/L

日期	H_2	CH_4	C_2H_4	C_2H_6	C_2H_2	总烃	CO	CO_2
2004年2月15日	4.3	1.2	7.3	0	0	8.5	56.3	782
2004年4月1日	4.4	6.5	45.8	3.3	36.4	95.6	55.2	656
2004年6月10日	710	238	389	38.4	299	965	303	989
2004年6月17日	735	242	453	36.5	319	1050	334	1078
2004年6月25日	393	278	515	40	330	1164	145	870
2004年7月8日	642	349	681	49.5	423	1503	454	2343

五、气体组分异常设备无故障例五

1. 设备情况简介

某主变压器型号为SFSZL7-2000/110，1986年投运，2000年油中出现C_2H_2，并超过5μL/L的注意值（此前C_2H_2含量为零)，随后进行了两次色谱跟踪试验，试验结果见表6-65。同时对设备进行各项电气试验，结果均无异常，红外测温结果也表明该主变压器的温度在正常范围内。

2. 故障分析

从油中故障气体特征来看，似乎设备内部存在放电故障（三比值法的编码组合为102，属电弧放电)。但在2000年3月13日～6月26日这3个多月期间，油中的故障气体并无明显增长，与设备内部存在故障时的高产气速率明显不同。通过观察发现，原本变压器本体储油柜油位高于有载开关储油柜油位，但此时两个储油柜的油位已处于同一高度。为验证这一点，特放掉了有载开关储油柜中的部分油，使两个储油柜的油位有了高度差，一个月后发现两个储油柜的油位又处于同一高度，这说明有载开关油室和本体主油箱相通。

3. 故障确认及处理

2000年11月对该变压器进行吊罩检查，在变压器内部未发现任何放电痕迹，发现有载开关油室与本体有几处相通：①切换开关油室底部与快速机构相连的主轴处渗漏严重；②绝缘筒壁上用于安装固定法兰的6个螺栓连接处渗漏严重；③切换油室底部6条引线密封处渗漏严重。

表 6-65 某 110kV 变压器油中溶解气体含量历史监测 μL/L

日期	H_2	CH_4	C_2H_4	C_2H_6	C_2H_2	总烃	CO	CO_2
2000 年 3 月 13 日	12.5	8.5	18.1	2.6	5.1	34.3	985	7427
2000 年 5 月 22 日	12.9	10.6	18.2	3	5.6	37.4	1244	7758
2000 年 6 月 26 日	13.7	11.2	18.4	3.2	5.7	38.5	1167	7034

六、气体组分异常设备无故障例六

1. 设备情况简介

某 110kV 主变压器（型号 SFSZ7-40000/110）于 1995 年 5 月 18 日投运。

2. 故障分析

2d 后发现油中出现 C_2H_2 并超过注意值，其他组分含量也有明显增长；其后的跟踪试验显示，主要的气体组分仍在持续增长（见表 6-66）。用三比值法判断故障性质，编码组合为 100，属电弧放电。

表 6-66 某 110kV 变压器油中溶解气体含量历史监测 μL/L

日期	H_2	CH_4	C_2H_4	C_2H_6	C_2H_2	总烃	CO	CO_2
1995 年 5 月 18 日	12	0.67	1.08	0	0	1.75	365	3756
1995 年 5 月 20 日	67	8.76	5.79	6.27	6.87	27.7	587	4388
1995 年 5 月 23 日	76	12.6	6.10	6.34	8.93	32.6	635	4276

3. 故障确认及处理

停电后对主变压器进行全面电气试验检查，结果所有检查项目均无异常。然后对有载调压开关进行密封性检查，发现油箱绝缘筒上法兰与主变压器本体连接处周围渗油，更换该处密封圈后并对主变压器本体油进行了脱气处理，此后油色谱跟踪分析结果正常，这表明此前主变压器本体油中出现 C_2H_2 和其他一些特种气体是有载调压开关油渗入引起。

七、气体组分异常设备无故障例七

1. 设备情况简介

某 220kV 主变压器于 2007 年 4 月初投产。

2. 故障分析

运行后不久，油色谱试验结果发现 H_2 含量快速增长（其他特征气体无异常），最大值达到 205.5μL/L，之后又突然下降到 20μL/L 左右。该主变压器的部分试验数据见表 6-67。

表 6-67 220kV 主变压器油中氢含量试验结果 μL/L

日期	2007 年 4 月 7 日	2007 年 4 月 11 日	2007 年 5 月 22 日	2007 年 7 月 20 日	2007 年 8 月 2 日
H_2	1.8	12.3	83.7	120	205
日期	2007 年 8 月 6 日	2007 年 8 月 8 日	2007 年 8 月 13 日	2007 年 8 月 16 日	2007 年 8 月 16 日
H_2	16.1	20.8	21.3	78.9	17.7

3. 故障确认及处理

经了解，2007 年 5 月 22 日、7 月 20 日和 8 月 2 日这 3 次 H_2 含量测定值较大的油样在取样时，未按规定放掉取样阀内的死油就直接取样。为验证这一情况是否由取样不当引起，在8月16日对该变压器同时取两个油样，取样前先不放取样阀内的死油，取完第一个油样后，继续放掉部分油后再取第二个油样。试验结果表明，先取的油样 H_2 含量为78.9μL/L，后取的油样 H_2 含量为17.7μL/L。从而证明了油样中出现高含量 H_2 是由于取样前未放掉取样阀中含有高浓度的死油引起。

八、气体组分异常设备无故障例八

1. 设备情况简介

某变压器型号为SFZ-40000/110，自2005年7月投运以来，油中溶解气体含量一直正常。

2. 故障分析

2008年1月23日，油分析结果出现异常，H_2 含量由前次试验时的12.0μL/L增至285μL/L。在分析出现这一异常现象的原因时，了解到在现场取油样中，因工作人员带去的扳手太小，无法打开变压器下部取样阀（以往都从该处取样），故改为从变压器底部排油管道口取样。该管道口径大，取样前无法将管道中的大量死油排掉，从而使得由该处采集到的油样不能反映变压器本体油中气体组分的实际情况。

3. 故障确认及处理

为确认这一点，特于2008年1月28日在变压器下部取样阀和底部排油管各取一个油样，分析结果见表6-68，从而证实了前次试验油中 H_2 含量异常确由取样位置不当引起。

表6-68　某110kV变压器油中溶解气体含量测定值　μL/L

日期	H_2	CH_4	C_2H_4	C_2H_6	C_2H_2	总烃	CO	CO_2	备注
2007年5月18日	12	11.7	1.91	2.2	0	15.8	737	2882	下部取样阀
2008年1月23日	285	11.5	3.37	3.7	0	18.5	515	2724	底部排油管
2008年1月28日	179	8.67	1.87	2.12	0	12.7	487	2470	底部排油管
2008年1月28日	13.2	11.2	2.41	2.53	0	16.2	841	2998	下部取样阀

九、气体组分异常设备无故障例九

1. 设备情况简介

某变压器于2002年11月投运，型号为SZ9-40000/110，油重17.2t。

2. 故障分析

运行后油中很快就出现较高含量的 H_2，1年后 H_2 含量达到200μL/L以上，超过了运行变压器的注意值。之后，H_2 含量有所下降，并于2005年3月20日停电对该主变压器的油进行脱气处理，脱气后油中 H_2 含量降至3.7μL/L。主变压器恢复运行后，H_2 含量又开始出现新一轮的增长，最大值到200μL/L以上，之后又有所下降。

3. 故障确认及处理

该主变压器自投运后，进行了长期的油色谱跟踪试验，表6-69给出了其中的部分测定数据。从色谱试验数据分析，该变压器虽然投运后不久就出现 H_2 含量超标，但其他特征气体含量均正常。总烃虽有增长趋势，若以2005年12月2日至2008年1月23日这一时间段计算总烃的绝对产期速率，其值为1.15mL/d，远低于隔膜式变压器12mL/d的注意值，可见这属于正常运行情况下产气。该主变压器运行5年多来，历年的电气试验结果也均未发现异常。经综合分析，认为该变压器油中 H_2 含量超标属于非故障引起。

表 6-69　　某 110kV 变压器油中溶解气体含量测定值　　μL/L

日期	H_2	CH_4	C_2H_4	C_2H_6	C_2H_2	总烃	CO	CO_2
2002年10月16日	5	0.8	0.4	1.7	0	2.9	186	421
2003年1月17日	95.6	2.4	2.7	3.1	0	8.2	280	373
2003年12月18日	261.5	4.3	5.6	5.4	0	15.3	342	517
2004年6月16日	243.3	5.7	6.7	7.6	0	20	358	848
2004年11月5日	178.5	7.3	7.9	9.4	0	24.6	359	933
2005年3月19日	174.6	7.8	8.8	10.8	0	27.4	348	786
脱气后	3.7	0.3	0.5	2.2	0	3	40	246
2005年7月7日	53	1.6	3.2	3.3	0	8.1	80	818
2005年12月2日	91.3	7.7	6.3	6.1	0	20.1	152	781
2006年3月10日	182.2	7.3	5.3	6.7	0	19.3	128	1163
2006年11月16日	214.7	17.7	9.4	11.6	0	38.7	154	1481
2007年5月18日	257	22.5	9.8	14.1	0	46.4	157	1880
2007年10月31日	184	27.9	15.8	17.2	0	60.9	195	1935
2008年1月23日	151.6	30.2	15.7	20.2	0	66.1	177	1688

参 考 文 献

［1］周良模，等．气相色谱新技术．北京：科学出版社，1994.
［2］中国科学院大连化学物理研究所．气相色谱法．北京：科学出版社，1972.
［3］詹益兴．实用气相色谱分析．湖南：湖南科学技术出版社，1983.
［4］梁汉昌．气相色谱法在气体分析中的应用．北京：化学工业出版社，2008.
［5］李浩春，卢佩章．气相色谱法．北京：科学出版社，1993.
［6］孙传经．气相色谱分析原理与技术．北京：化学工业出版社，1979.
［7］金鑫荣．气相色谱法．北京：高等教育出版社，1987.
［8］于世林．图解气相色谱技术与应用．北京：科学出版社，2010.
［9］李桂贞．气相、高效液相及薄层色谱分析．上海：华东化工学院出版社，1992.
［10］金恒亮．手性气相色谱法——环糊精衍生物为固定相．北京：化学工业出版社，2007.
［11］苏立强，郑永杰．色谱分析法．北京：清华大学出版社，2009.
［12］操敦奎．变压器油色谱分析与故障诊断．北京：中国电力出版社，2010.
［13］H. BORSI. 油绝缘设备检测原理及检测仪．电气设备的监测和诊断，1993 年 CIGRE 论文选．
［14］P. CUWNIC. 在线监测和诊断——法国电力公司的实践和倾向性．电气设备的监测和诊断（C），1993 年 CIGRE 论文选．
［15］王乃庆．绝缘在线监测技术的实用性、经济性和可靠性（J）．电网技术，1995，11.
［16］村田孝一，安田真司．配电用油入变压器のポーケブル形诊断装置の最新动向（J）．电气学会论文志，B，1992，112（3）：214.
［17］孙才新．变压器油中溶解气体的在线检测研究．电工技术学报，1996（2）：115.
［18］仲川勤（日）．新的气体分离膜．特种气体，1988 年特集：52-57.
［19］Asumaru Nakamara. 分离氢用的新型聚酰亚胺膜．特种气体，1986，（4）：17-23.
［20］Tsukioka H，Sagawara K. Apptus for continuously monitoring hydrogen gas dissolved in transformer oil（J）. IEEE Trans. on Electl. Insu. 1981，EI-16（6）：502-507.
［21］月冈淑郎，菅原捷夫，森悦纪．油中ガス分离手段としての高分子膜の应用．电气学会论文志，A，1982，102（5）：295-302.
［22］Tsukioka H，Sugawara k et al. New apparatus for deteting transformer faults. IEEE Trans on Electrical Insulation，1986，EI-21（2）：221-229.
［23］王学松．氢分离膜技术及其进展．膜科学与技术，1986（3）：36-46.
［24］贾瑞君．高分子透氢膜的试验研究．电网技术，1998，22（1）：4-7.
［25］Belanger G，Duval M. Monitor for hydrogen dissolved transformer oil. IEEE Trans of Electrical Insulation，1977，EI-12（5）：334-340.
［26］H. J. Van. 变压器油中氢气在线分析．电气设备的监测和诊断，1993 年 CIGRE 论文选．
［27］Mitsubishi. Automatic TCG Apparatus Specifications Mitsubishi Electric Corporation（Japan）（R），1991，88.
［28］小林恒夫 etal. 油中溶存ガス监视ャンサ［A］. 电气学会全国大会论文集，1991（8）：77.
［29］Ferrito S J. A comparative study of dissolved gas analysis techniques：Vacuum extraction method versus

the direct iniection method [J]. IEEE Trans on Power Delivery，1990，5（1）：220-225.

[30] 井上靖雄，神庭勝．油入电气机器の内部异常预知（J）．OHM，1988（5）：89-92.

[31] Inoue Y，Suganuma K etal. Development of oil-dissolved hydrogen gas detector for diagnosis of transformer [J]. IEEE Trans on Power Delivery，1990（5）：226-232.

[32] 薛伍德．变压器油中溶解气体的现场监测和故障诊断（J）．变压器，1996（5）．

[33] 郝秀芝．对催化敏感元件工作温度和灵敏度的探讨．仪表技术与传感器，1992（1）．

[34] 兰之达．变压器油中可燃气含量监测的可行性（J）．上海电力学院学报，1991（4）．

[35] 孙良彦，常温甲烷气敏元件的研制．仪表技术和传感器，1994（3）．

[36] 孙良彦．常温振荡式 CO 气敏元件的研制．仪表技术和传感器，1994（1）．

[37] 彭士元．用浸渍法制造添加 Pt 的 SnO_2-X 薄膜气体传感器的特性．仪表技术和传感器，1995（5）．

[38] 马虹斌，邱毓昌，孟玉婵，等．SF_6-CO_2 混合气体火花放电分解产物的气相色谱分析．高压电器，1995（3）：16-20.

[39] 袁平，付汉江，袁先亮．便携式色谱仪在六氟化硫电气设备故障检测中的应用研究．华中电力，2010（6）：48-53.